지게차운전기능사 초단기완성

건설기계수험연구회 편저

지게차운전기능사 필기 출제비율
(소수점 이하 제외)

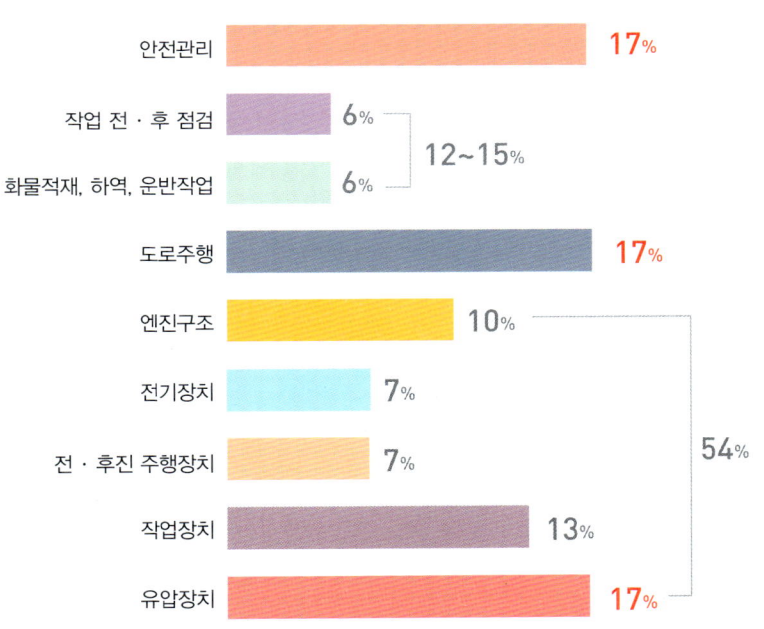

- 안전관리 17%
- 작업 전·후 점검 6%
- 화물적재, 하역, 운반작업 6% (12~15%)
- 도로주행 17%
- 엔진구조 10%
- 전기장치 7%
- 전·후진 주행장치 7%
- 작업장치 13%
- 유압장치 17% (54%)

■ 자격취득절차 안내 / 02

제1부 핵심이론요약

제1장 안전관리	07
제2장 작업 전·후 점검 및 작업	10
제3장 건설기계관리법	13
제4장 도로교통법	16
제5장 지게차의 구조	
1. 지게차의 구조 및 작업장치	17
2. 엔진 구조	19
3. 동력전달장치 및 조향·제동장치	23
4. 전기장치	26
5. 유압장치	28
◉ 도로명주소	32

제2부 상시시험 핵심모의고사

핵심 모의고사 01회	34
핵심 모의고사 02회	40
핵심 모의고사 03회	46
핵심 모의고사 04회	52
핵심 모의고사 05회	58
핵심 모의고사 06회	64
핵심 모의고사 07회	70
핵심 모의고사 08회	76
핵심 모의고사 09회	82
핵심 모의고사 10회	88
핵심 모의고사 11회	94
핵심 모의고사 12회	100
핵심 모의고사 13회	106

둥출판사

필기 출제기준 및 실기 채점기준

1 시험 정보

- 시행처: 한국산업인력공단
- 합격기준: 100점 만점 중 60점 이상(필기시험의 경우 36문항 이상 정답처리)
- 필기검정방법: 전과목 혼합, 객관식(4지선답형)
- 응시료: 필기 14,900원 / 실기 25,200원

2 필기시험 출제기준

주요 항목	세부항목	세세항목
1. 안전관리	1. 안전보호구 착용 및 안전장치 확인	안전보호구, 안전장치
	2. 위험요소 확인	안전표시, 안전수칙, 위험요소
	3. 안전운반 작업	장비사용설명서, 안전운반, 작업안전 및 기타 안전사항
	4. 장비 안전관리	장비안전관리, 일상 점검표, 작업요청서, 장비안전관리 교육, 기계·기구 및 공구에 관한 사항
2. 작업 전 점검	1. 외관점검	타이어 공기압 및 손상, 조향장치 및 제동장치, 엔진 시동 전·후
	2. 누유·누수 확인	엔진 누유, 유압 실린더 누유, 제동장치 및 조향장치 누유, 냉각수
	3. 계기판 점검	게이지 및 경고등, 방향지시등, 전조등
	4. 마스트·체인 점검	체인 연결부위, 마스트 및 베어링
	5. 엔진시동 상태 점검	축전지, 예열장치, 시동장치, 연료계통
3. 화물 적재 및 하역작업	1. 화물의 무게중심 확인	화물의 종류 및 무게중심, 작업장치 상태 점검, 화물의 결착, 포크 삽입 확인
	2. 화물 하역작업	화물 적재상태 확인, 마스트 각도 조절, 하역 작업
4. 화물운반작업	1. 전·후진 주행	전·후진 주행 방법, 주행 시 포크의 위치
	2. 화물 운반작업	유도자의 수신호, 출입구 확인
5. 운전시야확보	1. 운전시야 확보	적재물 낙하 및 충돌사고 예방, 접촉사고 예방
	2. 장비 및 주변상태 확인	운전 중 작업장치 성능확인, 이상 소음, 운전 중 장치별 누유·누수
6. 작업 후 점검	1. 안전주차	주기장 선정, 주차 제동장치 체결, 주차 시 안전조치
	2. 연료 상태 점검	연료량 및 누유 점검
	3. 외관 점검	휠 볼트, 너트 상태 점검, 그리스 주입 점검, 윤활유 및 냉각수 점검
	4. 작업 및 관리일지 작성	
7. 도로주행	1. 교통법규 준수	도로주행 관련 도로교통법, 도로표지판(신호, 교통표지), 도로교통법 관련 벌칙
	2. 안전운전 준수	도로주행 시 안전운전
	3. 건설기계관리법	건설기계 등록 및 검사, 면허·벌칙·사업
8. 응급대처	1. 고장 시 응급처치	고장표시판 설치, 고장내용 점검, 고장유형별 응급조치
	2. 교통사고 시 대처	교통사고 유형별 대처, 교통사고 응급조치 및 긴급구호
9. 장비구조	1. 엔진 구조와 기능	엔진본체, 윤활장치, 연료장치, 흡배기장치, 냉각장치
	2. 전기장치 구조와 기능	시동장치, 충전장치, 등화장치, 퓨즈 및 계기장치
	3. 전·후진 주행장치 구조와 기능	조향장치, 변속장치, 동력전달장치, 제동장치, 주행장치
	4. 유압장치 구조와 기능	유압펌프, 유압 실린더 및 모터, 컨트롤 밸브, 유압탱크, 유압유, 기타 부속장치
	5. 작업장치 구조와 기능	마스트, 체인, 포크, 가이드, 조작레버, 기타 지게차의 구조와 기능

3 실기시험 채점기준

구분	세부항목	배점 및 채점기준
화물 하차 작업 (55점)	작업복장 착용 준수	3점, 0점
	안전벨트 체결 여부	2점, 0점
	주차 브레이크 해제 여부	2점, 0점, 실격
	포크 높이 조절	5점, 3점, 0점 (기준: 포크 높이 20~30cm)
	전진 주행 상태	5점, 3점, 0점, 실격
	포크 상승 및 삽입	5점, 3점, 0점, 실격(삽입 정도가 부족) (기준: 팔레트가 백레스트까지 완전 밀착)
	화물 들어 올리기	2점, 0점, 실격(떨어뜨리는 경우)
	포크 뒤로 기울이기(후경)	5점, 3점, 0점 (기준: 포크를 뒤로 완전히 기울일 것)
	후진 주행 상태	3점, 0점, 실격(떨어뜨리는 경우)
	포크 높이 조절	5점, 3점, 0점, 실격(포크와 지면 간격) (기준: 포크 높이 20~30cm)
	상하차 작업구역 벗어나기	2점, 0점, 실격(라인 터치 시 경우)
	작업코스 전진주행	5점, 3점, 0점, 실격(라인 터치 시 경우)
	화물 내려놓기	5점, 3점, 0점, 실격(테이프 범위 초과 시)
	후진 주행 상태	3점, 0점, 실격(포크와 지면 간격)
	포크 후진선 터치	3점, 0점, 실격(터치 위치가 틀린 경우)
화물 하차 작업 (45점)	전진 주행 상태	3점, 0점, 실격(포크와 지면 간격)
	포크 삽입 상태	5점, 3점, 0점, 실격(삽입 정도가 부족)
	포크 들어올리기	2점, 0점
	포크 뒤로 기울이기(후경)	5점, 3점, 0점
	포크 높이 조절	5점, 3점, 0점, 실격(포크와 지면 간격)
	작업코스 후진 진행	5점, 3점, 0점, 실격(코스라인 터치 등)
	포크 상승 상태	2점, 0점
	화물 상차 상태	5점, 3점, 0점, 실격(드럼통 터치 등)
	후진 주행 상태	3점, 0점
	포크 높이 조절 상태	5점, 3점, 0점, 실격(포크와 지면 간격)
	주차 보조선 터치 여부	3점, 0점, 실격(터치 못할 경우)
	주차 브레이크 체결 여부	2점, 0점

➡ 필기시험 원서접수 절차

1 큐넷 홈페이지(q-net.or.kr)에 접속합니다. 메인 화면에서 시험일정안내를 클릭하여 이미지와 같이 [상시시행계획공지(바로가기)]를 클릭합니다. 원하는 수험지역을 선택하면 최근 일정을 확인할 수 있습니다.(엑셀 파일)

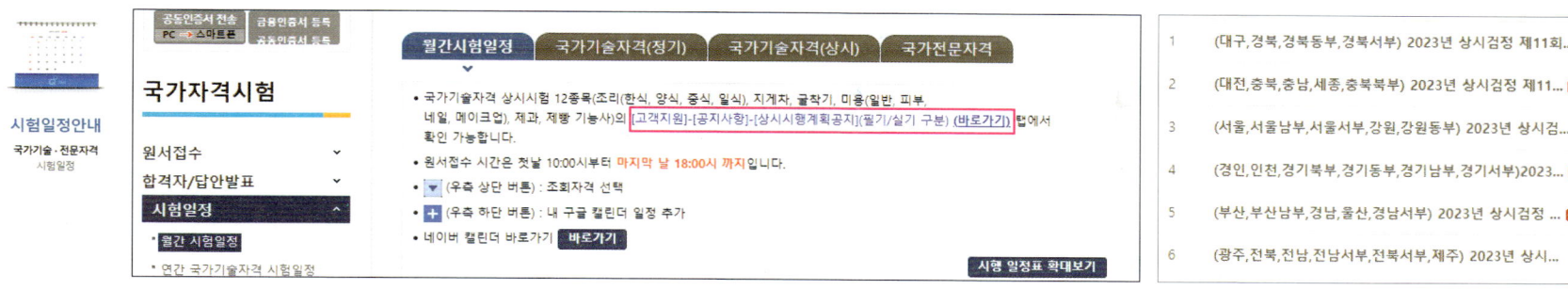

2 접수일에 접수하려면 아이디와 비밀번호를 입력한 뒤 '로그인'을 클릭합니다. ※ 아이디가 없는 경우 [회원가입하기]를 눌러 회원가입을 진행합니다.
메인화면에서 원서접수를 누르면 현재 접수가능한 일자가 나옵니다. 접수하기를 누릅니다.

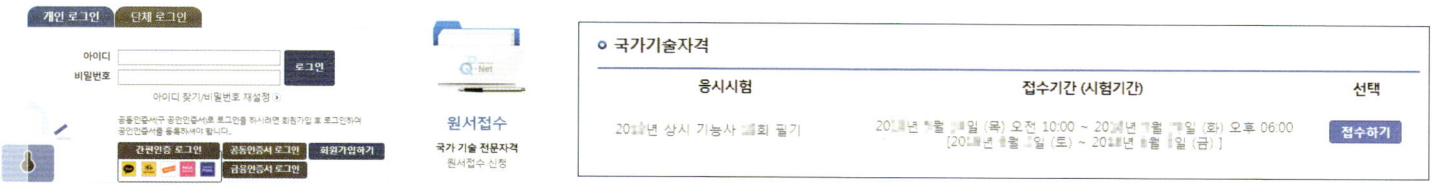

3 자격선택, 지역, 시/군/구, 응시유형을 선택하고 🔍(조회버튼)을 누르면 해당시험에 대한 시행장소 및 응시정원이 나옵니다.

4 자격 선택 후 [종목선택 – 응시유형 – 추가입력 – 장소선택 – 결제] 순서대로 사용자의 신청에 따라 해당되는 부분을 선택(또는 입력)합니다.

➡ CBT 필기시험 문제풀이 방법

※ 시험 전 약 20여분동안 문제 풀이에 대한 설명을 합니다.

글자크기: 수험생마다 보기에 편한 글자 크기로 변경

화면 배치: 한 화면에 단수를 지정하여 문제 갯수를 지정할 수 있습니다.

수험자 정보, 남은 시간 및 안 푼 문제수 확인하기
문제를 풀기 전에 수험번호, 수험자 이름을 확인합니다. 시험 중 남은 시간과 안 푼 문제 수를 수시로 체크하며 시간을 분배합니다.

답안 표기
문제의 번호에 답을 클릭하거나 '답안 표기란'의 번호에 답을 클릭합니다.

문제를 모두 푼 후 시험을 종료하려면 [답안 제출]을 클릭합니다. 만약 답안을 모두 체크하지 않고 제출할 수 있으므로 2회에 걸쳐 주의 화면이 나타납니다.
이상이 없다면 [예] 버튼을 누르면 아래와 같이 점수 및 합격여부를 확인할 수 있습니다.

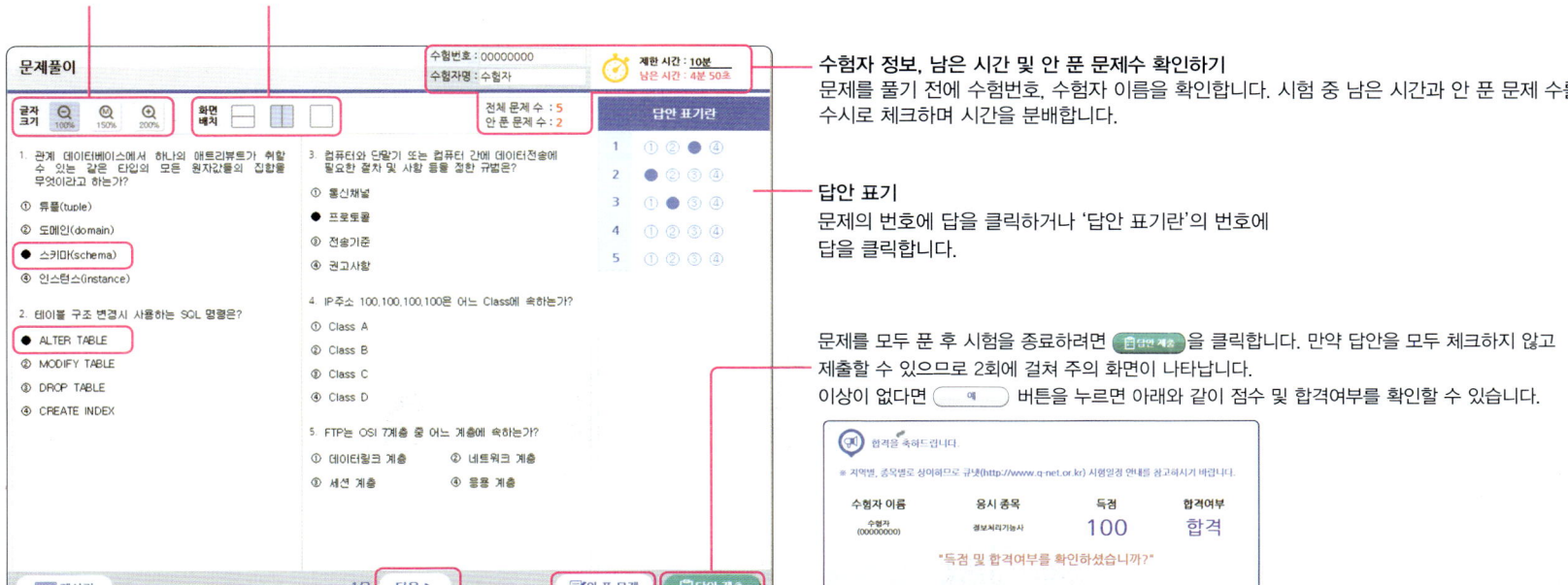

다른 화면의 문제로 이동하려면 [◀ 이전] 또는 [다음 ▶] 버튼을 클릭합니다.

문제를 모두 푼 후 만약 상단의 [안 푼 문제 수]를 확인하고 만약 풀지 않은 문제가 있다면 [안 푼 문제]를 누릅니다. 그러면 풀지 않은 문제 번호가 나타납니다. 문제번호를 누르면 해당 화면으로 이동됩니다.

● 안 푼 문제 번호 보기: 번호 클릭시 해당 문제로 이동합니다.
2

지게차운전기능사 실기 - 코스운전 및 작업

지게차 운전기능사 실기시험도 상시시험으로 치뤄집니다. 정해진 코스 도면에 따라 시험장에 설치된 코스에서 지게차를 직접 운전하는 시험으로 치루게 되며 제한 시간은 4분으로 화물 하차 작업 55점, 화물 상차 작업 45점 총 100점 만점을 기준으로 점수가 매겨지게 됩니다. 합격커트라인은 60점 이상입니다. (일부 전문학원의 경우 자체 학원 내에서 시험을 볼 수 있습니다.)

시간제한: 4분

시험시간은 앞바퀴 기준으로 출발선/도착선을 통과하는 시점으로 합니다.

실기 동영상은
유튜브 검색란에
"지게차 실기"라고 입력하시면
다양한 방법이 있습니다.

항목별 배점	
화물하차작업	55점
화물상차작업	45점

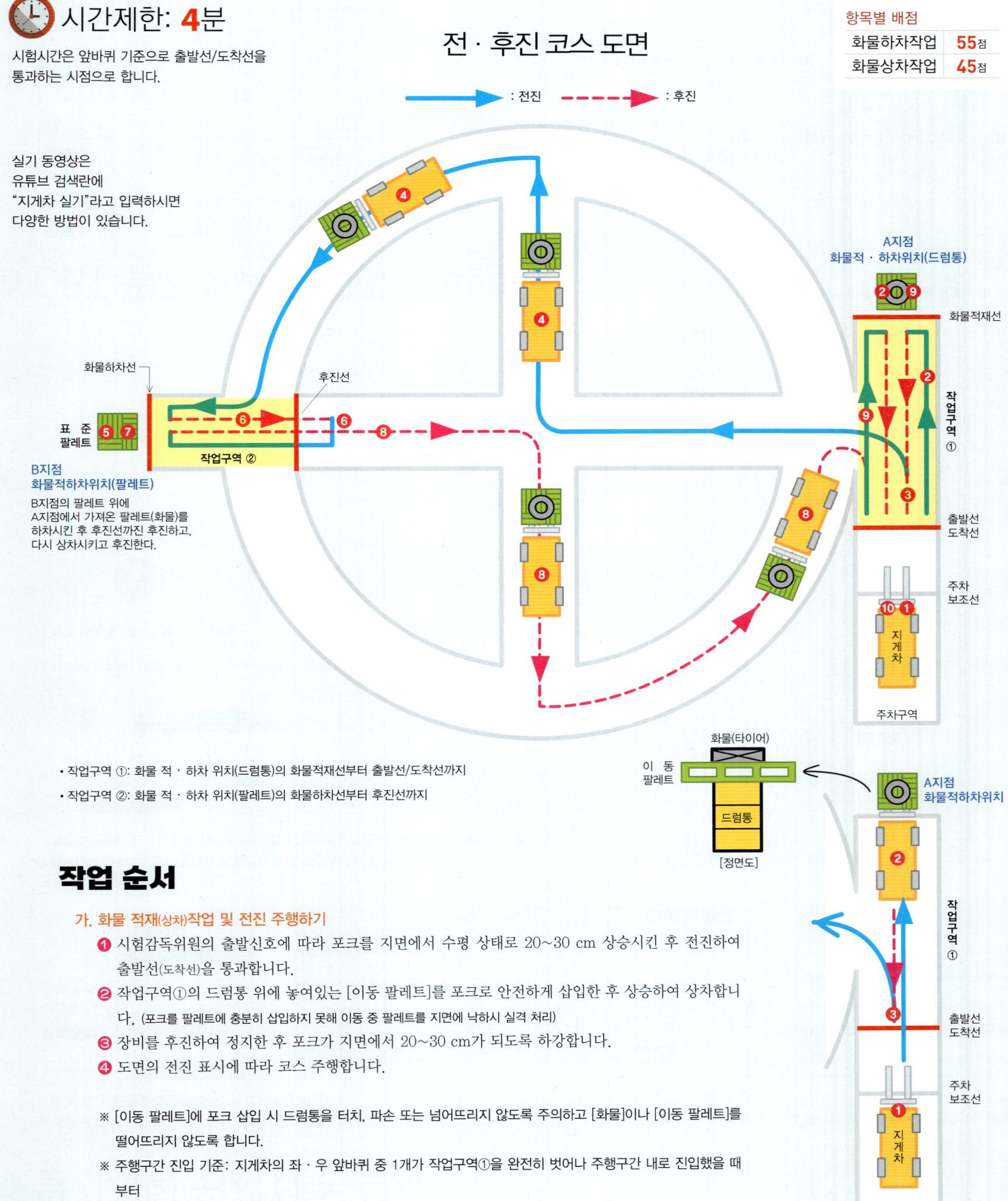

- 작업구역 ①: 화물 적·하차 위치(드럼통)의 화물적재선부터 출발선/도착선까지
- 작업구역 ②: 화물 적·하차 위치(팔레트)의 화물하차선부터 후진선까지

작업 순서

가. 화물 적재(상차)작업 및 전진 주행하기

❶ 시험감독위원의 출발신호에 따라 포크를 지면에서 수평 상태로 20~30 cm 상승시킨 후 전진하여 출발선(도착선)을 통과합니다.

❷ 작업구역①의 드럼통 위에 놓여있는 [이동 팔레트]를 포크로 안전하게 삽입한 후 상승하여 상차합니다. (포크를 팔레트에 충분히 삽입하지 못해 이동 중 팔레트를 지면에 낙하시 실격 처리)

❸ 장비를 후진하여 정지한 후 포크가 지면에서 20~30 cm가 되도록 하강합니다.

❹ 도면의 전진 표시에 따라 코스 주행합니다.

※ [이동 팔레트]에 포크 삽입 시 드럼통을 터치, 파손 또는 넘어뜨리지 않도록 주의하고 [화물]이나 [이동 팔레트]를 떨어뜨리지 않도록 합니다.

※ 주행구간 진입 기준: 지게차의 좌·우 앞바퀴 중 1개가 작업구역①을 완전히 벗어나 주행구간 내로 진입했을 때 부터

나. 화물 하차 및 상차작업하기

⑤ 작업구역②의 [표준 팔레트] 위에 [이동 팔레트]를 정확히 내려 하차합니다.
⑥ [이동 팔레트]를 하차 후 지게차를 후진하여 양쪽 포크 모두 하강시켜 '후진선'을 터치합니다.
　※ 포크를 '후진선'에 내려놓았을 때 포크가 반드시 '후진선'에 교차 또는 물려있어야 합니다.
⑦ '후진선'을 터치한 후 다시 전진하여 [이동 팔레트]를 상차합니다.
　※ 상·하차 시 [이동 팔레트], [표준 팔레트]를 밀거나 파손시키지 않도록 유의하여 작업합니다.

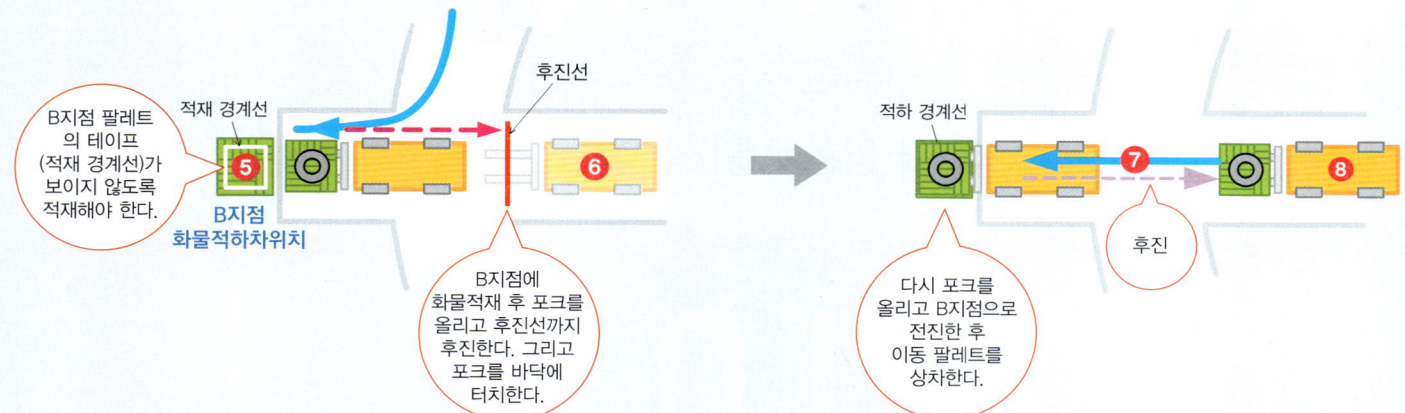

다. 후진 주행 및 장비 원 위치하기

⑧ 상차 완료 후 도면의 후진 표시에 따라 코스 주행합니다.
⑨ 작업구역①의 드럼통 위에 [이동 팔레트]를 내려놓은 후 이동하여 포크 높이를 조절하고 후진합니다.
　※ [이동 팔레트]를 드럼통 위에 하차 시 포크로 드럼통을 터치, 파손, 넘어뜨리지 않도록 유의하고
　　 [화물]이나 [이동 팔레트]를 떨어뜨리지 않도록 합니다.
⑩ 장비를 출발 전 원 위치로 후진하여 '주차보조선'에 포크를 내려놓고 작업을 마칩니다.

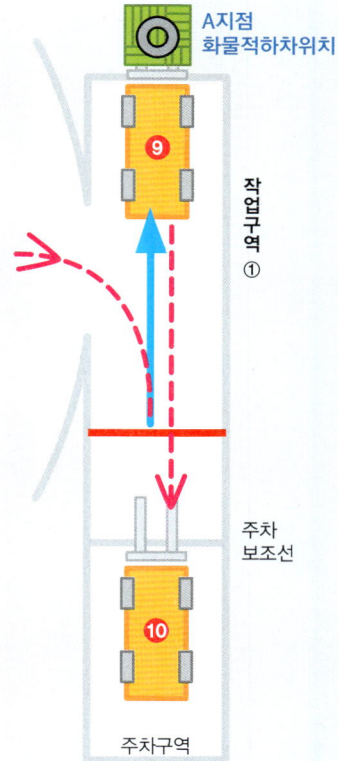

수험자 유의사항

※ 항목별 배점은 "화물하차작업 55점, 화물상차작업 45점"입니다.

1) 시험 준비물: **신분증**(미지참시 응시 불가)
2) 시험위원의 지시에 따라 시험장소를 출입 및 장비를 운전해야 합니다.
3) 음주상태 측정은 시험시작 전에 실시하며, 음주상태 및 음주측정을 거부하는 경우 실기시험에 응시할 수 없습니다.
　→ 도로교통법에서 정한 혈중 알코올 농도 0.03% 이상
4) 규정된 작업복장의 착용여부는 채점사항에 포함됩니다.
　→ 반팔 상의(단, 팔토시 착용시 가능), 민소매 상의, 반바지, 7부바지, 찢어진 청바지, 치마, 샌들, 슬리퍼, 구두, 하이힐 착용 안됨
5) 휴대폰 및 시계류(손목시계, 스톱워치 등)는 시험 전 제출 후 시험에 응시합니다.
6) 장비운전 중 이상 소음이 발생되거나 위험사항이 발생되면 즉시 운전을 중지하고, 시험위원에게 알려야 합니다.
7) 장비조작 및 운전 중 안전수칙을 준수하고, 안전사고가 발생되지 않도록 유의하여야 합니다.
8) 코스 내 이동 시 포크는 지면에서 20~30 cm로 유지하여 안전하게 주행하여야 합니다.
9) 수험자가 작업 준비된 상태에서 시험감독위원의 출발신호에 의해 시작합니다.

실격 사항 (채점 대상에서 제외)

(1) 운전 조작이 미숙하여 안전사고 발생 및 장비 손상이 우려되는 경우
(2) 시험시간을 초과하는 경우
(3) 요구사항 및 도면대로 코스를 운전하지 않은 경우
(4) 출발신호 후 1분 내에 장비의 앞바퀴가 출발선을 통과하지 못하는 경우
(5) 수험자의 조작 미숙으로 기관이 1회 정지된 경우
(6) 주차브레이크를 해제하지 않고 앞바퀴가 출발선을 통과하는 경우
(7) 코스 운전 중 라인을 터치하는 경우 (단, 후진선은 해당하지 않으며, 출발선/도착선은 화물을 적재한 상태에서만 라인 터치를 적용합니다.)
(8) 화물 또는 [이동 팔레트]를 떨어뜨리는 경우
(9) 드럼통을 넘어뜨리거나 드럼통 또는 [이동 팔레트], [표준 팔레트]를 파손하는 경우
(10) 포크(화물을 적재한 상태도 포함)로 드럼통을 터치하는 경우
(11) [이동 팔레트]를 상차하지 않고 작업구역① 또는 작업구역②를 벗어나는 경우
(12) 작업구역(①, ②), 주행구간 내에서 포크 및 [이동 팔레트]가 지면에 닿는 경우 (단, 후진선 포크 터치는 제외)
(13) 포크로 후진선 터치 시 후진선 이외의 지면에 내려놓는 경우
(14) 주행구간 내에서 주행 중 포크가 지면에서 50 cm를 초과하는 경우 (단, 작업구역①, 작업구역②에서는 제외)
(15) [이동 팔레트]를 작업구역②의 [표준 팔레트] 위에 내려놓았을 때의 상태가 가로 또는 세로 방향으로 20 cm를 초과한 경우
(16) [이동 팔레트]의 구멍에 포크를 삽입은 하였으나, 덜 삽입한 정도가 20 cm를 초과한 경우

핵심이론노트

최근 5개년 기출경향을 분석하여
출제비도가 높은 부문만 정리함

PART 01

CHAPTER 01 안전관리

출제빈도가 높은 핵심이론 집중공략

출제예상문항수: **8문제**

1 산업안전

1. 재해예방 4원칙
① **예방가능**의 원칙 – 안전사고의 주된 원인은 인위적인 요인이므로, 이는 철저히 분석하고 대책을 수립하고 실행에 옮길 때 미연에 방지할 수 있다.
② **손실우연**의 원칙 – 한 사고의 결과로 발생하는 손실의 대소 또는 종류는 우연에 의해 정해진다.
③ **원인계기**의 원칙 – 사고는 반드시 필연적 원인에 의해 발생한다.
④ **대책선정**의 원칙 – 간접 원인(기술적 원인, 교육적 원인, 관리적 원인)을 미연에 규명하고 제거하여 근본적 사고방지

2. 산업재해의 원인

직접적인 원인	① **불안전한 행동**: 재해요인 비율 중 가장 높음(작업자의 실수 및 피로 등) ② 불안전한 상태: 기계 및 복장·보호구·방호장치구의 결함, 불안전한 환경, 안전장치 결여
간접적인 원인	안전수칙 미제정, 안전교육 미비, 작업자의 가정환경 등 직접적 요인 이외의 것
불가항력의 원인	천재지변(지진, 태풍, 홍수 등), 인간이나 기계의 한계로 인한 불가항력 등

Note | 사고발생이 많이 일어날 수 있는 원인에 대한 순서
불안전한 행위 > 불안전한 조건 > 불가항력

3. 재해 발생 시 조치순서
① 운전 정지 → 피해자 구조 → 응급 처치 → 2차 재해방지
② 세척 작업 중 알칼리 또는 산성 세척유가 눈에 들어갔을 경우의 응급처치: 흐르는 수돗물로 씻는다. (비비지 않는다)
③ 화상을 입었을 때 응급조치: 찬물에 담근 후 아연화 연고를 바른다.

2 안전보호구

안전보호구는 산업현장에서 재해를 예방하기 위해 작업자가 작업 전 착용하는 기구나 장치를 말한다.

1. 안전보호구의 종류

안전모	물체의 낙하 및 비래(물체가 날아와서 부딪힘)에 의한 위험을 방지 또는 경감하고, 머리부위 감전에 의한 위험을 방지
안전화	물체의 낙하 충격, 물체 끼임, 감전 등에 의한 위험에서 보호
안전대	고소(높은 곳) 등 추락 위험이 있는 장소에서 작업 시 착용
보안경	일반 보안경(분진 방지), 차광용(전기아크용접-유해광선 보호)
마스크	① 산소결핍 작업, 분진 및 유독가스 발생 작업장에서 작업 시 신선한 공기 공급 및 여과를 통하여 호흡기를 보호 ② 방진마스크(분진), 방독마스크(유독가스), 송기(공기)마스크 등
방음보호구	소음이 발생하는 작업장에서 청력을 보호하기 위해 사용

2. 보안경을 착용해야 하는 경우
① 빛 또는 비산물, 기타 유해물질로부터 보호: 그라인더 작업, 용접 작업 등
② 장비의 하부에서 점검, 정비 작업
③ 철분, 먼지, 모래 등이 날리는 작업

Note | 재해 관련 용어

낙하	물건이 주체가 되어 위에서 아래로 떨어져 사람이 맞는 것
비래(飛來)	물건이 주체가 되어 날리며 사람이 맞는 것
협착	기계의 움직이는 부분 사이 또는 움직이는 부분과 고정된 부분 사이에 신체가 끼이거나 물리거나 말려들어가는 것
전도	사람이 바닥 등의 장애물 등에 걸려 넘어지는 것(미끄러짐 포함)
추락	사람이 높은 곳에서 떨어지는 것

3. 작업복의 조건
① 주머니가 적고, 팔(손목)이나 다리부분이 노출되지 않도록 한다.
② 옷소매 폭이 너무 넓지 않고 소매는 손목에 밀착되는 작업복을 착용한다.
③ 화기사용 작업 시 방염성, 불연성 재질을 사용한다.
④ 배터리 전해액처럼 강산, 알칼리 등의 액체 취급 시 고무 재질의 작업복을 착용한다.

Note | 일반적인 작업 안전을 위한 복장: 작업복, 안전모, 안전화
Note | 작업 시 장갑을 착용하지 않고 해야 하는 작업
연삭 작업, 해머 작업, 정밀기계 작업, 드릴 작업

3 안전보건표지

Note | 안전표지의 종류 (암기법: 안경금지)
• 금지표지: 특정 행위를 금지함
• 경고표지: 신체에 유해 또는 위험할 수 있는 물질을 취급하는 경우 경고를 알림
• 지시표지: 사업장 내부에서 해야 하는 사항을 지시함
• 안내표지: 사업장 내에서 안전사항을 안내함

1. 금지표지

출입금지	보행금지	차량통행금지	사용금지	탑승금지
금연	화기금지	물체이동금지		

2. 경고표지

인화성물질 경고	산화성물질 경고	폭발성물질 경고	급성독성 물질 경고	부식성물질 경고
방사성 물질 경고	고압전기 경고	매달린 물체 경고	낙하물 경고	고온 경고
저온 경고	몸균형 상실 경고	레이저광선 경고	위험장소 경고	

발암성·변이원성·생식독성·전신독성·호흡기 과민성 물질 경고

3. 지시표지(착용)

보안경	방독마스크	방진마스크	보안면	안전모
✅ 👓	😷	😷	✅	✅
귀마개	안전화	안전장갑	안전복	
👂	👢	🧤	✅	

4. 안내표지

녹십자표지	응급구호표지	들것	세안장치	비상용기구
✅ ➕	➕	🔧	✅ 👁	비상용 기구
비상구	좌측비상구	우측비상구		
✅ 🏃	🚪	🏃		

4️⃣ 기계 · 기구 및 공구의 취급

1. 작업장의 안전수칙(주요 내용만)
① 각종 기계를 불필요하게 공회전시키지 않는다.
② 작업 중 정전되면 사용하던 기계의 스위치를 끈다.
③ 작업대 사이, 또는 기계 사이의 통로는 안전을 위한 일정한 너비가 필요하다.
④ 기계의 청소나 정비는 장비 · 기계를 완전히 정지시킨 후 실시한다.
⑤ 기름 묻은 걸레는 정해진 용기에 보관한다.

2. 수공구 사용 시 안전사항
① 작업과 규격에 맞는 공구를 선택한다.
② 사용 시 올바른 자세로 사용하며, 무리한 힘이나 충격을 가하지 말아야 한다.
③ 끝부분이 예리한 공구 등을 주머니에 넣지 말아야 한다.
④ 사용 전 공구의 이상 여부를 점검하여 상태가 양호한 공구를 사용한다.
⑤ 설계된 목적 이외의 용도로는 사용하지 않는다.
⑥ 손이나 공구에 묻은 기름, 물 등을 닦아낸다.
⑦ 기계나 재료 위에 공구를 올려놓지 말아야 한다.

3. 수공구의 관리와 보관
① 공구함이나 공구실에 준비하여 정돈하여 보관하며, 종류와 크기별로 구분하고 종류와 수량을 정확히 파악해 둔다.
② 사용한 공구는 방치하지 말고, 지정관 보관 장소에 보관한다.
③ 날이 있거나 뾰족한 물건은 위험하므로 뚜껑을 씌워 둔다.
④ 공구의 수량 및 이상 여부를 확인하고, 필요 수량을 미리 확보하며, 파손 공구는 즉시 교환한다.
⑤ 공구 사용 후 오일을 바르지 않는다.
⑥ 사용한 공구는 면 걸레로 깨끗이 닦아서 지정된 장소에 보관한다.

4. 렌치(조정렌치, 복스렌치, 파이프 렌치 등) 작업
① 작업 시 몸의 균형을 잡는다.
② 볼트 · 너트에 잘 결합하고, 몸쪽으로 잡아당길 때 힘이 걸리도록 한다.
③ 조정렌치 사용 시 고정 죠(jaw)가 있는 부분으로 압력이 가해지게 하여 사용한다.
　▶ 조정렌치: 스크류를 돌려 조정 죠를 이동시켜 볼트나 너트의 크기에 맞게 조정
④ 녹이 생긴 볼트나 너트는 풀기 전에 오일 등을 스며들게 한다.
⑤ 렌치를 잡아당길 수 있는 위치에서 작업하도록 한다.
⑥ 좁은 장소에서는 몸의 일부를 충분히 기대고 작업한다.
⑦ 미끄러지지 않도록 공구 핸들에 묻은 기름은 잘 닦아서 사용한다.
　▶ 공구를 장시간 보관 시 작동부위에 방청제를 바르고 건조한 곳에 보관한다.
⑧ 금지: 볼트(또는 너트)에 맞는 것을 사용하며 쐐기를 넣어서 사용하면 안 된

다.
⑨ 금지: 지렛대 또는 해머 대용으로 사용하지 않는다.
⑩ 금지: 자루에 파이프를 이어서 사용해서는 안 된다.

Note | 수공구의 종류

오픈 엔드 렌치	한쪽이 열린 형태로 볼트/너트 외에 파이프의 피팅을 풀고 조일 때 사용된다.
복스 렌치	볼트나 너트를 감싸는 형태이므로 미끄러질 우려가 없고, 보다 큰 힘을 줄 수 있다.
콤비네이션 렌치	오픈 엔드 렌치와 복스 렌치를 결합한 형태이다.
소켓 렌치	복스렌치의 일종으로, 라쳇핸들 등에 끼워 반자동으로 빠르게 풀고 조일 수 있다.
조정 렌치(몽키 스패너)	제한된 범위 내에서 볼트/너트의 크기 변경이 가능하다.

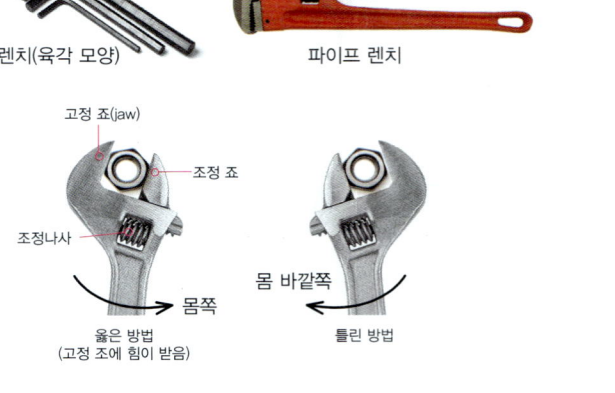

오픈 엔드 렌치　　복스 렌치　　콤비네이션 렌치　　소켓 렌치　　조정 렌치

L 렌치(육각 모양)　　　　파이프 렌치

고정 죠(jaw) / 조정 죠 / 조정나사 / 몸쪽 / 몸 바깥쪽 / 옳은 방법(고정 죠에 힘이 받음) / 틀린 방법

5. 해머 작업
① 처음에는 작게 휘두르고, 차차 크게 휘두른다.
② 작업에 알맞은 무게의 해머를 사용한다.
③ 해머를 사용할 때 자루 부분을 확인할 것
④ 해머 작업 중에는 수시로 해머 상태를 확인할 것
⑤ 해머 작업 시 타격면을 주시하며, 타격 시 몸의 자세를 안정되게 한다.
⑥ 녹이 있는 재료를 작업할 때는 보호안경을 착용해야 한다.
⑦ 기름 묻은 손으로 자루를 잡지 않도록 하며, 해머 작업 시는 장갑을 사용해서는 안 된다.
⑧ 물건에 해머를 대고 몸의 위치를 정한다.
⑨ 타격 범위에 장해물이 없도록 한다.
⑩ 마주보면 타격하지 않는다. (호흡이 맞지 않으면 위험하므로)

Note | 작업 시 장갑을 착용하지 않고 해야 하는 작업
연삭 작업 / 해머 작업 / 드릴 작업 / 정밀기계 작업

6. 기계장치 및 동력전달장치에서의 안전수칙
① 사고로 인한 재해가 가장 많이 발생하는 장치: 벨트와 풀리
② 기어 회전 부위는 커버를 씌움
③ 벨트 교환 등 기계 정비 시 회전을 완전히 멈춘 상태에서 작업
④ 동력 전단기 사용 시 안전방호장치를 장착 후 작업 수행
⑤ 볼트 · 너트 풀림 상태를 육안 또는 운전 중 확인
⑥ 소음 상태 점검
⑦ 힘이 작용하는 부분의 손상 유무 확인

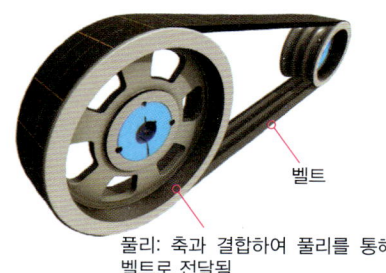

풀리: 축과 결합하여 풀리를 통해 벨트로 전달됨

5 기계의 안전장치

페일 세이프 (Fail-Safe)	**기계 결함**(고장)이 발생되더라도(fail) 사고가 발생되지 않도록 안전한 조치가 자동으로 이뤄지도록 하는 것
풀 프루프 (Fool Proof)	**인간의 실수**가 있더라도 사고로 연결되지 않도록 기계설비의 안전 기능이 작동되는 장치 (위험을 사전에 방지)
인터록 (Interlock)	기계장치의 여러 기능 중 하나의 기능이 작동할 경우 다른 기능들이 작동하지 않도록 차단시키는 설계 방식이다.

▶ 용어 이해
- Fail-Safe: 사용·조작의 실패에 대해 안전성을 확보함
- Fool Proof: "바보짓(잘못됨, 어리숙함)"을 막는(proof) 장치
- Interlock: 서로(inter) 잠가둔다(lock)

6 전기 작업 시 유의사항

① 전기기기에 의한 감전 사고를 막기 위해 접지설비를 한다.
② 퓨즈 교체 시에는 규정된 용량의 퓨즈만 사용한다.
③ 퓨즈를 철사로 대용해서는 안된다.
④ 퓨즈가 끊어져 새것으로 교체하였으나 다시 끊어진 경우는 과전류가 의심되므로 전기장치의 고장개소를 찾아 수리해야 한다.
⑤ 인체에 전류가 흐른 경우 위험 정도의 결정 요인은 인체에 전류가 흐른 시간, 전류의 크기, 전류가 통과한 경로 등이다.
⑥ 작업장에서 기계 및 기구작업 중 정전이 되었을 경우 즉시 전원스위치를 먼저 끄고 퓨즈의 단선 여부를 점검한다.

7 운반·이동 안전

1. 운반 작업 시의 안전수칙
① 무거운 물건을 이동할 때 체인블록이나 호이스트 등을 활용한다.
② 어깨보다 높이 들어 올리지 않는다.
③ 무거운 물건을 상승시킨 채 오랫동안 방치하지 않는다.
④ 화물을 운반하는 경우 운전반경 내를 확인한다.
⑤ 정밀한 물품을 쌓을 때는 상자에 넣도록 한다.
⑥ 약하고 가벼운 것을 위에 무거운 것을 밑에 쌓는다.
⑦ 긴 물건을 쌓을 때에는 끝에 표시를 한다.
⑧ 체인블록 사용 시 체인이 느슨한 상태에서 급격히 잡아당기지 않는다.
⑨ 중량물 운반 시 사람을 승차시켜 화물을 붙잡도록 할 수 없다.

2. 인력운반에 대한 기계운반의 특징
① 단순하고 반복적인 작업에 적합하다.
② 취급물의 크기, 형상 성질 등이 일정한 작업에 적합하다.
③ 표준화되어 있어 지속적이고 운반량이 많은 작업에 적합하다.
④ 취급물이 중량물인 작업에 적합하다.

8 방호장치

위험기계 기구의 위험 장소 또는 부위에 작업자가 통상적인 방법으로 접근하지 못하도록 하는 제한조치

격리형	작업자와 위험한 작업점을 차단하거나 분리시키는 장치 (예: 차단벽이나 방호망)
위치제한형	기계의 조작장치를 위험한 작업점에서 안전거리 이상 떨어지게 하거나 접근을 제한시킴
접근거부형	작업자가 위험한계 내로 진입하면 작업자의 신체 일부(손이나 팔, 다리 등)를 밀거나 당겨내는 장치 (예: 손쳐내기식)
접근반응형	작업자가 위험한계 내로 진입하면 기계를 정지시키는 등의 장치 (예: 광전자식)
포집형	목재나 금속칩 등의 위험원이 비산하는 것을 방지하는 장치 (예: 연삭기의 연삭숫돌의 포집장치)

9 화재의 분류 및 소화설비

A급 화재	• **일반 화재, 보통 화재** (종이, 섬유, 목재 등으로 재를 남기는 화재) • 물 분무 소화, 포말소화기, 산·알칼리 소화기
B급 화재	• **유류 화재** (알코올, 석유류, 식용유, 가스, 페인트 등) • 분말 소화기, 탄산가스 소화기가 적합 • 방화커튼을 이용하여 화재 진압
C급 화재	• **전기 화재** • 이산화탄소 소화기가 적합
D급 화재	• **금속 화재** • 소화에는 건조사(마른 모래), 흑연, 장석분 등을 뿌리는 것이 유효

① ABC 소화기: A급, B급, C급 화재에 적합한 분말소화기로 주로 냉각 및 질식·억제 작용으로 소화를 하며, 대표적으로 가정용 소화기가 이에 해당
② 질식소화방식: 산소를 차단하는 소화 방식을 말함
③ 일반화재나 유류화재 시 유용한 포말소화기는 전기화재에는 적합하지 않음
④ B, C, D 화재는 소화 시 물 사용을 금지한다.
▶ 물을 뿌리면 유증기가 확산되어 더 위험해짐

Note | 연소의 3요소: 가연물, 점화원, 산소(공기)

CHAPTER 02

출제빈도가 높은 핵심이론 집중공략

작업 전·후 점검 및 작업

출제예상문항수: **6문제**

---

01 지게차의 작업 전·후 점검

1 지게차의 일일점검 항목

구분	점검 항목
작업 전 점검	• 외관 점검, 각부 누유·누수 점검 • 연료, 엔진오일, 냉각수, 유압작동유의 유량 점검 • 타이어 손상·마모 및 공기압, 림의 변형, 휠 너트의 헐거움 • 팬벨트 장력, 축전지 점검 등
작업 중 점검	• 작업 중 발생하는 소음, 냄새, 배기색 등을 점검
작업 후 점검	• 외관 변형 및 균열 점검, 각부 누유 점검, 연료 보충 등

① 외관 점검: 마스트 체인, 오버헤드가드, 백레스트, 포크 및 핑거보드 등의 균열·변형·체결·손상 상태 점검

② 팬벨트 장력 점검 – 엔진 점검 후 정지
- 오른손 엄지손가락으로 팬벨트 중앙을 약 10kgf로 눌러 벨트의 장력 길이가 13~20mm이면 정상
- 팬벨트 장력에 따른 증상

구분	점검 항목
팬벨트 장력이 느슨할 때	• 냉각수 순환 불량으로 엔진이 과열 • 발전기 출력 저하 • 에어컨 작동이 불량
팬벨트 장력이 너무 클 때	발전기 베어링 마모가 빨라짐

Note | 팬벨트의 기능
팬벨트는 크랭크축의 동력을 발전기, 워터펌프, 에어컨 컴프레셔 등에 전달하는 벨트이다.

③ 전조등, 후미등, 헤드가드 및 백레스트, 후방경보장치 점검

④ 제동장치, 조향장치 점검

⑤ 타이어의 공기압 및 마모, 휠너트 조임상태 확인

⑥ 엔진 시동 후 소음 상태 및 공회전 상태 점검

⑦ 엔진오일, 유압오일, 제동장치, 조향장치 및 냉각수의 누유·누수 점검

⑧ 그리스 주입 상태를 점검하고 부족 시 그리스를 주입

⑨ 유압탱크 유량의 점검 전에 포크 위치: 지면에 내려놓고 점검함

⑩ 리프트 실린더의 상승력 부족 시 점검 사항: 작동유 부족, 오일필터 막힘, 유압펌프 불량, 리프트 실린더의 누유 등

Note | 리프트 체인의 일상점검
좌우 체인의 유격, 리프트체인의 급유상태, 균열 여부

2 주요 계기판 구성 및 점검

① 엔진오일 압력 경고등: 엔진오일의 압력이 낮을 때(부족할 때) 점등

② 냉각수 온도 게이지: 냉각수 온도 표시

③ 냉각수 온도 경고등: 냉각수 온도가 규정 온도 이상 상승시 점등

④ 충전경고등: 발전기 불량 및 축전지 충전상태 불량 시 점등됨

⑤ 변속기 오일 온도 경고등
➡ 경고등 점등 시 즉시 작업을 중지하고 점검 및 정비를 요함

⑥ 연료게이지 작동 상태 확인: 연료 부족 경고등

⑦ 아워미터: 장비의 가동시간을 표시

⑧ 방향지시등, 전조등, 주차 브레이크, 안전벨트 경고등 등

Note | 아워미터(hour meter)
일반 자동차의 주행거리계와 유사하며, 지게차의 엔진가동시간 표시 게이지이다. 아워미터의 표시된 가동시간에 따라 오일 교환 등의 예방정비를 하는 역할을 한다.

⑨ 전류계 점검 : 축전지의 충전이 정상인 경우 전류계 지침이 + 방향을 나타낸다. (- 방향은 비정상 충전상태임)

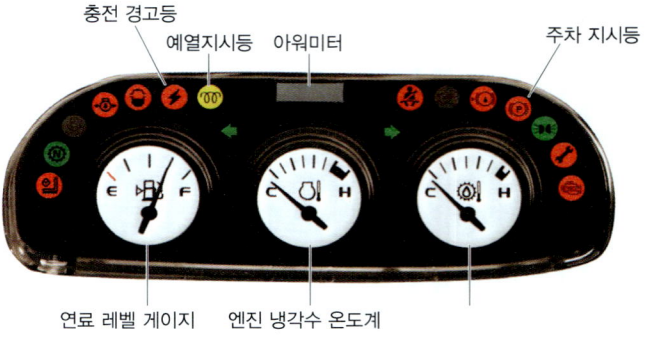

3 작업 전 지게차의 워밍업(warming-up, 난기운전)

① 엔진 시동 후 약 5분간 저속 운전(공회전)을 실시하며, 엔진온도를 정상온도까지 상승시킨다.

② 다음과 같이 리프트 레버와 틸트 레버를 사용하여 유압유 온도를 정상작동 온도로 상승
- 리프트 레버를 사용하여 상승·하강운동을 전체 행정으로 2~3회 실시
- 틸트 레버를 사용하여 전체 행정으로 전후 경사운동 2~3회 실시

4 엔진 시동 시 주의사항

① 시동전동기 기동 시간은 1회 10초 정도이고, 기동되지 않으면 다른 부분을 점검하고 다시 기동한다.

② 시동전동기 최대 연속 사용 시간은 30초 이내로 한다.

③ 엔진이 시동되면 재기동하지 않는다.

④ 시동전동기의 회전속도가 규정 이하이면 장시간 연속 기동해도 엔진이 시동되지 않으므로 회전속도에 유의한다.

5 지게차 체인 장력 조정

① 좌·우 체인이 동시에 평행한가를 확인한다.

② 포크를 지상에서 10~15cm 올린 후 조정한다.

③ 손으로 체인을 눌러보아 양쪽이 다르면 조정 너트로 조정한다.
➡ 리프트 체인의 길이는 핑거보드 롤러의 위치로 조정할 수 있다.

④ 조정 후 로크 너트(lock nut)를 고정시켜야 한다.

Note | 지게차의 포크가 한쪽으로 기울어지는 가장 큰 원인: 한쪽의 체인(chain)이 늘어짐

6 작업 후 연료 보충

① 연료점검 게이지로 연료 레벨을 점검한다.

② 규정레벨까지 보충한다. ➡ 연료증기 팽창을 고려하여 연료를 너무 가득 채우지 말 것

③ 급유 중에는 엔진을 정지시킨다.

④ 겨울철에는 연료를 보충하여 공기 중의 수분이 응축되어 물이 생기지 않도록 한다.

8 운전자 주요 점검사항

① 브레이크가 제대로 작동하는지 여부
② 임의로 운행하지 못하게 되어 있는지 여부(Key 관리)
③ 포크는 화물의 운반에 적당한지 여부
④ 포크 부분에 손상된 곳은 없는지(휨, 균열, 마모 정도)의 여부
⑤ 체인이 균형있게 당겨져 충분히 걸려 있는지 여부
⑥ 경보장치의 작동 여부
⑦ 전조등, 후미등 및 브레이크 등이 정상인지 여부
⑧ 타이어가 손상된 곳은 없는지, 공기압이 적당한지의 여부
⑨ 페달이 잘 밟아지는지의 여부
⑩ 핸들 유격이 너무 크지 않은지의 여부
⑪ 헤드 가드는 손상이 없는지의 여부
⑫ 연결 장비가 풀리지 않게 잘 고정되어 있는지의 여부
⑬ 조종기구의 작동이 정상인지(들어올림, 내림, 기울임, 연결기구)의 여부
⑭ 높이 들어 올려진 포크 하부에서 유지 보수작업을 할 때에는 포크가 낙하되지 않도록 안전블록 등으로 안전조치를 하였는지의 여부

9 주행 시 안전수칙

① 안전벨트를 착용한 후 주행한다. - 중량물을 운반중인 경우에는 반드시 제한속도를 유지한다.
② 평탄하지 않은 땅, 경사로, 좁은 통로 등에서는 급주행, 급브레이크, 급선회를 절대 하지 않는다.
③ 화물은 마스트를 뒤로 젖힌 상태에서 가능한 낮추고 운행한다.
④ 화물이 시야를 가릴 때는 후진하여 주행하거나 유도자를 배치한다.
⑤ 경사로를 올라가거나 내려갈 때는 적재물이 경사로의 위쪽을 향하도록 하여 주행하고, 경사로를 내려오는 경우 엔진 브레이크, 발 브레이크를 걸고 천천히 운전한다.
⑥ 지게차 자체의 무게와 화물의 무게를 감안하여 바닥상태나 승강기 정격 하중을 확인한다.
⑦ 화물을 불안정한 상태 혹은 편하중 상태로 옮겨서는 안 된다.
⑧ 포크 간격은 화물에 맞추어 조정한다.
⑨ 포크 아래로 사람의 출입을 통제한다.
⑩ 후륜이 뜬 상태로 주행하지 않는다.
⑪ 낮은 천장이나 머리 위 장애물을 확인한다.
⑫ 옥내 주행 시는 전조등을 켜고 주행한다.
⑬ 운전석에서 전방 눈높이 이하로 적재한다.
⑭ 모서리에서 회전할 때는 일단 정지 후 서행한다.
⑮ 선회하는 경우에는 후륜이 크게 회전하므로 천천히 선회한다.
⑯ 포크, 팔레트, 밸런스 웨이트 등에 사람을 탑승시켜 주행해서는 안 된다.
⑰ 도로상을 주행하는 경우에는 팔레트, 스키드를 꽂거나 포크의 선단에 표식을 부착하여 주행한다.
⑱ 지게차 운전은 면허를 가진 지정된 근로자가 한다.
⑲ 포크나 운반중인 화물 하부에 작업자의 출입을 금지한다.

02 지게차의 화물 적재, 운반, 하역작업

1 지게차의 안전 운행

① 주행 및 작업 중에는 운전자 한 사람만 승차하여야 하며, 포크로 사람을 올리거나 카운터웨이트 등에 사람이 올라가서는 안 된다.
② 포크로 적재물을 들어올린 후 백레스트에 완전히 닿도록 틸팅하고 주행한다.
③ 좁은 장소에서 회전할 때는 뒷바퀴의 회전에 주의한다.
④ 급출발, 급정지, 급회전, 고속주행 등을 하지 않는다.
⑤ 주차 및 운전 위치 이탈 시에는 포크를 지면에 내린 후 엔진을 끄고, 주차 브레이크를 하고 키를 빼내어 보관한다.
⑥ 리프트 레버를 사용하여 포크의 승강 시 시선은 포크를 주시한다.
⑦ 화물을 올리거나 내릴 때 포크는 수평이 되도록 한다.
⑧ 지게차가 경사된 상태에서 적하 작업을 하면 안 된다.
① 내리막길에서 화물 운반 시 화물을 언덕 위쪽으로 하여 후진으로 내려온다.
② 내리막길에서는 저속기어를 이용하여 서서히 주행한다.
　◎ 엔진을 끄거나, 기어 중립 등의 타력을 이용하여 주행하지 않는다.
③ 후진 시 경광등, 경적, 후진 경고음 등을 사용한다.
④ 짐을 싣고 주행할 때는 절대로 속도를 내서는 안 된다.
　◎ 지게차 주행속도는 10km/h를 초과할 수 없다.

Note | 주행·주차 등에 따른 지게차의 포크 위치

주행 시	• 지면에서 20~30cm 정도 올린다. • 화물을 운반할 경우 마스트 4~6° 후경으로 한다.
주차 시	• 포크를 지면에 완전히 내린다. • 포크 선단이 지면에 닿도록 마스트를 전방으로 적절히 경사시킨다.
유량점검 시	포크를 지면에 완전히 내린다.
체인조정 시	포크를 10~15cm 올리고 점검한다.

2 화물 적재 방법 및 유의사항

① 틸트레버를 조작하여 포크를 지면과 수평하게 하고 포크 간격을 맞춘 후 적재할 팔레트 위치까지 상승시킨다.
② 포크의 간격(폭)은 컨테이너 및 팔레트 폭의 1/2 이상~3/4 이하 정도로 유지하여 적재한다.
③ 화물을 올릴 때에는 가속 페달을 밟는 동시에 레버를 조작한다.

④ 포크 삽입 후 지면에서부터 5~10cm 정도 높이로 들어 올려 편하중이 없는지 확인한다.
⑤ 이상이 없을 때 마스트를 4~6° 뒤로 기울여 적재물이 백레스트에 완전히 닿도록 한 후, 포크와 지면 사이의 간격을 20~30cm 정도 높이로 유지한 후 목적 장소까지 운반한다.
　◎ 법령상 백레스트가 없는 지게차는 사용 금지 (단, 후방에서 화물 낙하 시 위험우려가 없을 경우는 제외)
⑥ 포크는 화물의 받침대 속에 정확히 들어갈 수 있도록 조작한다.
⑦ 포크의 끝단으로 화물을 찌르거나 화물을 올리지 않는다.
⑧ 사람을 태워서 이동하거나 엘리베이터로 사용하지 말아야 한다.
⑨ 허용중량(하중)을 초과한 화물을 싣지 않는다.
⑩ 무게 중심을 유지하기 위하여 지게차 뒷부분에 중량물이나 사람을 태우고 작업하면 안 된다.
⑪ 화물의 무게 중심이 아래에 오도록 한다.
⑫ 포크 밑으로 사람을 출입하게 하여서는 안 된다.

⑬ 운전자 이외의 사람이 탑승하지 않도록 한다.
⑭ 사람이나 차량의 접근이 보이지 않는 장소에 접근할 때는 속도를 줄이고 경보기를 울릴 것

3 화물 하역 방법 및 유의사항

① 하역장소의 지반 및 작업환경을 확인한다.
② 하역하려는 위치(하물 장소)에 오면 속도를 감속한다.
③ 적재되어 있는 화물의 붕괴나 그 밖의 위험이 없는지 확인한다.
④ 마스트를 수직으로 하고 포크를 수평으로 하여 팔레트, 스키드의 위치까지 상승시킨다.
⑤ 포크 꽂는 위치를 확인한 후 정면으로 향하여 천천히 꽂는다.
⑥ 꽂아 넣은 후 5~10cm 들어올리고, 팔레트와 스키드를 10~20cm 정도 앞으로 당겨서 일단 내린다.
⑦ 다시 한번 포크를 끝까지 깊숙이 꽂아 넣고, 화물이 포크의 수직전면 또는 백레스트에 가볍게 접촉하면 상승시킨다.
⑧ 화물을 상승시킨 후 안전하게 내릴 수 있는 위치까지 천천히 내린다.
⑨ 지상으로부터 5~10cm의 높이까지 내리고, 마스트를 충분히 뒤로 기울인 후 포크를 바닥에서 약 15~20cm의 위치에 놓고 목적하는 장소로 운반한다.
⑩ 공동작업은 작업지휘자의 신호에 따른다.
⑪ 허용 적재하중을 초과하는 화물의 적재는 금한다.
⑫ 화물 위에 사람이 탑승하지 않도록 한다.
⑬ 무너질 위험이 있는 물체는 반드시 묶는다.
⑭ 굴러갈 위험이 있는 물체는 고임목으로 고인다.
⑮ 가벼운 것은 위로, 무거운 것은 밑으로 적재한다.

4 운전자가 운전위치를 이탈 시 준수사항

① 포크를 가장 낮은 위치 또는 지면에 내려둘 것
② 엔진 정지 및 브레이크를 확실히 거는 등 갑작스런 주행이나 이탈 방지를 위해 조치할 것
③ 시동키를 운전대에서 분리할 것

5 지게차 작업 시 수신호

멈춤
한팔을 수평으로 뻗고
손바닥을 바닥을 향하게 하고
팔을 수평으로 유지하며
앞뒤로 움직인다.

비상 멈춤
두 팔을 수평으로 뻗고
손바닥을 바닥을 향하게 하고
팔을 수평으로 유지하며
앞뒤로 움직인다.

포크 올리기
한팔을 수평으로 뻗고
엄지 손가락을 위로 향하게 한다.

포크 내리기
한팔을 수평으로 뻗고
엄지 손가락을 아래로 향하게 한다.

주행(멀리 이동)
두 손을 펴 손바닥을 바깥쪽으로
하고 위 아래로 반복하여 움직인다.

주행(가까이 이동)
두 손을 펴 손바닥을 안쪽으로
하고 위 아래로 반복하여 움직인다.

6 안전주차 방법

① 운행 종료 시 주기장(지정된 장소)에 주차하고, 시동키는 빼내어 지정된 열쇠함에 보관한다.
② 지게차의 전·후진 레버를 중립에 위치하고, 주차 브레이크를 체결한다.
　○ 자동변속기가 장착된 경우 변속기를 "P" 위치로 놓는다.
③ 주차 시 보행자의 안전을 위하여 지게차의 포크는 지면에 완전히 밀착하여 주차한다. ○ 포크의 끝이 지면에 닿도록 마스트를 앞으로 틸팅(기울임)한다.
④ 경사면에 주차하지 않는다. ○ 불가피하게 경사면에 주차할 경우 바퀴에 고임대나 굄목을 사용한다.
⑤

6 주차 시 주의사항

① 경사면에 주차하지 않는다.
② 포크를 바닥까지 완전히 내리고 마스트는 포크가 바닥에 닿을 때까지 앞으로 기울인다.
③ 방향전환 레버는 중립 위치
④ 시동을 끄고 열쇠는 운전자가 지참하며 주차 브레이크를 확실히 작동시켜 둔다.
⑤ 주차 시 운전자 신체의 일부를 차체 밖으로 나오지 않게 한다.

Note | 시동 전·후 확인사항
• 기어변속, 각 작용 레버가 정 위치(중립)에 있는지 확인한다.
• 핸드 브레이크가 확실히 당겨져 있는지 확인한다. - 시동 후에는 저속 회전인지 확인한다.
• 엔진의 회전음, 폭발음, 배기가스의 상태, 엔진의 이상유무를 확인한다. - 기계의 작동상황을 확인한다.

CHAPTER 03 건설기계관리법

출제빈도가 높은 핵심이론 집중공략

출제예상문항수: **5문제**

1 건설기계 관리법의 목적
① 건설기계의 효율적 관리
② 건설기계의 안전도 확보
③ 건설공사의 기계화 촉진

2 건설기계사업
건설기계사업을 하려는 자는 대통령령으로 정하는 바에 따라 사업의 종류별로 시장·군수 또는 구청장에게 등록해야 함

건설기계 대여업	건설기계를 대여를 업으로 하는 것
건설기계 정비업	건설기계를 분해·조립 또는 수리 등의 건설기계를 원활하게 사용하기 위한 모든 행위를 업으로 하는 것
건설기계 매매업	중고건설기계의 매매 또는 그 매매의 알선, 등록사항에 관한 변경 신고의 대행을 업으로 하는 것
건설기계 폐기업	국토교통부령으로 정하는 건설기계 장치의 폐기를 업으로 하는 것

3 건설기계의 등록
① 등록: 대통령령으로 정하는 바에 따라 건설기계 소유자의 주소지 또는 건설기계의 사용 본거지를 관할하는 특별시장·광역시장 또는 시·도지사에게 취득일로부터 2월 이내
② 등록사항의 변경: 변경이 있는 날부터 30일 이내에 대통령령이 정하는 바에 따라 시·도지사에게 신고

4 건설기계를 등록 신청 시 필요 서류
① 건설기계의 출처를 증명하는 서류 (다음 중 하나)
 • 건설기계 제작증 – 국내 제작한 건설기계
 • 수입면장 – 수입한 건설기계
 • 매수증서 – 행정기관으로부터 매수한 건설기계
② 건설기계의 소유자임을 증명하는 서류
③ 건설기계 제원표
④ 보험 또는 공제의 가입을 증명하는 서류

5 건설기계조종사 면허증 발급 시 필요 서류
① 신청서
② 소형건설기계조종 교육이수증(소형면허 신청 시)
③ 국가기술자격증 정보(대형면허 신청 시)
④ 신체검사서
⑤ 6개월 이내에 촬영한 사진 2매
⑥ 건설기계조종사 면허증(건설기계조종사면허를 받은 자가 면허의 종류를 추가하고자 하는 경우)

6 등록이전신고
① 등록한 주소지 또는 사용본거지가 시·도 간의 변경이 있는 경우에 함
② 변경이 있은 날부터 30일 이내에 새로운 등록지를 관할하는 시·도지사에게 신청(상속의 경우에는 상속개시일부터 3개월)

7 등록사항의 변경신고
① 변경신고를 하고자 하는 경우 변경신고 사유가 발생한 날로부터 30일 이내에 시장·군수 또는 구청장에게 신고하여야 한다.
② 등록이전 신고: 주소지 또는 사용본거지가 변경된 경우 30일 이내에 새로운 등록지 관할 시·도지사에 게 등록이전 신고를 하여야 한다.
③ 등록사항변경 시 제출서류
 • 건설기계등록사항변경 신고서
 • 첨부서류 – 변경내용을 증명하는 서류
   건설기계등록증
   건설기계검사증

8 건설기계 등록의 말소
① 거짓이나 그 밖의 부정한 방법으로 등록을 한 경우
② 건설기계가 천재지변 또는 이에 준하는 사고 등으로 사용할 수 없게 되거나 멸실된 경우
③ 건설기계의 차대(車臺)가 등록 시의 차대와 다른 경우
④ 건설기계안전기준에 적합하지 아니하게 된 경우
⑤ 정기검사 명령, 수시검사 명령 또는 정비 명령에 따르지 아니한 경우
⑥ 건설기계를 수출하는 경우
⑦ 건설기계를 도난당한 경우
⑧ 건설기계를 폐기한 경우
⑨ 건설기계해체재활용업자에게 폐기를 요청한 경우
⑩ 구조적 제작 결함 등으로 건설기계를 제작자 또는 판매자에게 반품한 경우
⑪ 건설기계를 교육·연구 목적으로 사용하는 경우
▶ 건설기계조종사 면허가 취소된 경우는 등록 말소 사유가 아님

9 등록번호표의 반납
다음에 해당하는 경우 등록번호표의 봉인을 떼어낸 후 10일 이내에 시·도지사에게 등록번호표를 반납해야 한다.
① 건설기계의 등록이 말소된 경우
② 등록번호 또는 건설기계 소유자의 주소지(사용본거지)가 변경된 경우
③ 등록번호표 또는 그 봉인이 떨어지거나 식별이 어려울 때 등록번호표의 부착 및 봉인을 신청하는 경우

10 특별표지 부착 대상 건설기계
① 길이: 16.7m 초과
② 너비: 2.5m 초과
③ 높이: 4m 초과
④ 최소회전반경: 12m 초과
⑤ 총중량: 40톤 초과
⑥ 총중량 상태에서 축하중이 10톤을 초과하는 건설기계
▶ 축하중: 수평상태에 있는 타이어식 건설기계에서 하나의 차축에 연결된 모든 바퀴의 윤하중(바퀴에 가해지는 하중)을 합한 것

Note | 적재 초과 시 위험 표지
 • 안전기준을 초과하는 적재허가를 받았다는 표지
 • 표식: 너비 30cm×길이 50cm 이상의 빨간 헝겊으로 단다.

Note | 승차인원·적재중량·적재용량에 관하여 안전기준을 넘어서 운행하고자 하는 경우 출발지를 관할하는 경찰서장에게 허가받아야 함

11 건설기계의 등록 전 일시적 운행의 요건

① 등록신청을 위해 등록지로 운행하는 경우
② 신규등록검사 등을 위해 검사장소로 운행하는 경우
③ 수출을 하기 위해 선적지로 운행하는 경우
④ 수출을 하기 위하여 등록말소한 건설기계를 정비, 점검하기 위하여 운행
⑤ 신개발 건설기계를 시험 · 연구의 목적으로 운행하는 경우
⑥ 판매 또는 전시를 위해 일시적으로 운행하는 경우

> **Note** | 미등록 건설기계를 사용하거나 운행한 자는 2년 이하의 징역이나 2천만원 이하의 벌금을 내야 한다.

> **Note** | 건설기계관리법상 검사의 종류
> • 신규등록검사: 건설기계를 신규로 등록할 때 실시
> • 정기검사: 1톤 이상으로서 2년 주기로 실시
> • 구조변경검사: 주요 구조부를 변경하거나 개조하는 경우 실시
> • 수시검사: 수시검사 명령을 받은 경우 실시

12 장비의 검사

1. 주요 건설기계의 정기검사 유효기간

기종	검사유효기간
타이어식 굴착기, 기중기, 아스팔트 살포기, 천공기, 항타 및 항발기	1년
로더, 모터 그레이더, **지게차 (1톤 이상)**	20년 이하 2년
	20년 초과 1년
덤프트럭, 콘크리트믹서트럭, 트럭적재식 콘크리트펌프	20년 이하 1년
	20년 초과 6개월
타워크레인	6개월

2. 정기검사의 연기

① 천재지변, 건설기계의 도난, 사고 발생, 1월 이상에 걸친 정비 및 그 밖의 부득이한 사유의 경우: 6개월 이내
② 해외임대를 위하여 일시 반출된 경우: 해외 반출 기간 이내
③ 건설기계가 압류된 경우: 압류기간 이내
④ 건설기계 대여업을 휴지하는 경우: 당해 사업의 개시신고를 하는 때까지

> **Note** | 연기 신청
> • 검사연기신청을 받은 시 · 도지사 또는 검사대행자는 그 신청일부터 5일 이내에 검사 연기 여부를 결정하여 신청인에게 통지하여야 함
> • 검사연기 불허통지를 받은 자는 검사신청기간 만료일부터 10일 이내에 검사신청을 하여야 함

3. 정기검사에서 불합격한 건설기계의 정비명령

① 불합격한 건설기계에 대해서 검사를 완료한 날부터 10일 이내에 정비명령을 하여야 한다.
② 정비명령을 따르지 아니하면 해당 건설기계의 등록번호표는 영치될 수 있다.
③ 정비명령을 받은 건설기계소유자는 지정된 기간 내에 정비를 해야 한다.
④ 지정된 기간 안에 건설기계를 정비한 후 다시 검사신청을 해야 한다.

4. 구조변경검사

① 사유: 건설기계의 주요 구조를 변경하거나 개조한 경우 실시
② 구조변경범위
  • 원동기 · 동력전달장치 · 제동장치 · 주행장치 · 유압장치 · 조종장치 · 조향장치 · 작업장치의 형식 변경
  • 건설기계의 길이 · 너비 · 높이 등의 변경
  • 수상작업용 건설기계의 선체의 형식 변경
③ 구조변경이 불가한 경우
  • 건설기계의 기종 변경
  • 육상 작업용 건설기계의 규격의 증가
  • 적재함의 용량 증가
  • 변경전보다 성능 또는 보안상의 안전도가 저하될 우려가 있는 경우

④ 구조변경검사는 주요 구조를 변경 또는 개조한 날부터 20일 이내에 신청하여 받아야 한다.
⑤ 건설기계의 구조변경검사는 시 · 도지사 또는 건설기계 검사대행자에게 신청한다.

5. 수시검사

성능이 불량하거나 사고가 빈발하는 건설기계의 안전성 등을 점검하기 위하여 수시로 실시하거나 건설기계 소유자의 신청을 받아 실시하는 검사

> **Note** | 건설기계가 출장검사를 받을 수 있는 경우
> • 도서 지역
> • 자체 중량 40톤 초과
> • 축중 10톤 초과
> • 너비 2.5m 초과
> • 최고속도 35km/h 미만

6. 건설기계의 점검방법

① 안전점검: 건설현장 사용 기계 중 작동상의 안전 상태를 확인하는 방법
② 비파괴 점검: 표면 균열 등의 결함, 용접부의 내부결함 등을 제품을 파괴하지 않고 외부에서 확인하는 방법 (자기탐상검사, 초음파탐상검사, 액체침투탐상검사)

13 운전면허로 조종하는 건설기계(1종 대형면허)

① 덤프트럭, 아스팔트 살포기, 노상 안정기
② 콘크리트 믹서 트럭, 콘크리트 펌프, 트럭적재식 천공기
③ 특수건설기계 중 국토교통부장관이 지정하는 건설기계

14 건설기계 조종면허

지게차를 조종하고자 하는 경우에는 국가기술자격법에 의한 지게차 조종자격증을 소지하고 주소지 관할 시 · 도지사에게 조종면허를 발급받아 조종해야 한다. (다만, 3톤 미만의 지게차를 조종하는 경우에는 시 · 도지사가 지정하는 교육기관에서 12시간의 교육을 이수하는 경우 조종면허를 발급받아 조종할 수 있으며, 지게차 조종면허를 받지 않고 운전하는 경우에는 처벌을 받게 된다.)

15 조종사 면허의 결격사유

① 18세 미만인 사람
② 정신질환자 또는 뇌전증 환자
③ 시각장애, 청각장애, 그 밖에 국토교통부령으로 정하는 장애인
④ 마약 · 대마 · 향정신성의약품 또는 알코올 중독자
⑤ 건설기계조종사면허가 취소된 날부터 1년이 지나지 않거나 건설기계조종사면허의 효력정지처분 기간 중에 있는 자

16 면허의 반납 사유

건설기계조종사 면허를 받은 자는 면허가 취소되거나 면허의 효력이 정지된 경우 그 사유가 발생한 날로부터 10일 이내에 주소지를 관할하는 시장 · 군수 또는 구청장에게 면허증을 반납해야 한다.

> **Note** | 건설기계의 검사를 연장받을 수 있는 기간
> • 면허가 취소된 때
> • 면허의 효력이 정지된 때
> • 면허증 재교부를 받은 후 잃어버린 면허증을 발견한 때

17 조종사 면허의 취소

① 고의로 사망, 중상, 경상 등 인명피해를 입힌 때
② 거짓이나 부정한 방법으로 조종사 면허를 받은 때
③ 조종에 심각한 장애를 가지거나 마약, 알코올 중독 등에 해당할 때
④ 술에 만취(혈중알코올농도 0.08% 이상)해서 건설기계를 조종한 때
⑤ 술에 취한 상태에서 건설기계를 조종하다가 사고로 사람을 죽게 하거나 다치게 한 때
⑥ 약물(마약, 환각물질 등)을 투여한 상태에서 건설기계를 조종한 때

⑦ 면허가 취소되거나 효력정지기간 중 건설기계를 조종한 때
⑧ 적성검사를 받지 않거나 적성검사에 불합격한 경우
⑨ 면허증을 타인에게 대여한 때

18 벌금 및 과태료

1. 1년 이하의 징역 또는 1천만원 이하의 벌금 – 주요사항만
① 거짓이나 그 밖의 부정한 방법으로 등록을 한 자
② 등록번호를 지워 없애거나 그 식별을 곤란하게 한 자
③ 구조변경검사 또는 수시검사를 받지 아니한 자
④ 정비명령을 이행하지 아니한 자
⑤ 사용·운행 중지 명령을 위반하여 사용·운행한 자
⑥ 사업정지명령을 위반하여 사업정지기간 중에 검사를 한 자
⑦ 형식승인, 형식변경승인 또는 확인검사를 받지 아니하고 건설기계의 제작 등을 한 자
⑧ 폐기인수 사실을 증명하는 서류의 발급을 거부하거나 거짓으로 발급한 자
⑨ 폐기요청을 받은 건설기계를 폐기하지 아니하거나 등록번호표를 폐기하지 아니한 자
⑩ 건설기계조종사면허를 받지 아니하고 건설기계를 조종한 자
⑪ 건설기계조종사면허를 거짓이나 그 밖의 부정한 방법으로 받은 자
⑫ 건설기계조종사면허가 취소되거나 건설기계조종사면허의 효력정지처분을 받은 후에도 건설기계를 계속하여 조종한 자

2. 과태료

300만원 이하	• 등록번호표를 부착하지 아니하거나 봉인하지 아니한 건설기계를 운행한 자 • 정기검사를 받지 아니한 자 • 건설기계임대차 등에 관한 계약서를 작성하지 아니한 자 • 정기적성검사 또는 수시적성검사를 받지 아니한 자 • 시설 또는 업무에 관한 보고를 하지 아니하거나 거짓으로 보고한 자 • 소속 공무원의 검사·질문을 거부·방해·기피한 자 • 직원의 출입을 거부하거나 방해한 자
100만원 이하	• 수출의 이행 여부를 신고하지 아니하거나 폐기 또는 등록을 하지 아니한 자 • 등록번호표를 부착·봉인하지 아니하거나 등록번호를 새기지 아니한 자 • 등록번호표를 가리거나 훼손하여 알아보기 곤란하게 한 자 또는 그러한 건설기계를 운행한 자 • 등록번호의 새김명령을 위반한 자 • 건설기계안전기준에 적합하지 아니한 건설기계를 사용하거나 운행한 자 또는 사용하게 하거나 운행하게 한 자 • 조사 또는 자료제출 요구를 거부·방해·기피한 자 • 검사유효기간이 끝난 날부터 31일이 지난 건설기계를 사용하게 하거나 운행하게 한 자 또는 사용하거나 운행한 자 • 특별한 사정 없이 건설기계임대차 등에 관한 계약과 관련된 자료를 제출하지 아니한 자 • 건설기계사업자의 의무를 위반한 자 • 안전교육등을 받지 아니하고 건설기계를 조종한 자
50만원 이하	• 임시번호표를 붙이지 아니하고 운행한 자 • 신고를 하지 아니하거나 거짓으로 신고한 자 • 등록의 말소를 신청하지 아니한 자 • 변경신고를 하지 아니하거나 거짓으로 변경신고한 자 • 등록번호표를 반납하지 아니한 자 등

CHAPTER 04 출제빈도가 높은 핵심이론 집중공략

도로교통법(빈출부분만)

출제예상문항수: **5문제**

1 도로교통법상 통행의 우선순위

① 동일방향으로 진행하는 과정에서의 통행 우선순위 순서: ❶ 긴급자동차 ❷ 긴급자동차 외의 자동차 ❸ 원동기장치 자전거 ❹ 차마

② 긴급자동차 외의 자동차 서로 간의 통행의 우선순위는 최고속도의 순서에 따른다.

③ 비탈진 도로에서 자동차가 서로 마주보고 진행하는 경우에는 올라가는 자동차가 내려가는 자동차에게 도로의 우측 가장자리로 피해서 진로를 양보해 주어야 한다.

④ 도로에서 사람을 태웠거나 또는 물건을 실은 자동차가 빈 자동차와 서로 마주보고 진행하는 경우에는 빈 자동차가 도로의 우측 가장자리로 피해 진로를 양보해 주어야 한다.

➡ 긴급자동차는 최우선순위이기 때문에 속도제한을 받지 않고 경우에 따라서는 도로의 최고속도를 초과해서 주행할 수도 있다.

Note | 긴급자동차의 종류
• 소방차, 구급차, 혈액공급차량
• 긴급한 우편물 운송 차량
• 국군 및 주한 국제연합군용 차량에 의해 유도되는 차량
• 생명이 위급한 환자 또는 부상자, 수혈을 위한 혈액 운송 차량
• 수사기관의 자동차 중 범죄수사를 위해 사용되는 차량 등

2 서행해야 할 장소

① 교통정리를 하고 있지 아니하는 교차로
② 도로가 구부러진 곳
③ 비탈길의 고갯마루 부근
④ 가파른 비탈길의 내리막
⑤ 기타 지방경찰청장이 안전표지로 지정한 곳

3 앞지르기 금지 장소

① 교차로, 터널 안, 다리 위
② 도로의 구부러진 곳
③ 비탈길의 고갯마루 부근 또는 가파른 비탈길의 내리막길
④ 시 · 도경찰청장이 도로에서의 위험을 방지하고 교통의 안전과 원활한 소통을 확보하기 위하여 필요하다고 인정하는 곳으로서 안전표지로 지정한 곳

Note | 앞지르기가 금지되는 경우
• 앞차의 좌측에 다른 차가 앞차와 나란히 가고 있는 경우
• 앞차가 다른 차를 앞지르고 있거나 앞지르려고 하는 경우
• 앞지르기를 할 수 없는 차량
– 도로교통법이나 도로교통법에 따른 명령에 의해 정지하거나 서행하고 있는 차
– 경찰공무원의 지시에 따라 정지하거나 서행하고 있는 차
– 위험을 방지하기 위해 정지하거나 서행하고 있는 차

4 주 · 정차 금지장소

① 교차로 · 횡단보도 · 건널목이나 보도와 차도가 구분된 도로의 보도
② 교차로의 가장자리나 도로의 모퉁이로부터 5미터 이내인 곳
③ 그 안전지대의 사방으로부터 각각 10미터 이내인 곳
④ 버스정류장(기둥, 판, 선으로부터 각각 10m 이내의 곳)
⑤ 건널목의 가장자리 또는 횡단보도로부터 10미터 이내인 곳
⑥ 다음 각 목의 곳으로부터 5미터 이내인 곳
• 소방용수시설 또는 비상소화장치가 설치된 곳
• 소방시설로서 대통령령으로 정하는 시설이 설치된 곳
• 지방경찰청장이 도로에서의 위험을 방지하고 교통의 안전과 원활한 소통을 확보하기 위하여 필요하다고 인정하여 지정한 곳
⑦ 시장 등이 지정한 어린이보호구역

Note | 주차와 정차의 용어 구분
• 주차: 운전자가 차를 떠나 즉시 운전할 수 없는 상태로 두는 것
• 정차: 5분을 초과하지 아니하고 차를 정지시키는 것으로 주차 외의 정지상태

5 주차금지의 장소

① 터널 안 및 다리 위
② 다음 각 목의 곳으로부터 5미터 이내인 곳
• 도로공사를 하고 있는 경우에는 그 공사구역의 양쪽 가장자리
• 「다중이용업소의 안전관리에 관한 특별법」에 따른 다중이용업소의 영업장이 속한 건축물로 소방본부장의 요청에 의하여 시 · 도 경찰청장이 지정한 곳
• 시 · 도 경찰청장이 도로에서의 위험을 방지하고 교통의 안전과 원활한 소통을 확보하기 위하여 필요하다고 인정하여 지정한 곳

6 이상기후 시 감속

운행속도	이상기후 상태
최고속도의 20/100을 줄인 속도	• 비가 내려 노면이 젖어 있는 때 • 눈이 20mm 미만 쌓인 때
최고속도의 50/100을 줄인 속도	• 노면이 얼어붙은 경우 • 폭우 · 폭설 · 안개 등으로 가시거리가 100m 이내일 때 • 눈이 20mm 이상 쌓인 때

7 기타 도로교통법상 중요사항

① 도로교통법상 신호 중 **경찰공무원의 신호가 가장 우선**
② 교통 사고가 발생하였을 때 즉시 사상자를 구호하고 경찰 공무원에게 신고
➡ 인명의 구조가 가장 중요
③ 30km/h 이상의 속도를 낼 수 있는 타이어식 건설기계에는 좌석안전띠를 설치해야 함
④ 술에 취한 상태의 기준: 혈중 알콜 농도가 0.03% 이상이며, 0.08% 이상이면 면허가 취소
⑤ 1년간 벌점의 누산점수가 121점 이상이면 운전면허가 취소
➡ 교통사고를 야기한 도주차량 신고로 인한 벌점 상계에 대한 특혜 점수는 40점

8 교통안전표지의 종류

주의표지	도로 상태가 위험하거나 도로 또는 그 부근에 위험물이 있는 경우에 필요한 안전조치를 할 수 있도록 도로사용자에게 알리는 표지
규제표지	도로교통의 안전을 위하여 각종 제한 · 금지 등의 규제를 하는 경우에 도로사용자에게 알리는 표지
지시표지	도로의 통행 방법 · 통행 구분 등 도로교통의 안 전을 위하여 필요한 지시를 하는 경우에 도로 사용자가 이에 따르도록 알리는 표지
보조표지	주의표지 · 규제표지 또는 지시표지의 주기능을 보충하여 도로사용자에게 알리는 표지
노면표지	도로교통의 안전을 위하여 각종 주의 · 규제 · 지시 등의 내용을 노면에 기호 · 문자 또는 선으로 도로사용자에게 알리는 표지

➡ 교통안전표지판에 대한 문제는 약 1문제 미만으로 출제됩니다.
(이 책 마지막 페이지 참조할 것)

CHAPTER 05 지게차의 구조

출제빈도가 높은 핵심이론 집중공략

출제예상문항수: **30**문제

01 지게차의 구조 및 작업장치 출제예상문항수: **10**문제

1 지게차의 구조

1. 지게차의 주요구조부

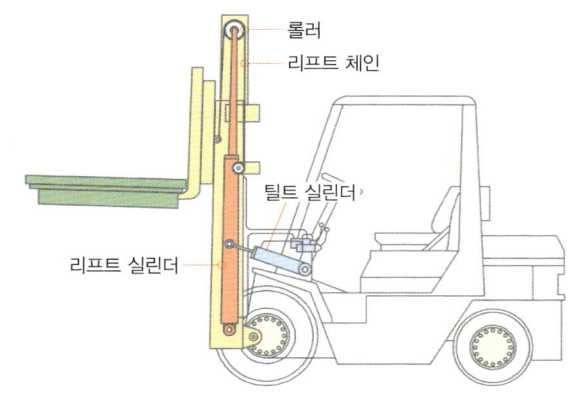

마스트 (Mast)	• 백레스트가 가이드 롤러(리프트 롤러)를 통하여 상하 운동을 할 수 있는 레일 • 리프트 실린더, 리프트 체인, 롤러, 틸트 실린더, 핑거보드, 백레스트, 캐리어, 포크 등이 장착
백레스트 (Back Rest)	• 포크 위의 화물이 마스트 후방으로 낙하하는 것을 방지하기 위해 화물 뒤쪽을 받쳐주는 틀
핑거보드 (finger board)	• 포크에 설치되는 부분으로 백레스트에 지지되며 리프트 체인의 한쪽 끝이 부착되어 있다.
리프트 실린더	• 포크를 상승 또는 하강하는 역할 • 단동실린더 사용 – 포크 상승 시에만 유압이 공급되고, 하강 시에는 공급되지 않고 자중(또는 화물중량)에 의함
틸트 실린더 (Tilt Cylinder)	• 마스트를 전경 또는 후경으로 작동시킴 • 2개의 복동 실린더 사용 – 마스트를 전·후경 시킬 때 실린더에 유압유가 공급
포크(Fork)	• 2개의 L자형 구조물로, 핑거보드에 체결되어 화물을 떠받쳐드는 부분
리프트 체인	• 마스트를 따라 캐리지(포크 암을 지지하는 부분)를 올리고 내리는 체인 • 포크의 좌우수평 높이 조정 – 한쪽 체인이 늘어지는 경우 지게차의 좌우 포크 높이가 달라지므로 체인을 조정 • 리프트 체인에는 엔진오일을 주유한다.
카운터웨이트 (Counter Weight) = 평형추	• 작업할 때 안정성 및 균형을 잡아주기 위해 지게차 장비 뒤쪽에 장착 • 화물 탑재 시 무게중심이 앞으로 이동됨에 따라 앞으로 쏠림을 방지
오버헤드가드	• 운전자 위쪽에 적재물 등이 낙하하여 운전자가 다치는 사고를 방지하기 위해 설치된 덮개

2. 지게차 운전석의 레버

리프트 레버 (Lift lever)	• 당기면 포크가 상승 • 밀면 포크가 하강
틸트 레버 (Tilt lever)	• 당기면 마스트가 운전자쪽으로 후경: 10~12° • 밀면 마스트 앞으로 전경: 5~6°
전·후진 레버	• 앞으로 밀면 지게차 차체가 전진 • 뒤로 당기면 지게차 차체가 후진
인칭 페달	• 변속기 내부에 설치하여 엔진 동력을 주행이 아니라 유압장치에 주로 사용하도록 함으로써 포크를 보다 빠르게 상승시킬 수 있게 한다. • 동력이 차단됨과 동시에 브레이크가 작동됨

Note | 조종레버의 종류
리프트 레버, 틸트 레버, 포크앞뒤조절 레버, 포크간격조절 레버, 포크 회전 레버 등

3. 지게차의 제원

기준부하상태	지면으로부터의 높이가 30cm인 수평상태의 포크 윗면에 최대하중이 고르게 가해지는 상태
기준무부하상태	지면으로부터의 높이가 30cm인 수평상태의 포크 윗면에 하중이 가해지지 아니한 상태
축간거리	• 앞축(앞바퀴)의 중심부로부터 뒤축의 중심부까지의 거리 • 축간거리가 커질수록 지게차의 안정도는 향상되나 회전반경은 커짐
최대올림높이 (최대인상높이)	지게차의 기준무부하상태에서 지면과 수평상태로 포크를 가장 높이 올렸을 때 지면에서 포크 윗면까지의 높이
자유인상높이	포크를 들어 올렸을 때 내측 마스트가 외측마스트 위로 돌출되는 시점에 있어서 지면으로부터 포크 윗면까지의 높이
최대 들어올림 용량	지게차의 기준부하상태에서 지면과 수평상태로 포크를 지면에서 3m 높이로 올렸을 때 기준하중의 중심에 최대로 적재할 수 있는 하중
최대하중	안정도를 확보한 상태에서 포크를 최대올림높이로 올렸을 때 기준하중의 중심에 최대로 적재할 수 있는 하중
하중중심	포크의 수직면으로부터 포크 위에 놓인 화물의 무게중심까지의 거리
기준하중의 중심	포크 윗면에 최대하중이 고르게 가해지는 상태에서 하중의 중심
자체중량	연료, 냉각수 및 윤활유 등을 가득 채우고 휴대 공구, 작업 용구 및 예비 타이어를 싣거나 부착하고, 즉시 작업할 수 있는 상태에 있는 건설기계의 중량(조종사의 중량 제외)

[지게차의 기본 제원]

[기준하중의 중심과 하중중심]

Note | 건설기계의 적재중량을 측정할 때 측정인원은 1인당 65kg을 기준으로 한다.

4. 법적 방호장치(안전장치)

안전벨트, 오버헤드가드, 백레스트, 전조등 및 후미등

5. 포크 포지셔너(fork positioner) - 부수장치

포크의 간격을 운전석에서 조정할 수 있는 장치

① 양개식 : 레버 하나로 포크가 좌우로 움직임
② 편개식 : 레버 2개로 각각의 포크를 조정

6. 최소회전반경 및 최소선회반경

최소회전반경	무부하 상태에서 최대 조향각으로 서행한 경우, 가장 바깥쪽 바퀴의 접지 자국 중심점이 그리는 원의 반경(반지름)
최소선회반경	무부하 상태에서 최대 조향각으로 서행한 경우, 차체의 가장 바깥 부분이 그리는 궤적의 반경

7. 지게차의 앞차축

① 지게차의 앞바퀴가 장착되는 축으로, 엔진의 구동력이 전달받는 역할을 한다.
② 지게차에는 현가장치(현가스프링)가 장착되지 않는다.
   ◉ 일반 승용차나 화물차와 같이 현가스프링을 사용하면 롤링(좌우로 흔들림)이 생겨 적하물이 낙하하기 때문이다.

8. 지게차 레버 조작 시 주의사항

① 포크의 상승 또는 마스트를 전·후로 기울일 때 엑셀레이터를 가볍게 밟는다.
② 포크 하강 시에는 엑셀을 밟지 않는다.
③ 필요 이상으로 엔진 회전수를 올리거나 레버를 조작하는 것은 고장과 소음의 원인이 된다.

2 작업용도별 분류

프리 리프트 마스트	마스트가 2단으로 늘어나게 되어 있으며 프리 리프트 양이 아주 커서 마스트 상승이 불가능한 장소인 선내의 하역작업이나 천장이 낮은 장소 등의 위치에 물건을 쌓거나 내리는 데 사용된다.
하이 마스트	마스트가 2단으로 늘어나게 되어 있으며 높은 위치에 물건을 쌓거나 내리는데 사용된다.
3단 마스트	마스트가 3단으로 높은 장소에서의 적재·적하 작업에 적합하다.
로테이팅 포크	포크를 360° 회전시켜 용기에 들어있는 액체 또는 제품의 운반이나 붓는 작업에 적합(쇳물, 폐기물, 액체·분말, 금속가공 등)하다.
로테이팅 클램프	롤 형태의 종이, 비닐, 드럼통 등을 운반할 때 회전시킬 수 있다. (페이퍼 롤 클램프, 드럼 클램프도 유사)
힌지드 포크	원목, 시멘트파이프 등 긴 원기둥 형태의 화물 운반에 적합하다.
힌지드 버킷	힌지드 포크에 버킷을 끼워서 흘러내리기 쉬운 물건. 즉 석탄, 소금, 비료, 기타 화학제품을 대량으로 취급하거나 운반하는 화학제품 작업장에 많이 사용된다.
로드 스태빌라이저	상단에 압착판을 이용하여 화물을 눌러줌으로 불규칙한 노면에서도 적재된 화물이 낙하하지 않게 운반할 수 있다.
스키드 포크	로드 스태빌라이저와 유사하며, 적재된 화물이 운행 또는 하역 중 낙하하지 않도록 화물 상단을 지지할 수 있는 클램프가 있다.
드럼 클램프	각종 드럼통을 운반·적재하는 작업을 안전하고 신속하게할 때 사용한다. 석유, 화학, 도료, 식품운송, 인쇄원지(롤) 등을 취급하는 업체에서 주로 사용한다.
사이드 클램프	받침이 없어 솜, 양모, 펄프 등 경량·대형 단위의 화물을 운반·적재하는데 적합하다.

◉ 힌지드(hinged): 고정축을 중심으로 포크가 위아래로 제한적으로 회전할 수 있음

[로테이팅 포크]   [로테이팅 클램프]

[하이 마스트 (3단 마스트)]   [힌지드 포크]   [힌지드 버킷]

[로드 스태빌라이저]   [스키드 포크]   [사이드 클램프]

[페이퍼 롤 클램프]   [드럼 클램프]

02 엔진 구조

출제예상문항수: 4~5문제

1 기관의 개요

1. 4행정 기관
① 4행정 기관의 행정 순서: 흡입 → 압축 → 동력(폭발) → 배기
② 각 행정 시 밸브 상태

구분	흡입	압축	폭발	배기
흡입밸브	열림	닫힘	닫힘	닫힘
배기밸브	닫힘	닫힘	닫힘	열림

③ 4행정 1사이클 기관은 크랭크축 2회전에 1사이클을 완성한다.
  ▶ 2행정 1사이클 기관은 크랭크축 1회전에 1사이클을 완성한다.
④ 크랭크축 기어와 캠축 기어와의 지름비 및 회전비
  • 회전비 2 : 1 • 직경비(지름비) 1 : 2
  ▶ 크랭크축 2회전에 캠축이 1회전하므로 회전비가 2:1이고, 직경비는 1: 2가 된다.

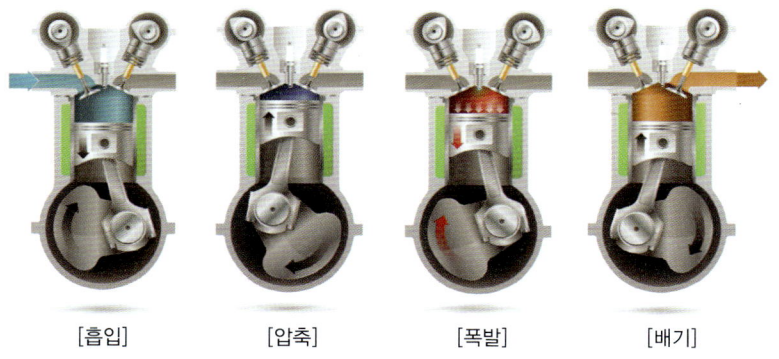

[흡입] [압축] [폭발] [배기]

2. 디젤기관의 특징
① 압축비를 크게 할 수 있기 때문에 열효율이 높다.
  ▶ '열효율이 높다'는 의미: 동일한 연료량으로 높은 출력을 일으킨다는 것이다.
② 공기와 연료가 혼합한 가스에 점화하는 가솔린 기관과 달리 공기를 압축시켜 고열로 만든 후 연료를 뿌려 착화하는 방식이다. (압축착화)
③ 압축착화하므로 가솔린 기관에서 사용하는 점화장치(점화 플러그, 배전기 등)가 없다.
④ 경유가 인화점이 높으므로 비교적 안전하고 화재의 위험이 적다.
  ▶ '인화점이 높다'는 의미: 불이 붙는 온도가 높으므로 낮은 온도에서 쉽게 불이 붙지 않는다.

> **Note** | 디젤기관의 단점
> • 마력당 엔진 부피·중량이 무겁다.
> • 소음과 진동이 크다.
> • 프레임이 고압을 견뎌야 하고, 고압의 연료분사장치를 설치해야 하므로 제작비가 고가
> • 가솔린기관에 비해 매연 및 질소산화물의 발생이 많다.

> **Note** | 기관 작동원리
>
> | | |
> |---|---|
> | 가솔린 기관 | 피스톤이 아래로 하강함에 따라 실린더 내에 공기가 흡입되고, 공기량에 따라 연료도 함께 분사되어 적절한 혼합기가 만들어진다. 피스톤이 상승하면서 혼합기가 압축되어 이때 점화하여 연소시키면 열에너지가 발생되며 폭발한다. 이 폭발로 인해 고온고압의 가스가 실린더 내를 상하로 움직이는 피스톤 헤드를 밀어 피스톤이 움직이게 된다. 이에 따라 열 에너지가 기계적 에너지로 바뀌게 된다. 피스톤의 직선운동이 커넥팅로드를 통해 크랭크축의 회전동력으로 바뀌는데 이러한 운동을 계속하려면 실린더 내에서 흡입, 압축, 폭발, 배기의 운동이 주기적으로 이루어져야 한다. |
> | 디젤 기관 | 디젤엔진의 작동과정은 가솔린 기관과 같지만 가장 큰 차이점은 흡기과정에서 공기만 흡입하여 압축하여 고온고압상태에 연료를 분사하여 자연 착화가 되어 연소가 되도록 한다. |

3. 디젤기관 주요 점검
① 디젤기관의 진동 원인
  • 각 피스톤의 중량차가 크다.
  • 각 실린더의 연료 분사시기, 분사 간격, 분사압력, 분사량이 다르다.
  • 인젝터에 불균율이 크다.
② 시동이 되지 않는 원인
  • 배터리 방전, 기동모터·점화코일 불량
  • 연료 부족, 연료공급 펌프 불량(연료 공급 압력 낮음)
  • 연료 계통에 공기 유입
  • 크랭크축 회전속도가 너무 느릴 때

2 기관 주요부

1. 실린더 블록
특수 주철 합금제로 만드는 실린더 블록에는 실린더(피스톤), 냉각수가 흐르는 워터재킷, 크랭크축이 있는 크랭크 케이스 등이 설치되어 있다.

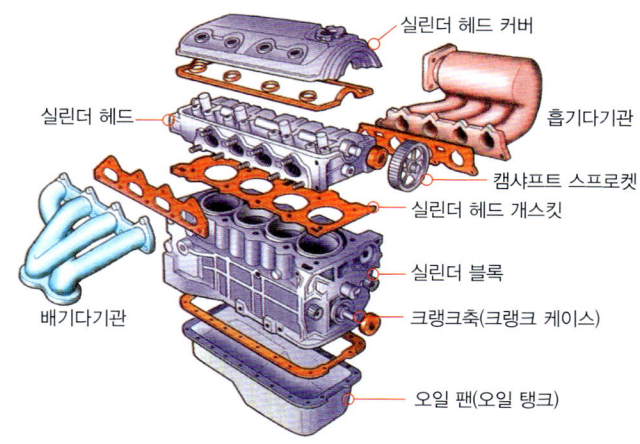

2. 실린더 헤드 개스킷
실린더 블록와 실린더 헤드 사이에 냉각수, 압축가스, 연료, 오일 등이 누설되지 않도록 밀봉 작용을 한다.

  ▶ 실린더 헤드 개스킷이 손상될 경우
    · 압축압력과 폭발압력이 낮아져 출력감소, 연비감소가 일어남
    · 엔진오일의 누설 및 화재 발생의 원인
    · 엔진오일과 냉각수가 혼합 (냉각라인에 오일이 혼합됨)

3. 연소실의 구비조건
① 화염 전파시간과 전파거리가 짧아야 함
② 강한 와류를 형성할 수 있을 것
③ 연소실 내의 단면적은 작을 것
④ 가열되기 쉬운 돌출부가 없을 것

> **Note** | 실린더에 마모가 생겼을 때 나타나는 현상
> • 압축효율 및 출력 저하
> • 윤활유 소모 증가 및 윤활유 연소로 인한 흰색 배기가스 발생 등

> **Note** | 기관 실린더 벽에서 마멸이 가장 크게 발생하는 부위: 상사점 부근(실린더 윗부분)

> **Note** | 디젤기관에서 압축압력이 저하되는 가장 큰 원인: 피스톤링 또는 실린더벽의 마모

4. 피스톤
① 피스톤의 역할: 동력행정에서 고온, 고압의 가스 압력을 받아 실린더 내를 상하운동하며, 커넥팅로드를 통해 크랭크축에 회전력을 발생시키는 일을 한다. (열에너지 → 기계적에너지)
② 피스톤 링
  • 피스톤 링의 절개부는 서로 120° 방향으로 끼움
  • 피스톤 링 마모 및 간극이 크면 → 기관에서 엔진오일이 연소실로 올라오고, 혼합기 누설로 출력이 저하
  • 압축링과 오일링이 있으며, 실린더 헤드 쪽에 있는 것은 압축링이다.
③ 피스톤 링의 작용
  • 기밀작용: 압축가스가 누설 방지
  • 오일 제어 작용: 실린더 벽의 엔진오일을 긁어내림
  • 열전도 작용

Note | **피스톤의 구비조건 (기능)**
• 고온 · 고압에 견딜 것 (기계적 강도가 클 것)
• 열전도가 잘 될 것 (연소가스로부터 전달된 열을 실린더벽으로 전달)
• **열팽창율이 적을 것**
• 기밀유지가 좋을 것 (연소실과 크랭크실 사이의 가스 및 오일 누출 방지)
• 무게가 가벼울 것 (관성력을 방지하기 위해)

④ 실린더와 피스톤의 간극

	┌ 바람이 지나가는 것
간극이 클 때	• 블로바이(blow by) 가스에 의한 압축 압력 저하 • 오일이 연소실에 유입되어 오일 소비가 많아짐 • 피스톤 슬랩 현상이 발생되어 엔진 출력이 저하됨
간극이 작을 때	• 마찰열에 의한 소결 • 마찰에 따른 마멸 증대

Note | **블로바이 가스**: 압축행정 또는 팽창행정에서 연소실의 미량의 혼합가스가 실린더벽과 피스톤 사이의 틈새를 통해 크랭크 케이스로 새어나오는 현상

⑤ 행정(stroke): 피스톤이 상사점(가장 높이 올라간 지점)에서 하사점(가장 낮게 내려오는 지점) 사이의 거리를 말한다.

➡ 즉, 피스톤이 하사점에서 상사점에 도달할 때가 1행정이며, 상사점에서 다시 하사점으로 내려오면 2행정을 마치게 된다. (1사이클 당 2행정을 이룬다.)

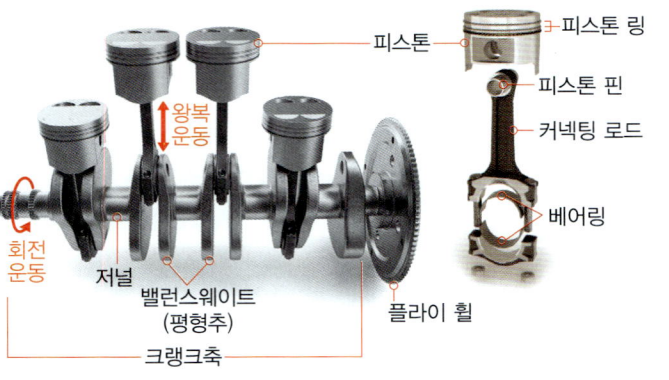

5. 크랭크축
① 실린더 블록에 지지되어, 피스톤의 직선왕복운동을 회전운동으로 변환하여 외부로 전달한다.
② 크랭크축 끝에는 풀리(또는 스프로켓)을 결합하여 발전기, 워터펌프, 캠축 등을 구동시킨다.

6. 캠축
① 캠은 밸브 리프터를 밀어주는 역할을 하여 실린더의 흡 · 배기 밸브를 작동시킨다.
② 보통 캠축과 밸브 리프터는 함께 하나의 장치를 이룬다.
③ 캠축은 기어나 체인, 또는 벨트를 사용하여 크랭크축에 의해 구동된다.

7. 밸브
① 실린더 헤드에는 혼합가스를 흡입하는 흡입밸브와 연소된 가스를 배출하는 배기밸브가 한 개의 연소실당 2~4개 설치되어 흡 · 배기 작용을 한다.
② 밸브 간극: 밸브스템 엔드와 로커암(또는 태핏) 사이의 간극

Note | **밸브 간극에 따른 영향**

밸브간극이 클 때	• 정상온도에서 밸브가 완전히 개방되지 않는다. • 흡입밸브 간극이 크면 – 밸브가 늦게 열리고, 일찍 닫혀 흡입량이 부족하게 되어 출력저하 • 배기밸브 간극이 크면 – 배기가 제대로 이루어지지 않아서 엔진이 과열되며 심하게 소음이 발생한다.

밸브간극이 작을 때	• 흡입밸브 간극이 작으면 – 밸브가 과하게 열리고 닫히는 시간이 느려져 역화나 실화가 발생 • 배기밸브 간극이 작으면 – 후화 및 압축압력이 배기밸브로 누설되는 블로바이 현상이 발생

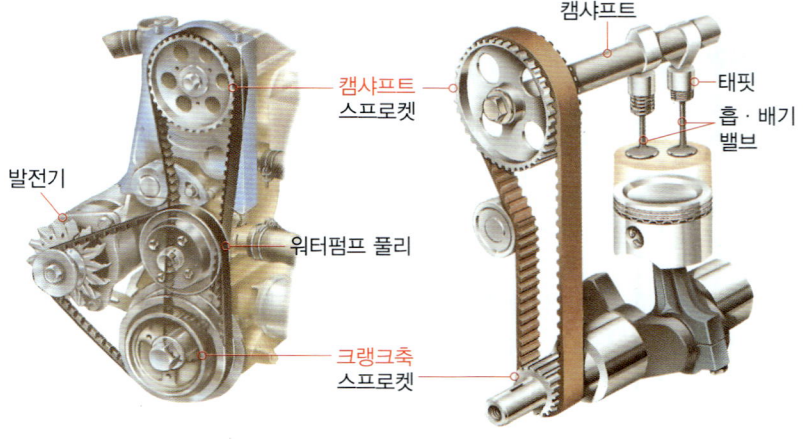

Note | 크랭크축의 회전에 따라 작동되는 기구: 발전기, 캠샤프트, 워터펌프
Note | 크랭크축의 회전수: 캠축(캠샤프트)의 회전수 = 2 : 1
(크랭크축 스프로켓의 지름 : 캠축 스프로켓의 지름 = 1 : 2 이므로)

※ 풀리(pully), 스프로켓: 축에 연결되어 벨트에 의해 크랭크축의 회전동력을 전달하여 발전기, 워터펌프, 캠축을 회전하게 함

8. 플라이휠 (fly wheel)
① 각각 실린더는 폭발행정마다 피스톤을 밀어내는 힘에 의해 크랭크축이 회전하는데 각 실린더의 폭발행정 사이에 시간차가 발생하여 회전이 불규칙해지므로 플라이휠을 통해 관성력을 주어 회전을 부드럽게 하는 역할을 한다. (일종의 무거운 추 역할을 하여 관성력을 유지)
② 플라이휠은 클러치(클러치 커버 및 압력판)와 연결되어 엔진동력이 클러치를 통해 변속기로 전달되게 한다.
③ 플라이휠의 기어(링기어)에 시동전동기가 연결되어 시동 시 회전시킨다.

❸ 냉각장치

1. 라디에이터 (radiator)
① 엔진을 통해 열을 전달받은 냉각수가 라디에이터를 순환하며 엔진에서 발생된 높은 열을 대기중으로 방출시키는 역할을 한다.
② 라디에이터의 구성요소: 코어, 냉각핀, 라디에이터 캡
③ 라디에이터 코어는 막힘률이 20% 이상이면 교환한다.

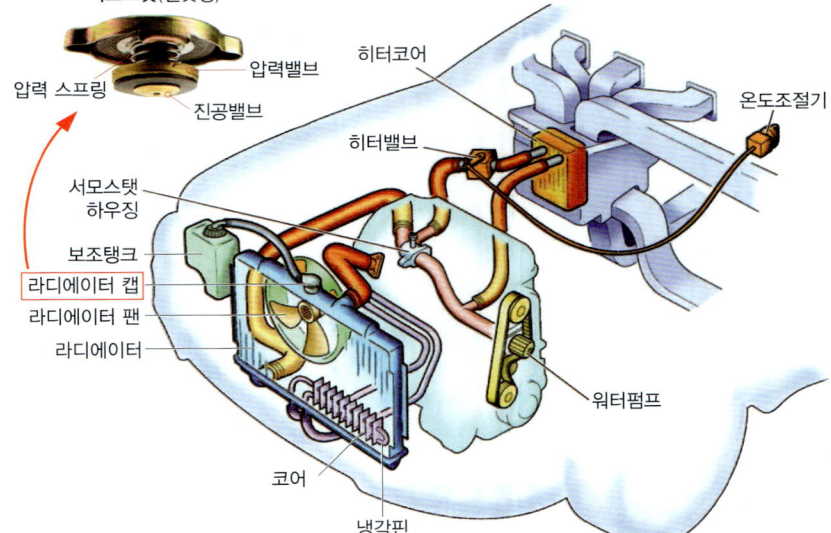

2. 라디에이터 캡(radiator cap) - 가압식 캡, 압력식 캡

냉각수에 압력을 주어 물의 비등점(끓기 시작하는 온도)을 112°C으로 올려 냉각 효율의 범위를 향상시킨다.

> **Note** | 라디에이터 캡의 밸브
> - **압력밸브**: 라디에이터 내부온도가 올라가 규정압력 이상이면 압력밸브가 열려 증가된 체적분의 냉각수가 보조탱크로 보내어진다.
> - **진공밸브**: 라디에이터 내부온도가 내려가 압력이 부압(진공)이 되면 진공밸브가 열려 보조탱크의 냉각수가 라디에이터로 다시 보내어진다.

3. 압력식 캡의 장점

① 라디에이터(방열기)를 작게 할 수 있음
② 냉각수의 비등점을 높일 수 있음 - 압력이 커짐에 따라 끓는점이 높아짐
③ 냉각장치의 효율을 높일 수 있음
④ 냉각수 손실이 적다.
⑤ 냉각범위를 넓힐 수 있다. - 냉각효과가 높음

4. 수온 조절기(서모스탯, thermo-stat, 정온기)

냉각수의 온도가 낮으면 워터재킷으로 바이패스시키고, 높으면 라디에이터로 보내 냉각수 온도를 일정하게 하게 하는 역할을 한다.

- 열린 채 고장: 과냉의 원인이 됨
- 닫힌 채 고장: 과열의 원인이 됨

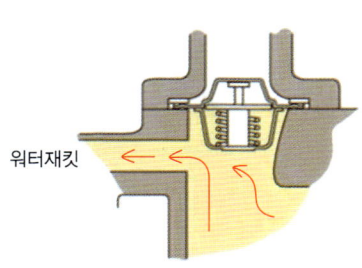
냉각수 온도가 낮으면 워터재킷으로 바이패스하며 엔진의 워밍업이 빠르게 되도록 한다.

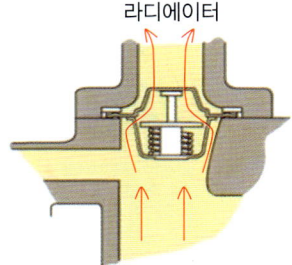
냉각수 온도가 100°C 이상이 되면 밸브 내부의 왁스가 팽창하여 밸브가 열려 냉각수가 라디에이터로 흘러 냉각시킨다.

[펠릿형 서모스탯의 원리]

5. 워터펌프(물펌프)

크랭크축과 구동벨트로 연동하여 회전하면서 냉각수를 강제적으로 순환시키는 것으로, 고장 시 기관 과열이 일어난다.

6. 벨트로 구동되는 냉각팬

① 팬벨트의 조정은 발전기를 움직이면서 조정한다.
② 약 10kgf로 눌러서 처짐이 13~20mm 정도로 한다.
③ 전동팬
- 냉각수의 온도에 따라 간헐적으로 작동된다. - 온도가 높을때만
- 전동팬의 작동과 관계없이 물펌프는 항상 회전한다.
- 팬벨트 없이 모터로 직접 구동되므로 엔진의 시동과 무관하게 작동

> **Note** | 팬벨트의 장력에 따른 영향
>
> | 팬벨트의 장력이 너무 클 때 | 벨트가 팽팽해져 발전기와 워터펌프의 베어링에 손상을 줄 수 있다. |
> |---|---|
> | 팬벨트의 장력이 느슨할 때 (팬벨트 유격이 너무 클 때) | 벨트의 미끄럼 현상이 발생하여 워터펌프 작동이 불량하여 기관이 과열되거나, 발전기 출력이 저하될 수 있다. |

7. 디젤기관의 과열 원인

① 수온조절기가 닫힌 채로 고착(고장남)
② 라디에이터 코어 막힘 및 워터재킷 내의 물때가 과다할 때
③ 워터펌프 등 냉각장치 고장으로 냉각수 순환이 안될 때
④ 냉각수가 부족할 때
⑤ 과부하의 운전을 할 때
⑥ 팬벨트의 유격이 클 때(느슨할 때)
⑦ 배기 파이프 등이 막힐 때

4 윤활장치

1. 윤활유(oil)의 기능

① 마찰 및 마멸 저감 ❍ 마찰을 작게 하여 기계의 마모를 줄여주는 적용으로 윤활의 최대 목적
② 냉각 ❍ 마찰 또는 외부로부터 전달되는 열 등을 흡수하여 외부로 방출
③ 세척 ❍ 접촉 부위에 불완전 연소에 의한 탄화물, 금속 마모분 또는 먼지 등의 불순물이 침입했을 때 이것을 금속 면으로부터 씻어주는 작용
④ 기계보호(방청) ❍ 공기 중의 산소나 물 또는 부식성 가스에 의해서 윤활면에 녹이 발생되는 것을 보호해 주는 작용
⑤ 밀봉 ❍ 기계의 섭동 부분을 밀봉하는 것으로 실린더 내의 분사가스 누설을 방지하거나 외부로부터 물이나 먼지 등의 침입을 막아주는 작용
⑥ 응력 분산 ❍ 마찰부분에 국부적으로 가해진 힘을 균일하게 분산시키는 작용

2. 윤활유의 조건

① 점도가 적당하고, 점도지수가 클 것(온도에 의한 점도 변화가 적을 것)
② 인화점은 높고, 응고점은 낮을 것
③ 비중이 적당할 것

> **Note** | 윤활유의 점도와 점도지수
>
> | | 높음 | 낮음 |
> |---|---|---|
> | 점도 (끈적이는 정도) | • 온도가 낮을 때 죽과 같이 걸쭉해짐
• 유동성이 저하되어 유체흐름의 저항이 커짐
• 유압이 높아지고, 필요 이상의 동력이 소모될 수 있다. | • 온도가 높을 때 물에 가깝게 묽어짐
• 유동성이 좋아지나 누유가 발생할 수 있다.
• 회로 압력 및 펌프 효율이 떨어진다. |
> | 점도지수 | • 점도 변화가 적다. | • 점도 변화가 크다. |

3. 기관의 윤활방식

비산식	오일디퍼가 오일을 퍼올려 비산시킨다.
압송식	오일펌프로 오일을 압송시켜 공급 (가장 일반적인 방법)
비산압송식	오일펌프와 오일디퍼를 함께 이용

4. 오일펌프의 종류: 기어펌프, 로터리펌프, 베인펌프, 플런저펌프

5. 윤활유의 여과방식

전류식	오일펌프에서 나온 오일 전부를 오일 여과기에서 여과
분류식	오일펌프에서 나온 오일의 일부는 윤활 부분으로 직접 공급하고, 일부는 여과기로 여과한 후 오일팬으로 되돌려 보낸다.
샨트식	전류식과 분류식을 합친 방식

6. 오일 여과기

① 여과기가 막히면: 유압이 높아짐
  ❍ 바이패스 밸브: 여과기가 막힐 경우 여과기를 통하지 않고 직접 윤활부로 윤활유를 공급하는 밸브
② 여과능력이 불량하면: 부품 마모가 빨라짐
③ 작업 조건이 나쁘면: 교환시기 단축
④ 엘리먼트 청소: 세척하여 사용
⑤ 엔진오일 교환 시 여과기도 같이 교환

7. 오일의 교환 및 점검

① 엔진오일의 오염 상태
- 검정색에 가까울 때: 심하게 오염 (불순물 오염)
- 붉은색을 띄고 있을 때: 가솔린 유입
- 우유색을 띄고 있을 때: 냉각수 유입

5 디젤 연료장치

1. 디젤 연료의 구비조건

① 착화성이 좋고, 적당한 점도
② 인화점이 높아야 함
③ 불순물과 유황분이 없어야 함
④ 연소 후 카본 생성이 적어야 함
⑤ 발열량이 커야 함
→ 경유의 중요한 성질: 비중 / 착화성 / 세탄가

2. 디젤 노킹의 원인 및 방지책

압축행정 시 연료가 분사되고 점화시기까지의 시간이 길어지게 되면 나타나는 현상

노킹 원인	방지책
① 세탄가가 너무 낮은 연료를 사용 ② 기관이 과냉되어 있다. ③ 착화기간 중 분사량이 많다. ④ 착화지연시간이 길다. ⑤ 연료의 분사 압력이 낮다. ⑥ 노즐의 분무상태가 불량하다.	① 세탄가가 높은 연료 사용할 것 ② 흡입공기 온도 및 기관 온도를 높일 것 ③ 압축비 및 압축압력을 높일 것 ④ 착화지연기간을 짧게 할 것

3. 디젤기관의 연소실

직접분사식	• 구조가 간단하고 열효율이 높음 • 연소실 표면적이 작아 냉각 손실이 적음 • 분사압력이 가장 높고, 열효율이 가장 높음 • 분사노즐의 상태와 연료의 질에 민감 • 시동성이 양호, 예열 플러그를 두지 않음
예연소실식	• 예열플러그가 필요 • 분사압력이 낮아 작동이 부드럽고 진공이나 소음이 적음 • 연료 성질 변화에 둔감하여 선택범위가 넓다. • 연료 소비율이 많고, 구조가 복잡
와류실식	• 주실과 부실을 좁은 통로 연결하여 강한 와류가 발생한다.
공기실식	• 부실에 대칭되는 위치에 분사노즐을 설치

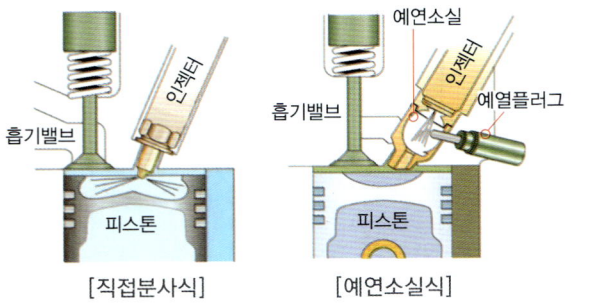

[직접분사식]　　　[예연소실식]

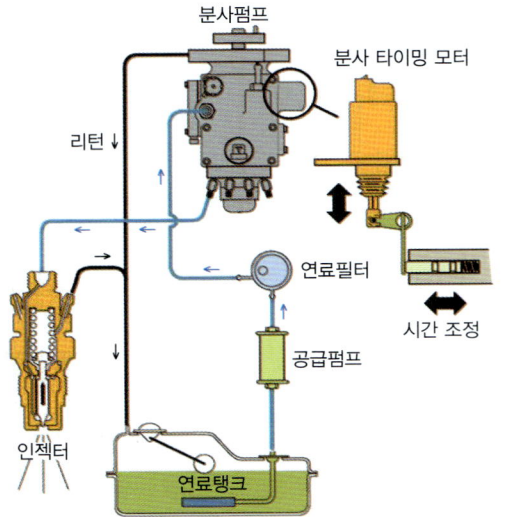

디젤기관의 연료장치

4. 분사펌프

분사시기 조정기 (타이머)	• 연료 분사 시기 조정 → 엔진 속도가 빨라지면 분사시기를 빨리하고 속도가 늦어지면 분사 시기를 늦춤
조속기(거버너)	• 연료 분사량을 조절하여 기관 회전속도 제어 • 엔진의 회전속도나 부하의 변동에 따라 제어 슬리브와 피니언의 관계 위치를 변화시켜 조정

5. 분사노즐(인젝터)

① 디젤엔진에서 연료를 고압으로 연소실에 분사
② 종류: 개방형과 밀폐형(핀틀형, 스로틀형, 홀형)
③ 분사노즐 시험기의 시험항목: 연료의 분포상태, 연료 후적 유무, 연료 분사 개시 압력 등 (분사시간은 시험항목이 아님)

6. 기타 연료기기

벤트플러그	연료필터의 공기를 배출
오버플로우 밸브	연료 여과기에 장착되어 연료계통의 공기를 배출
프라이밍 펌프	연료분사펌프에 연료를 보내거나 연료계통에 공기를 배출할 때 사용

➡ 연료계통의 공기빼기: 공급펌프 → 연료여과기 → 분사펌프
➡ 연료의 순환순서: 연료탱크 → 연료공급펌프 → 연료필터 → 분사펌프 → 분사노즐

7. 디젤 연료장치의 점검

① 작업 중 엔진부조를 하다가 시동이 꺼졌을 때의 원인
　• 연료필터, 분사노즐의 막힘
　• 연료탱크 내에 물 혼입
　• 연료 연결파이프의 손상으로 인한 누설
　• 연료 공급펌프의 고장
② 작업 후 탱크에 연료를 가득 채워주는 이유
　• 연료의 기포 방지
　• 다음 작업의 준비를 위하여
　• 공기 중의 수분이 응축되어 물 생성

6 흡·배기장치

1. 공기청정기

건식	• 여과망으로 여과지 또는 여과포를 사용하며 방사선 모양으로 되어 있다. • 건식공기청정기의 청소: 압축공기로 안에서 밖으로 불어냄
습식	• 케이스 밑에 오일이 들어있어 공기가 오일에 접촉할 때 먼지 또는 오물이 여과 • 세척하여 재사용이 가능
원심식	• 흡입 공기의 원심력을 이용하여 먼지를 분리하고 정제된 공기를 건식공기청정기에 공급

Note | **공기청정기가 막힐 경우 증상**
　• 배기색은 흑색
　• 연소 나빠지고, 출력 감소
　• 실린더 벽, 피스톤링, 피스톤 및 흡배기밸브 등의 마멸과 윤활 부분의 마멸 촉진

2. 터보차저(과급기)

① 흡기관과 배기관 사이에 설치하여 배기가스의 일부가 터빈을 회전시켜 압축기 회전을 통해 흡입공기를 압축(흡입 공기량을 증가)시켜 기관의 출력을 증대시키는 장치이다.
② 주요 구성품

컴프레셔 (compressor)	공기를 압축하여 흡기관으로 보내어 흡입 공기량을 증가시킴
인터쿨러 (inter-cooler)	압축기에서 압축된 공기는 고온고압이므로 이를 저온저압으로 변환
디퓨저(Diffuser)	과급기 케이스 내부에 설치되며, 공기의 속도에너지를 압력에너지로 변환
블로어(Blower)	과급기에 설치되어 실린더에 공기를 불어넣는 송풍기

22

Chapter 05 | 지게차의 구조

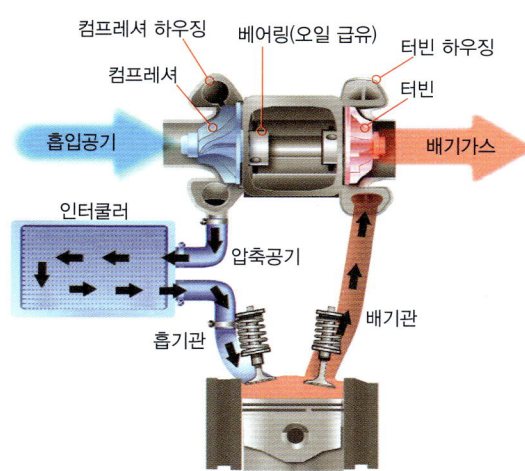

Note 배기터빈 과급기에서 터빈-컴프레서 축의 베어링에는 엔진오일을 급유한다.

3. 예열플러그 (디젤기관에만 해당)
① 역할: 점화방식의 가솔린 엔진과 달리 디젤 엔진은 압축으로 생성된 고온 고압의 공기에 연료가 착화하는 방식이므로, 초기 시동 시 엔진 온도가 낮으면 연료의 착화가 어려우므로 연소실 내의 공기를 직접 예열(가열)하여 겨울철 시동을 쉽게 하여준다.
② 예열플러그의 오염원인: 불완전 연소 또는 노킹
③ 병렬 연결식 예열플러그는 어느 한 기통의 예열플러그가 단락되면 그 기통의 실린더만 작동이 안 된다.(직렬 연결식일 경우 하나라도 고장하면 전체가 작동되지 않음)

Note 히트레인지: 직접 분사식 디젤기관에서 예열플러그의 역할

Note 예열플러그의 단선 원인
- 엔진이 과열될 경우
- 예열플러그에 규정 이상의 과전류가 흐를 경우
- 예열시간이 길 경우
- 엔진 가동 중에 예열시킬 경우
- 예열플러그 설치 시 조임 불량일 경우

Note 난기운전(warming up)
차가운 엔진에 처음 시동한 후 정상작동온도에 도달할 때까지의 운전을 말한다. 시동 후에는 엔진 내 윤활유의 점도가 낮고, 각 장치 내 부품 사이의 마찰이 크고, 분사된 연료만으로 시동이 원활하지 않으므로 연료를 추가(농후 혼합기)시킨다.

4. 소음기(머플러)의 특성
① 카본이 많이 끼면: 엔진이 과열되고, 출력이 저하됨
② 머플러가 손상되어 구멍이 나면: 배기음이 커짐
③ 배기관이 불량하여 배압이 높을 때
- 기관이 과열, 출력 감소
- 피스톤의 운동 방해
- 기관의 과열로 냉각수의 온도 상승
▶ 배압(back pressure): 배기가스 배출이 원활하지 못하게 되어(저항) 발생되는 압력

5. 배출가스의 종류
자동차에서 배출되는 물질 중 일산화탄소(CO), 탄화수소(HC), 질소산화물(NOx), 입자상물질(PM)을 말한다.
▶ NOx는 주로 연소온도가 높을 때 많이 생성된다.

6. 배출가스 색의 원인

무색(연한 청색)	정상 연소
흰색	실린더 내에 엔진오일이 누설되어 연료와 함께 연소
검은색	불완전 연소(원활하지 않은 공기 공급, 과도한 연료 공급) - 농후 혼합기
엷은 자주색	희박 혼합기

▶ 불완전 연소가 발생할 경우 기관 출력은 저하된다.

03 동력전달장치 및 조향·제동장치   출제예상문항수: 2~3문제

1 동력전달장치

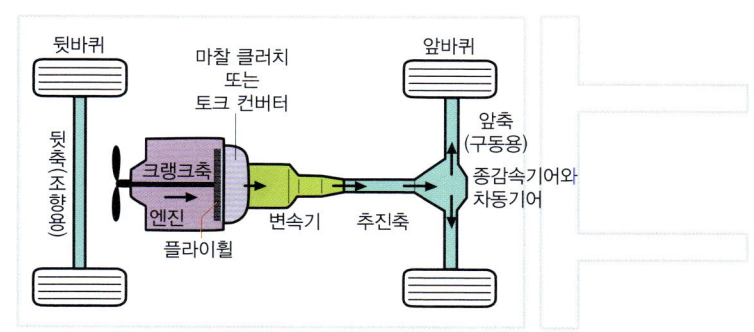

[지게차의 동력전달과정]

1. 클러치 개요
① 엔진 플라이휠과 변속기 사이에 설치되어 필요에 따라 동력을 전달하거나 차단하는 동력전달장치이다.
② 변속기의 기어를 변속할 때 기관의 동력을 일시 차단하기 위해
③ 시동 시 무부하 상태로 하기 위해
④ 관성운전을 하기 위해
⑤ 클러치 종류: 마찰 클러치(수동 변속기), 토크컨버터(자동 변속기)

Note 클러치 용량
클러치가 전달할 수 있는 회전력의 크기이며, 기관 회전력의 1.5~2.5배 정도이다. 클러치 용량이 너무 크면 클러치가 엔진 플라이 휠에 접속될 때 엔진이 정지되기 쉬우며, 너무 작으면 클러치가 미끄러져 클러치 디스크의 페이싱 마멸이 촉진된다.

2. 마찰 클러치의 구조

클러치판	• 플라이 휠과 압력판 사이에 설치된 마찰판 • 클러치판은 변속기 입력축의 스플라인에 끼워져 있음 ▶ 토션스프링(비틀림 코일 스프링): 클러치 작동 시의 충격 흡수 ▶ 쿠션스프링: 동력 전달과 차단 시 충격을 흡수하여 클러치판의 변형 방지
압력판	• 클러치 스프링의 장력으로 클러치판을 밀어 플라이휠에 압착시킴 • 변속기 입력축에 연결되며, 플라이휠에 압착되면 엔진 회전속도와 같은 속도로 회전하며 변속기로 동력이 전달된다.
릴리스 레버	• 릴리스 베어링에 의해 한쪽 끝부분이 눌리면 반대쪽은 클러치판을 누르고 있는 압력판을 분리시키는 레버
릴리스 베어링	• 클러치 페달을 밟았을 때 릴리스 포크에 의하여 변속기 입력축의 길이 방향으로 이동하여 회전 중인 다이어프램 스프링(또는 릴리스 레버)을 눌러 엔진의 동력을 차단하는 일을 한다. ▶ 릴리스 베어링은 영구 주유식(oilless bearing)이므로 솔벤트 등의 세척제 속에 넣고 세척해서는 안 된다.
클러치 스프링	• 클러치 커버와 압력판 사이에 설치되어 압력판에 압력을 가함 • 클러치 스프링의 장력이 약하면 클러치가 미끄러짐 ▶ 클러치판 댐퍼스프링: 접속 시 회전충격을 흡수 ▶ 클러치 부스터: 클러치 페달의 밟는 힘을 경감시켜주는 장치

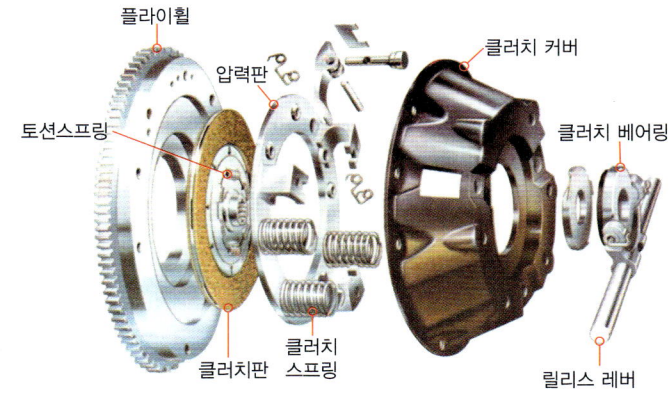

작동 순서: 클러치 페달 → 푸시로드 → 마스터 실린더(피스톤) → 유압 → 릴리스 실린더(피스톤) → 릴리스 포크 → 릴리스 베어링 → 압력판(릴리스 레버) → 압력판(뒤쪽으로) → 클러치판이 플라이휠과 압력판에서 분리되어 엔진의 동력이 변속기로 전달되지 않는다.

3. 클러치의 유격에 따른 영향

작을 때	• 클러치 미끄럼이 발생하여 동력 전달이 불량 • 클러치판이 소손 • 릴리스 베어링의 빠른 마모 • 클러치 소음 발생
클 때	• 클러치가 잘 끊어지지 않음 • 변속할 때 기어가 끌리는 소음 발생

4. 토크 컨버터

① 역할
- 수동변속기는 기계적 연결/차단을 통해 엔진동력을 변속기로 전달하지만, 자동변속기는 엔진동력을 오일을 통해 변속기로 전달한다.
- 엔진으로부터 토크를 증가함 – 스테이터는 오일의 방향을 바꾸어 회전력을 증대

② 부하에 따라 자동적으로 토크가 조절된다.

③ 마찰클러치의 기계적인 충격을 흡수하여 엔진 수명을 연장한다.

④ 조작이 용이하고 엔진에 무리가 없다.

⑤ 구성: 펌프(임펠러), 터빈, 스테이터
→ 토크컨버터가 유체클러치와 구조상 차이점: 스테이터 유무

⑥ 토크컨버터가 유체클러치와 구조상 다른 점: 스테이터 유무

⑦ 펌프는 엔진에 직결되어 엔진과 같은 회전수로 회전

⑧ 동력전달 효율 – 2~3: 1 정도의 토크 증가
→ 유체 클러치의 동력전달 효율은 1: 1이다.
→ 토크 변환비: 지게차의 토크컨버터에서 회전력이 최대인 상태

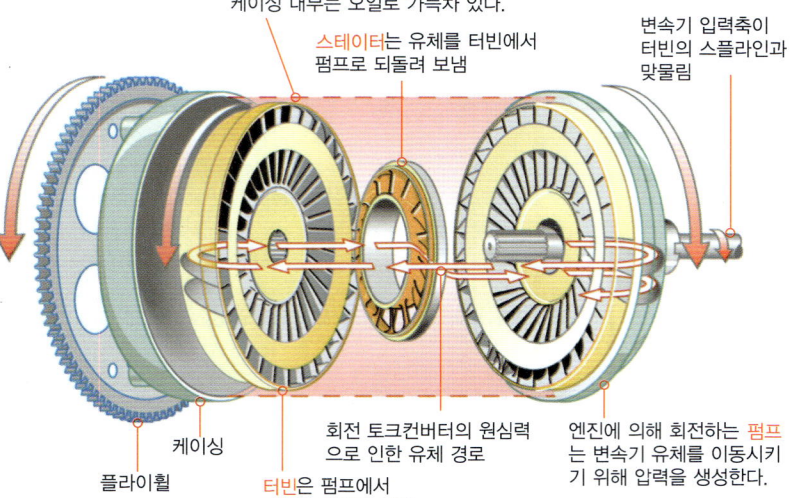

토크컨버터 작동 시 케이싱 내부는 오일로 가득하 있다.

스테이터는 유체를 터빈에서 펌프로 되돌려 보냄

변속기 입력축이 터빈의 스플라인과 맞물림

플라이휠 / 케이싱 / 터빈은 펌프에서 가압된 유체에 의해 강제로 회전한다. / 회전 토크컨버터의 원심력으로 인한 유체 경로 / 엔진에 의해 회전하는 펌프는 변속기 유체를 이동시키기 위해 압력을 생성한다.

5. 변속기의 필요성

① 엔진 회전력을 변환시킴

② 지게차의 후진을 가능하게 함

③ 엔진을 무부하 상태로 두게 함
→ 엔진의 출력을 증가시킨다(×)

6. 인터록 장치와 록킹볼 장치

인터록 장치	수동변속기어의 이중 물림을 방지
록킹볼 장치	물려있는 변속기어가 빠지는 것을 방지

Note | 주행 중 변속기어가 빠지는 원인
- 기어의 마모가 심한 경우
- 기어가 충분히 물리지 않은 경우
- 변속기의 로크 장치가 불량한 경우
- 로크 스프링의 장력이 약한 경우

7. 드라이브 라인(추진축+구동축)

① 클러치의 동력을 주행축까지 전달하는 축

② 원활한 동력전달을 위해 유니버설 조인트(자재이음)나 슬립 조인트(슬립이음)로 설계

프로펠러 샤프트	• 변속기에서 구동축에 동력을 전달하는 축 • 추진축의 회전 시 진동 방지를 위한 밸런스 웨이트 설치
유니버설 조인트 (자재이음)	• 추진축의 각도에 변화를 주기 위해 사용
슬립 이음	• 추진축의 길이 방향에 변화를 주기 위해 사용
플렉시블 조인트	• 비틀림 진동을 감쇠

◐ 슬립 이음이나 유니버설 조인트 등의 연결부위에서 가장 적합한 윤활유: 그리스

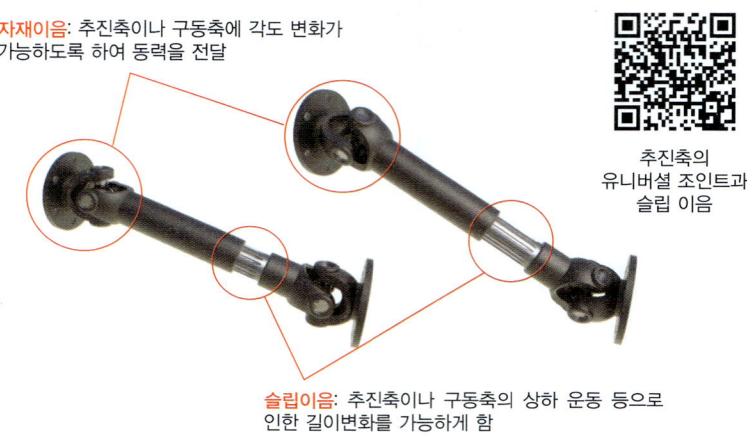

자재이음: 추진축이나 구동축에 각도 변화가 가능하도록 하여 동력을 전달

추진축의 유니버설 조인트과 슬립 이음

슬립이음: 추진축이나 구동축의 상하 운동 등으로 인한 길이변화를 가능하게 함

8. 차동기어장치

바퀴형태의 건설기계장비를 선회할 때 좌·우 구동바퀴의 회전속도를 달리하여 선회를 원활하게 한다.

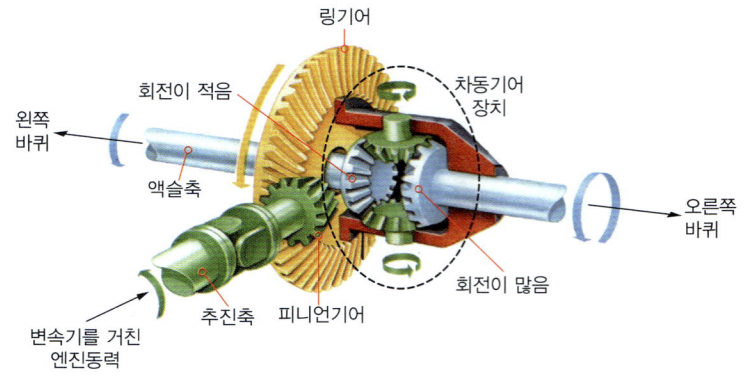

링기어 / 회전이 적음 / 차동기어장치 / 왼쪽 바퀴 / 액슬축 / 오른쪽 바퀴 / 변속기를 거친 엔진동력 / 추진축 / 피니언기어 / 회전이 많음

9. 타이어

① 타이어의 구조

카커스	타이어에서 고무로 피복된 코드를 여러 겹으로 겹친 층에 해당하며, 타이어 골격을 이루는 부분
비드	림과 접촉하는 부분
브레이커	트레드와 카커스 사이에 몇 겹의 코드 층을 내열성 고무로 감싼 구조
트레드	직접 노면과 접촉되는 부분

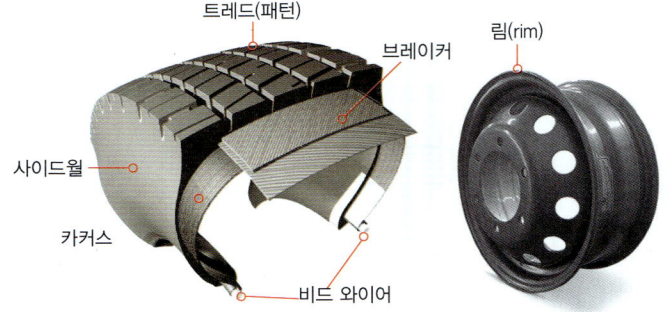

트레드(패턴) / 브레이커 / 림(rim) / 사이드월 / 카커스 / 비드 와이어

[타이어 및 휠의 구조]

② 트레드 패턴의 역할
- 타이어의 마찰력을 증가시켜 미끄러짐 방지
- 타이어 내부의 열 발산
- 트레드 부에 생긴 절상 등의 확대 방지
- 구동력, 견인력, 조향성, 안정성의 성능 향상
- 타이어의 배수 성능 향상

24

Chapter 05 | 지게차의 구조

2 조향장치

1. 지게차의 조향장치
① 지게차의 일반적 조향방식: 뒷바퀴 조향방식 (앞바퀴는 구동바퀴로 사용)
  ➡ 이유: 조향 중 충격에 영향을 받지 않으며, 방향전환이 원활하고 회전반경이 작다.
② 지게차의 조향장치의 원리: 애커먼 장토식
③ 지게차 조향장치의 유압실린더는 복동실린더 더블로드형이 사용
④ 기계식 조향 조작력 전달 순서: 핸들 → 조향기어 → 피트먼 암 → 드래그 링크 → 벨 크랭크 → 타이로드 → 너클 암 → 조향휠
  ➡ 벨 크랭크: 'ㄱ'자 모양으로 대개 90°의 각도로 꺾인 형태의 레버를 말한다. 꺾인 점을 지지점으로 하여 그 한 끝에서 받은 운동이나 힘을 그 방향과 크기를 변경하여 다른 한 끝을 통해 다른 물체에 전달한다.

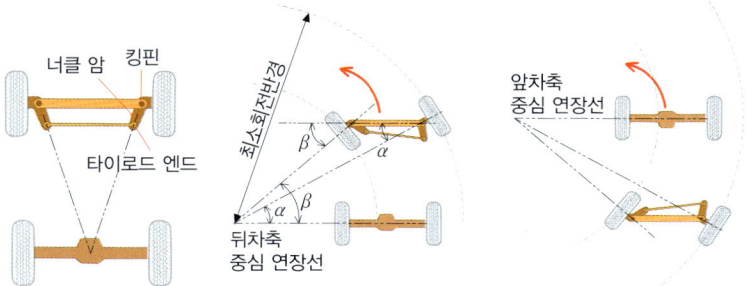

애커먼 장토식: 직진상태일 때 킹핀과 타이로드 양끝을 연결한 연장선이 뒷차축의 중심에 교차하도록 할 때 좌우 앞바퀴의 조향각에 차이가 발생하며, 선회시 안쪽바퀴의 조향각이 더 크게 된다.

일반 차량이 앞바퀴를 통해 조향되지만 지게차는 뒷바퀴로 조향이 이루어진다.

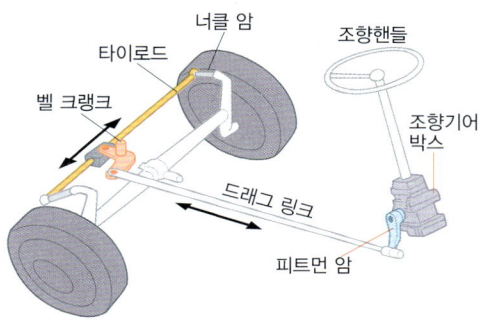

2. 앞바퀴 정렬(휠 얼라이먼트)

캠버	• 앞바퀴를 앞에서 보았을 때 바퀴의 중심선과 노면에 대한 수직선이 이루는 각도 • 핸들 조작을 가볍게 함
캐스터	• 앞바퀴를 옆에서 보았을 때 킹핀 중심선(조향축)이 수직선에 대해 기울어진 각도
토인	• 앞바퀴를 위에서 볼 때 좌·우 앞바퀴의 간격이 뒤보다 앞이 좁은 것
킹핀 경사각	• 앞바퀴를 앞에서 볼 때 킹핀 중심이 수직선에 대하여 경사각을 이룸

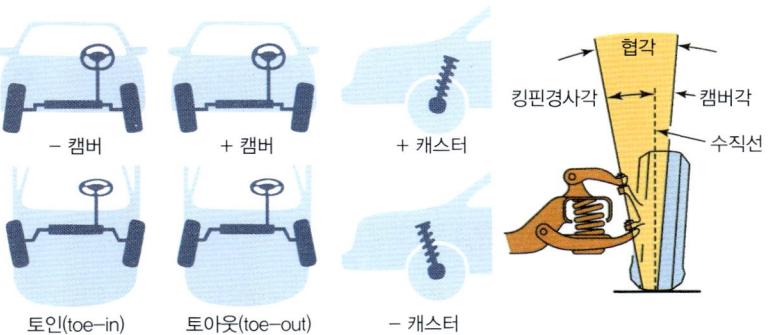

3. 토인(tow-in)의 조정: 타이로드에서 조정

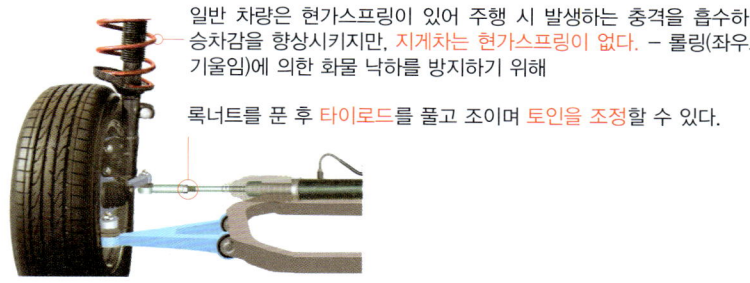

일반 차량은 현가스프링이 있어 주행 시 발생하는 충격을 흡수하여 승차감을 향상시키지만, 지게차는 현가스프링이 없다. - 롤링(좌우로 기울임)에 의한 화물 낙하를 방지하기 위해

록너트를 푼 후 타이로드를 풀고 조이며 토인을 조정할 수 있다.

3 제동장치

1. 제동장치 일반
① 유압식 브레이크는 파스칼의 원리를 이용한다.
② 브레이크 페달은 지렛대의 원리를 이용한다.
③ 유압 제동장치에서 마스터 실린더의 리턴 구멍이 막히면 제동이 잘 풀리지 않는다.
④ 제동장치의 마스터 실린더 세척은 브레이크 액으로 한다.

2. 제동장치의 구비조건
① 작동이 확실하고 제동 효과가 우수해야 한다.
② 신뢰성과 내구성이 뛰어나야 한다.
③ 마찰력이 좋아야 한다.
④ 점검 및 정비가 용이해야 한다.

3. 제동장치의 종류

유압식	• 종류: 드럼식, 디스크식 • 파스칼의 원리를 이용한다. • 모든 바퀴에 균등한 제동력을 발생시킴 • 유압 계통의 파손이나 누설이 있으면 기능이 급격히 저하됨 • 체크밸브: 잔압 유지, 역류 방지
배력식	• 하이드로백: 유압 브레이크에 진공식 배력장치를 병용하여 큰 제동력을 발생 • 배력장치에 의한 제동장치가 고장나더라도 유압에 의한 제동장치는 작동함
공기식	• 압축공기의 압력을 이용하여 제동하는 장치 • 브레이크 슈는 캠에 의해서 확장되고 리턴 스프링에 의해서 수축된다.

➡ 유압식 브레이크 장치에서 마스터 실린더의 리턴구멍이 막히면 제동이 잘 풀리지 않음
➡ 잔압 유지: 체크밸브로 제동라인 내에 일정한 잔압을 두어 다음 제동 시 빠르게 제동이 걸리게 한다.

4. 베이퍼록과 페이드 현상

베이퍼록	• 브레이크의 지나친 사용으로 인한 마찰열로 브레이크 오일이 비등(끓음)하여 브레이크 회로 내에 기포가 발생하여 제동력이 떨어지는 현상 • 대책: 긴 내리막길에서는 엔진브레이크를 사용
페이드	• 브레이크를 연속적으로 자주 사용하면 드럼과 라이닝 사이에 마찰열이 발생하여 브레이크가 잘 듣지 않는 현상 • 대책: 작동을 멈추고 열을 식혀야 함

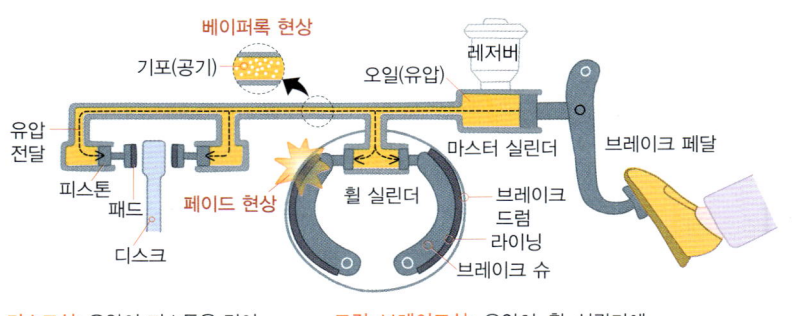

디스크식: 유압이 피스톤을 밀어 패드가 디스크에 밀착되어 제동이 걸림

드럼 브레이크식: 유압이 휠 실린더에 작용하여 브레이크 슈를 밀어 브레이크 드럼에 밀착하여 제동이 걸림

03 전기장치
출제예상문항수: 2~3 문제

1 전기의 기초

1. 전류의 3대 작용

발열작용 (열을 발생)	전구, 예열 플러그, 전열기
화학작용 (배터리를 충전시킴)	축전지(배터리)
자기작용 (전자석을 만들어 자속을 만듦)	전동기, 발전기, 경음기

2. 옴의 법칙

$$I = \frac{E}{R}$$ (I: 전류, E: 전압, R: 저항)

➡ 전류는 전압 크기에 비례하고, 저항 크기에 반비례한다.

3. 전력(P)

$$P = I \cdot E = I \cdot (I \cdot R) = I^2 \cdot R = (\frac{E}{R})^2 \cdot R = \frac{E^2}{R}$$

4. 플레밍의 법칙

플레밍의 왼손법칙	도선이 받는 힘의 방향을 결정하는 규칙	전동기의 원리
플레밍의 오른손법칙	유도 기전력 또는 유도전류의 방향을 결정하는 규칙	발전기의 원리

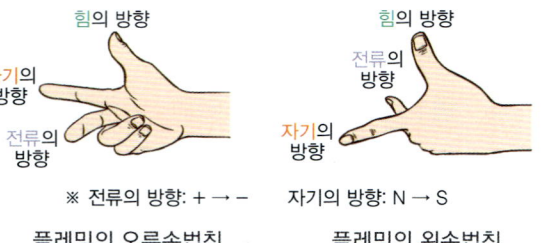

※ 전류의 방향: + → − 자기의 방향: N → S

플레밍의 오른손법칙 플레밍의 왼손법칙

5. 다이오드
① 한 방향으로만 전류가 흐르게 하는 역할을 하여 교류발전기의 스테이터에서 발생된 교류전기를 정류하여 직류로 변환시킨다.
② 축전지에서 발전기로 전류가 역류하는 것을 방지
③ 발광 다이오드: 전류가 흐르면 빛을 방출함
④ 포토 다이오드: 빛을 받으면 전류를 흐르게 함

2 축전지

기동 전동기의 작동 및 점등장치 등에 전원 공급

1. 축전지(배터리)의 종류

납산축전지	• 극판의 작용 물질이 떨어지기 쉬우며 수명이 짧고 무거움 • 양극판은 과산화납, 음극판은 해면상납을 사용하며, 전해액은 묽은 황산을 사용 • 전해액이 자동 감소되면 증류수를 보충
MF축전지	• MF: Maintenance Free(보수가 필요없음) • 전해액의 보충이 필요 없는 무보수용 배터리

2. 납산축전지의 구성
극판, 격리판, 유리매트, 벤트플러그, 셀 커넥터, 터미널

① 벤트플러그: 증류수 보충을 위한 구멍마개
② 극판: 양극판은 과산화납, 음극판은 해면상납
③ 격리판과 유리매트: 극판 사이에서 단락을 방지

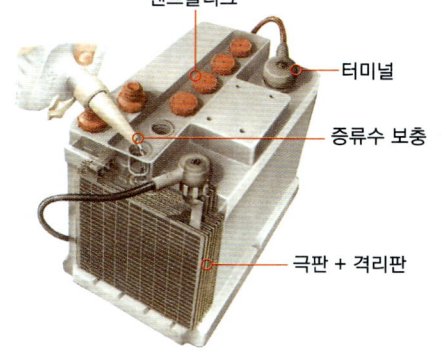

④ 터미널: 연결 단자
➡ 축전지 터미널의 부식 방지: 그리스 도포
⑤ 음극판이 양극판보다 1장 더 많은 이유: 화학적 활성이 양극판이 더 좋기 때문에 화학적 평형을 위하여 음극판을 1장 더 둔다.

Note | 축전지의 터미널의 구분

+ 극	굵은 것	적색	문자 P
− 극	가는 것	흑색	문자 N

3. 전해액
① 전해액은 묽은 황산을 사용하며, 황산을 증류수에 부어야 함
➡ 전해액이 자동 감소되면 증류수를 보충한다.
② 완전충전 상태의 전해액 비중: 20℃ 기준 1.280
③ 전해액의 비중과 온도는 반비례

4. 납산 축전지의 전압과 용량
① 1셀의 전압은 2~2.2V이며, 12V의 축전지는 6개의 셀이 직렬로 연결
② 12V 납산축전지의 방전종지전압: 10.5V
③ 납산 축전지 용량은 극판의 크기, 극판의 수, 전해액의 양에 의해 결정
④ 축전지 용량 표시: Ah(암페어시)

5. 축전지의 충전법: 정전류, 정전압, 급속 충전

정전류 충전법	충전 초기부터 충전이 끝날 때까지 일정한 전류로 충전시키는 방법 • 표준 충전전류: 축전지 용량의 10% • 최소 충전전류: 축전지 용량의 5% • 최대 충전전류: 축전지 용량의 20%
정전압 충전법	• 충전 초기부터 충전이 끝날 때까지 일정한 전압을 가하여 충전시키는 방법 • 충전 효율이 높고 가스 발생이 거의 없다.
급속 충전법	• 충전시킬 시간적 여유가 없을 때 급속 충전기를 사용하여 큰 전류로 단시간 내에 축전지를 충전시키는 방법 • 용량의 1/3 ~ 1/2 전류로 짧은 시간에 충전하는 방법

6. 2개의 축전지 연결법

구분	전압	용량
직렬 연결	2배	동일
병렬 연결	동일	2배

7. 축전지 탈거 및 장착할 때 연결 순서
① 탈거시: '−' 케이블 → '+' 케이블
② 장착시: '+' 케이블 → '−' 케이블

3 시동장치

1. 기동 전동기
① 전동기의 기본 작동원리: 플레밍의 왼손법칙
② 시동 토크가 큰 직류 직권 전동기가 사용
③ 시동이 걸린 후 시동키(key) 스위치를 계속 누르고 있으면 피니언 기어가 소손되어 시동전동기의 수명이 단축

④ 기동전동기의 시험항목: 무부하 시험, 회전력(부하) 시험, 저항 시험, 솔레노이드 풀인 시험 등
⑤ 건설기계 차량에서 시동모터에 가장 큰 전류가 흐르기 때문에 스타트 릴레이를 설치하여 시동을 도움
⑥ 플라이휠의 링기어가 소손되면: 기동전동기는 회전되나, 엔진은 크랭킹이 되지 않음

> **Note** | **시동장치의 기본 작동 원리**
> 정지된 엔진을 회전시키기 위해 기동 전동기의 회전력(토크력)을 플라이휠(링기어)에 전달하며 크랭크축이 회전한다. 이 회전에 의해 피스톤이 움직이며, 공기가 흡입되고, 연료를 분사

2. 기동전동기가 작동하지 않거나 회전력이 약한 원인

① 배터리 전압이 낮음
② 배터리 단자와 터미널의 접촉 불량
③ 배선과 시동스위치가 손상 또는 접촉 불량
④ 브러시와 정류자의 밀착 불량
⑤ 기동전동기의 소손 원인: 계자 코일 단락, 엔진 내부 피스톤이 고착

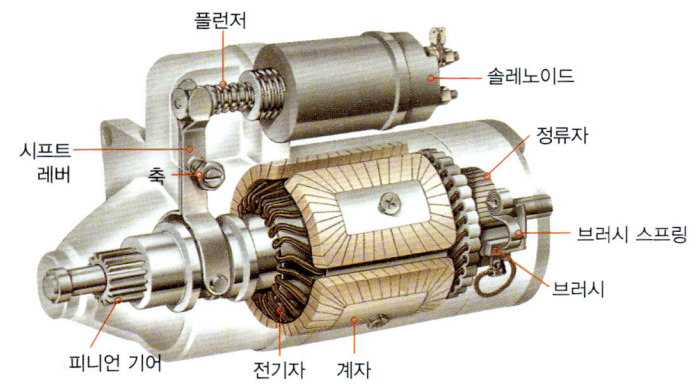

기본 원리: 솔레노이드에 전류가 가해지면 자화가 되어 플런저를 당기게 된다. 그러면 시프트 레버에 의해 전동기 축이 앞으로 밀리며 피니언 기어도 밀린다. 피니언 기어는 플라이휠의 링기어에 맞물리고 전동기의 회전력이 플라이휠에 전달된다. 플라이휠에 연결된 크랭크축이 회전하며 피스톤이 움직이며 연료 공급 및 점화를 통해 엔진이 시동이 걸린다.

4 발전기(충전장치)

1. 개요
① 발전기는 크랭크축에 의하여 구동되며 운행 중 여러 가지 전기장치에 전력을 공급하며, 축전지에 충전전류 공급한다.
② 발전기와 레귤레이터 등으로 구성
③ 발전기의 작동원리: 플레밍의 오른손 법칙
  ◯ 전동기의 작동원리: 플레밍의 왼손 법칙

2. 직류(DC) 발전기 – generator
① 기본 구성은 기동전동기와 같다.
② 전기자를 크랭크축 풀리와 팬벨트로 회전시키면 코일 안에 교류기전력이 발생하며, 이 교류는 정류자를 통해 직류로 변환된다.
③ 직류 발전기의 구성

전기자 (아마추어)	전류가 발생되는 부분이며 전기자 철심, 전기자 코일, 정류자, 전기자축 등으로 구성
정류자와 브러시	전기자에서 발생한 교류를 정류하여 직류로 변환하여 전류를 밖으로 내보냄
계자	계자 철심에 계자 코일이 감겨져 있는 형태로 계자 코일에 전류가 흐르면 철심이 전자석이 되어 자속을 발생

3. 교류(AC) 발전기 – Alternator
① 교류발전기의 구성요소

로터	• 외부 회전에너지에 의해 회전하고 슬립링에 접촉된 브러시를 통해 여자 전류가 흘러 자속(전기장)을 만듦
스테이터	• 로터에서 발생된 자속을 끊어 기전력이 발생
슬립링, 브러시	• 로터 코일에 연결된 슬립링에 브러시가 접촉된 구조 • 브러시 – 슬립링을 통해 로터 코일에 전류를 공급
실리콘 다이오드	• 스테이터에서 유기된 교류를 직류로 정류 • 축전지에서 발전기로 전류의 역류를 방지
전압 조정기	• 로터 코일에 공급되는 전류를 조정

◯ 교류 발전기의 출력 조정: 로터 전류를 변화시켜 조정한다.

② 충전장치는 주로 3상 교류발전기 사용

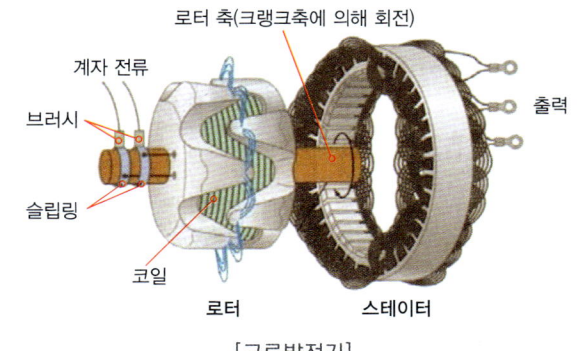

[교류발전기]

> **Note** | **직류발전기와 교류발전기의 비교**
>
> | 구분 | 직류 발전기 | 교류 발전기 |
> |---|---|---|
> | 자속 발생 | 계자 | 로터 |
> | 전류 발생 | 전기자(아마추어) | 스테이터 |
> | 정류 | 정류자와 브러시 | 다이오드 |

4. 레귤레이터(조정기, Regulator) ─ 발전기의 출력전압은 엔진속도에 비례함

레귤레이터는 불규칙한 엔진의 회전속도에도 불구하고 전압을 일정하게 하여 축전지 충전 및 전자기기에 전원을 공급하는 역할을 한다. 레귤레이터가 고장나면 발전기에서 발전되어도 축전지에 충전되지 않는다.

직류발전기 레귤레이터	전압 조정기, 컷 아웃 릴레이, 전류 제한기
교류발전기 레귤레이터	전압 조정기 (실리콘 다이오드가 대체함)

5 기타

1. 전조등
① 연결: 한 쪽 전조등이 고장나더라도 다른 전조등이 영향을 받지 않도록 축전지에 대해 병렬로 접속한다.
② 전조등의 종류

세미실드빔형	렌즈와 반사경은 일체이고 전구만 따로 교환
실드빔형	전조등의 필라멘트가 끊어진 경우 렌즈나 반사경에 이상이 없어도 전조등 전부를 교환

2. 퓨즈의 점검 및 관리
① 전기회로에서 단락에 의해 과전류가 흐르는 것을 방지하기 위하여 설치한다. (과전류에 의해 쉽게 끊어지게 됨)
② 퓨즈의 재질은 납과 주석 합금이다.
③ 퓨즈는 회로에 직렬로 설치되어 있다.
④ 퓨즈 회로에 흐르는 전류의 크기에 따라 적정한 용량의 것을 사용한다.
  ('암페어'로 나타내며, 단위는 'A'로 표기)
⑤ 퓨즈는 철사나 다른 용품으로 대용하면 안 된다.

3. 계기류

충전경고등	발전기 등 충전 계통을 점검
전류계	발전기에서 축전지로 충전되고 있을 때는 전류계 지침이 정상에서 (+) 방향을 지시
오일 경고등	건설기계 장비 작업 시 계기판에서 오일 경고등이 점등되었을 때 즉시 시동을 끄고 오일계통을 점검
기관 온도계	냉각수의 온도를 나타냄

04 유압장치

출제예상문항수: 10 문제

1 유압 일반

1. 파스칼의 원리

① 밀폐된 용기 내의 한 부분에 가해지는 압력은 동시에 전 부분에 같은 크기의 압력으로 전달된다.

② 유체 압력은 그 면에 대하여 직각으로 작용한다.

③ 한 점의 압력 크기는 모든 방향으로 같다.

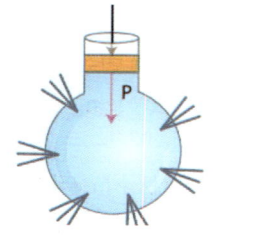
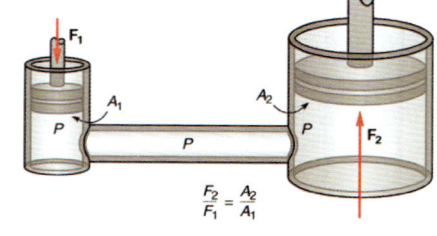

$$\frac{F_2}{F_1} = \frac{A_2}{A_1}$$

2. 작동유의 구비조건

① 비압축성일 것 ▶ 공기와 같이 압축성이 있으면 정밀한 위치·속도 제어가 어렵다.

② 적당한 점도 및 점도지수가 높을 것

　▶ 점도지수: 온도에 의한 점도변화를 말하며, 점도지수가 높을수록 온도 변화에 따른 점도변화가 적다는 의미이다.

③ 방열성이 좋고, 열팽창계수가 작을 것

④ 발화점(인화점)이 높을 것 ▶ 쉽게 연소되지 않도록 함

⑤ 적절한 유막 강도를 형성할 것

⑥ 밀도가 작고 비중이 적당할 것

⑦ 산화 안정성, 윤활성, 방청·방식성, 세정 능력이 좋을 것

> **Note** | 점도에 따른 영향
>
> | 점도가 높을 때 | • 유압이 높아짐
• 관내의 마찰손실이 커져 동력 손실이 커짐
• 열 발생의 원인 |
> |---|---|
> | 점도가 낮을 때 | • 회로 압력이 떨어져 펌프 효율이 떨어짐
• 유압회로(실린더 및 컨트롤 밸브 등)에서 오일 누설에 영향 |

3. 유압유에 공기가 유입될 때의 영향

공동현상 (캐비테이션)	작동유 속에 용해된 공기가 기포로 발생하여 유압 장치 내에 국부적인 높은 압력, 소음 및 진동이 발생하여 양정과 효율이 저하되는 현상
숨 돌리기 현상	공기가 실린더에 혼입되면 피스톤의 작동이 불량해 작동시간의 지연을 초래하는 현상 (유압유의 공급 부족과 서징 현상이 발생)
열화 현상	열화가 촉진되어 산화작용을 하면서 고무 같은 물질이 생겨 펌프나 밸브 실린더의 작동이 불량해지는 원인이 된다.

> **Note** | 서징(Surging) 현상 = 맥동
>
> 펌프의 운전 중에 압력계기의 눈금이 어떤 주기를 가지고 큰 진폭으로 흔들림과 동시에 토출량은 어떤 범위에서 주기적으로 변동이 발생하고 흡입 및 토출배관의 주기적인 진동과 소음을 수반한다.

4. 유압유의 열화현상

① 유압유는 사용하는 동안 항상 금속면에 접하고 열, 햇빛, 공기 중의 산소, 수분 등의 영향을 받아서 점차 물리적 화학적 성질의 변화를 일으키며, 점도가 증가하여 사용전의 성상과는 전혀 다른 성질의 것으로 된다.

② 유압유의 열화 원인: 산화, 물·공기·오염물질과 접촉 등이 있으며, 가장 직접적인 원인은 온도상승이다.

③ 열화현상 판정 방법: 점도 상태, 색깔이나 침전물의 유무, 냄새 확인 등

5. 건설기계에서 사용하는 작동유의 정상 작동온도 범위: 40~60℃

▶ 적정온도 범위 이하일 경우 오일쿨러: 유온을 냉각시킴, 오일히터: 유온을 상승시킴

> **Note** | 유압 장치의 수명 연장을 위한 가장 중요한 요소
>
> → 오일 필터의 점검과 교환

2 유압장치의 구성

[유압 시스템의 일반적인 구성]

1. 오일탱크

① 계통 내의 필요한 유량을 확보한다.

② 유압장치에서 발생한 열을 방출시켜 유온 상승을 방지한다.

③ 오일에 이물질이 혼입되지 않도록 밀폐시킨다.

④ 적당한 크기의 주유구 및 스트레이너를 설치한다.

⑤ 유면은 적정범위에서 "F(full)"에 가깝게 유지시킨다.

⑥ 오일탱크의 주요 부품

스트레이너	흡입구에 설치되어 회로 내의 입자가 큰 불순물 여과
배플(격판)	오일의 출렁임을 방지하여 기포의 분리 및 제거
드레인 플러그	오일 탱크 내의 오일을 전부 배출시킬 때 사용
스트레이너	오일 탱크 내 큰 입자의 불순물을 제거(필터 역할)
유면계	오일량 측정

2. 유압펌프

① 플라이휠에 의해 구동되며, 기계적 에너지를 유압 에너지로 변환한다.

② 유압탱크의 오일을 흡입하여 오일을 압축시켜 실린더로 보낸다.

③ 엔진이 회전하는 동안 유압펌프는 계속 회전한다.

④ 작업 중 큰 부하가 걸려도 토출량의 변화가 적고, 유압토출 시 맥동이 적은 성능이 요구된다.

⑤ 종류: 기어펌프, 베인펌프, 나사펌프, 피스톤 펌프 등

1) 기어펌프

① 구조가 간단

　▶ 취급 용이, 유압 작동유의 오염에 비교적 강함. 고장이 적다.

② 흡입 능력이 가장 크고, 소음이 비교적 크다.

③ 고속회전이 가능한 정용량형 펌프이며, 회전수에 따라 오일 흐름의 유량이 변한다.

④ 피스톤 펌프에 비해 효율이 떨어짐

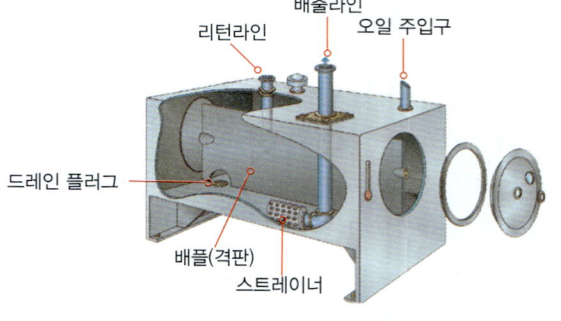

[외접 기어]　[내접 기어]

2) 베인펌프
① 구조가 간단 ▶ 취급 용이, 고장이 적다.
② 맥동이 적음
③ 토크(torque)가 안정되어 소음이 적음

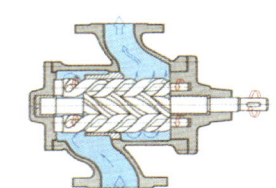
[로터와 베인]

3) 나사펌프
① 나사 형태의 로터를 회전시켜 나사 홈 사이로 작동유를 밀어내는 방식이다.
② 고속회전에 가능하고 비교적 정숙하다.
③ 맥동이 없고 토출량이 일정하다.
④ 폐입현상이 없다.
  ▶ 폐입현상: 기어의 두 치형 틈새 사이에 둘러쌓인 유압유는 기어가 회전함에 따라 그 용적이 좁아지고 넓어지며 압축 또는 팽창을 반복하는 현상을 말한다. 이 현상이 발생하면 거품이 많이 발생하고 축동력의 증가, 기어의 진동, 소음의 원인이 된다.

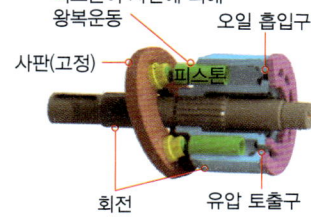

4) 피스톤 펌프(플런저 펌프)
① 고압으로 작동하며 고효율이다.
   (고압 대출력에 사용)
② 높은 압력에 잘 견디고, 토출량의 변화 범위가 크다.
③ 가변용량이 가능하다.
④ 피스톤은 왕복운동, 축은 회전 또는 왕복운동
⑤ 단점: 구조 복잡, 오일 오염에 민감, 흡입능력이 낮음, 베어링에 부하가 큼

Note | 유압펌프의 비교

구분	기어펌프	베인펌프	피스톤펌프
구조	간단	간단	복잡
최고압력	210 kgf/cm^2	175 kgf/cm^2	350 kgf/cm^2
토출량의 변화	정용량형	가변용량가능	가변용량가능
소음	중간	적다	크다
자체 흡입 능력	좋다	보통	나쁘다
수명	중간	중간	길다

3 유압제어밸브

Note | 유압의 제어방법
- 압력제어: 일의 크기 제어
- 방향제어: 일의 방향 제어
- 유량제어: 일의 속도 제어

1. 압력제어밸브
유압회로 내의 최고 압력을 제한하고, 필요한 압력을 제어하여 일의 크기를 조절한다.

릴리프 밸브 (안전 밸브)	• 유압이 규정치보다 높아질 때 작동하여 계통 보호 • 유압을 설정압력으로 일정하게 유지(유압회로의 전체 압력을 결정) • 릴리프 밸브의 설정압력 불량: 압력이 충분히 올라가지 않음 • 채터링 현상(떨림): 릴리프 밸브의 스프링 장력이 약화될 때
감압 밸브 (리듀싱 밸브)	• 유압회로의 일부분의 압력을 낮출 때 사용 • 평상시 유로가 열려있다가 출구압력이 커지면 밸브가 닫히며 설정압력으로 압력을 낮춤
무부하 밸브 (언로드 밸브)	• 유압회로에 액추에이터가 작업을 마치면 사용하지 않는 유압을 유압탱크로 다시 보내 펌프를 무부하로 만든다. • 효과: 동력 절감과 유온 상승 방지
시퀀스 밸브	• 2개 이상의 분기회로(나누어진 회로)에서 설정압력이 되면 동작하여 유압 액추에이터의 작동 순서를 순차적으로 제어
카운터 밸런스 밸브	• 세로로 길게 세워진 실린더가 중력으로 인해 제어속도 이상으로 낙하 방지

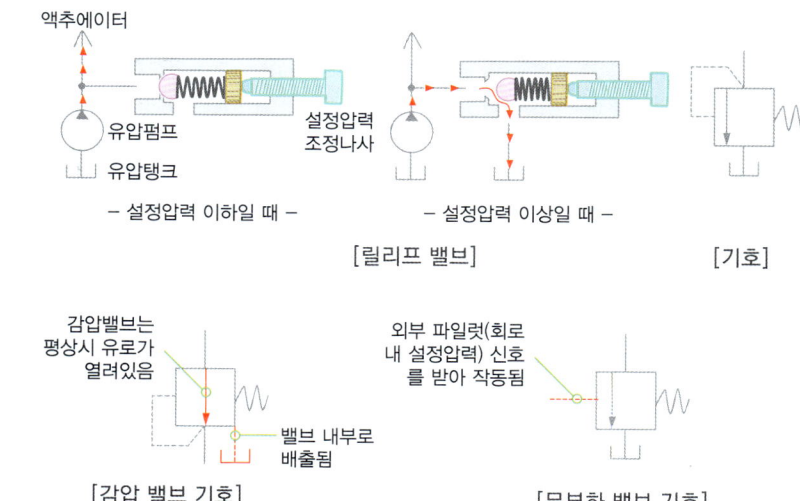
[릴리프 밸브] [기호]

[감압 밸브 기호] [무부하 밸브 기호]

2. 방향제어밸브
유체의 흐름 방향을 변환하여 액추에이터(유압실린더, 유압모터)의 작동 방향을 바꾸는 역할을 한다.

체크 밸브	• 유압회로에서 유체의 역류를 방지하고, 회로 내의 잔류압력을 유지 • 유압유의 흐름을 한 쪽으로만 허용하고 반대방향의 흐름을 제어
셔틀 밸브	• 두 개 이상의 입구와 한 개의 출구가 설치되어 있으며 출구가 최고 압력의 입구를 선택하는 기능 (즉, 저압측은 통제하고 고압측만 통과)

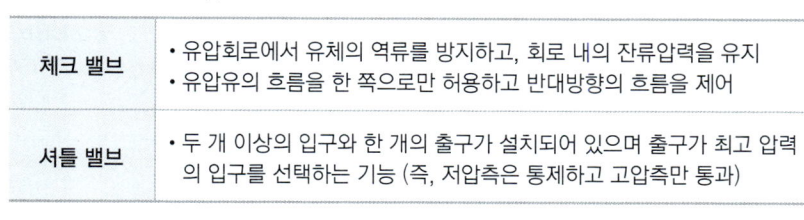
[체크 밸브]

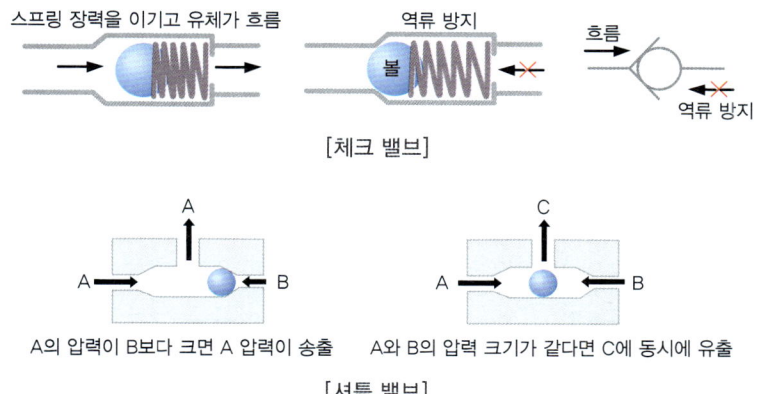
A의 압력이 B보다 크면 A 압력이 송출   A와 B의 압력 크기가 같다면 C에 동시에 유출
[셔틀 밸브]

3. 유량 제어밸브
회로에 공급되는 유량을 조절하여 액추에이터의 운동속도를 제어한다.

스로틀 밸브	오일이 통과하는 관로의 단면적을 조절하여 유량을 조절
분류 밸브	유량을 제어하고 유량을 분배
니들 밸브	내경이 작은 파이프에서 미세한 유량을 조정

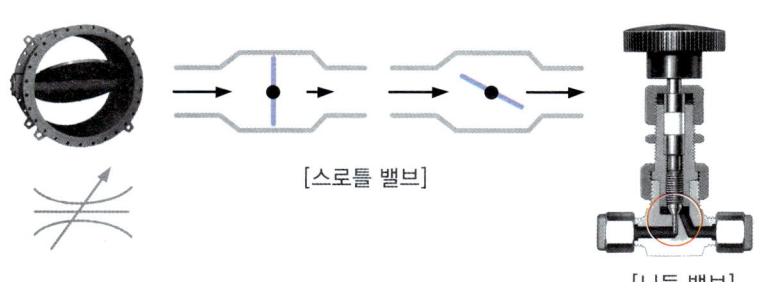
[스로틀 밸브] [니들 밸브]

4. 유압모터
① 기본 구조는 유압펌프와 동일하며, 유압펌프와 달리 펌프에서 나온 유압에너지를 최종적으로 기계적 에너지(회전운동)로 변환시키는 역할을 한다.
② 유압모터의 속도: 오일의 흐름량에 의해 결정
③ 유압모터의 종류

기어형 모터	• 구조 간단, 가격 저렴, 출력 토크 일정, 역전 가능 • 고장 발생이 적음 • 전효율이 좋지 않음(70% 이하)
베인형 모터	• 출력 토크 일정, 역전 가능, 무단 변속 가능 • 가혹한 조건에도 사용

피스톤(플런저)형 모터	• 구조가 복잡, 대형, 가격 비쌈 • 펌프의 최고 토출압력, 평균효율이 가장 높아 고압 대출력에 사용

> **Note** │ 유압 액추에이터 - 유압 모터와 유압 실린더
> • 유압펌프를 통하여 송출된 에너지를 직선운동이나 회전운동을 통하여 기계적 일을 하는 기기
> • 압력에너지(유압)를 기계적 에너지(일)로 변환

> ➡ 액추에이터(actuator): 시스템을 움직이거나 제어하는 데 쓰이는 기계 장치를 말한다. 전기를 이용하는 모터, 유압을 이용하는 실린더 등과 같이 최종적인 출력을 하는 장치를 일컫는 용어이다.

5. 유압 실린더

① 유압 에너지를 직선왕복운동으로 변화
② 유압 실린더의 작동속도는 유량에 의해 조절
③ 유압 실린더의 과도한 자연낙하현상: 작동압력이 저하되면 생긴다.
④ 유압 실린더의 종류

단동식	• 피스톤의 한쪽에서만 유압이 공급되어 작동 • 피스톤형, 램형, 플런저형
복동식	• 피스톤의 양쪽에 유압을 교대로 공급하여 작동 • 편로드형, 양로드형
다단식	• 유압 실린더의 내부에 또 하나의 실린더를 내장하거나, 하나의 실린더에 여러 개의 피스톤을 삽입하는 방식

[유압 실린더 구조]

6. 축압기(어큐뮬레이터)

① 기능
 • 에너지 축적
 • 회로(펌프) 내 맥동(출렁임) 흡수
 • 서지압(충격압력) 흡수
 • 압력보상
 • 보조(비상용) 동력원
② 종류: 블래더형(고무주머니에 질소 주입), 다이어프램형, 피스톤형 등

질소가스 없음 유압 없음
질소가스만 충전된 경우
유압이 저장된 경우
유압이 빠져나갈 경우

7. 유압장치의 여과기

① 유압장치의 금속가루 및 불순물을 제거하기 위한 부속품이다.
② 필터와 스트레이너(오일탱크 내에 설치)가 있다.

8. 배관의 구분과 이음

① 나선 와이어 브레이드 호스: 유압기기 장치에 사용되는 유압호스 중 가장 큰 압력에 견딘다.
② 유니온 조인트: 호이스트형 유압호스 연결부에 가장 많이 사용

9. 오일 실(seal)

① 기기의 오일 누출을 방지
② 유압계통을 수리 · 교체 시 오일 실(seal)은 항상 교환
③ 유압작동부에서 오일이 새고 있을 때 가장 먼저 점검

> **Note** │ 더스트 실(dust seal)
> 유압장치에서 피스톤 로드에 있는 먼지 또는 오염 물질 등이 실린더 내로 유입되는 것을 방지하기 위한 밀봉재를 말한다.

4 속도제어회로 - 유량을 조절하여 속도를 제어

유압 모터나 유압 실린더의 속도를 임의로 쉽게 제어

미터인 회로 (meter in)	실린더의 입구 쪽 관로에 설치된 속도제어밸브(유량제어밸브)의 교축밸브에 의해 실린더에 유입되는 유량을 제어하여 속도를 제어
미터아웃 회로 (meter out)	실린더의 출구 쪽 관로에 설치된 속도제어밸브의 교축밸브에 의해 실린더에 배출되는 유량을 제어하여 속도를 제어
블리드 오프 회로 (bleed off)	실린더 입구에 병렬로 유량제어밸브를 설치하여 실린더 입구 측의 불필요한 압유를 미리 배출시킨 후 실린더로 보내므로 펌프 효율은 좋으나 정확한 속도제어는 부적합하다.

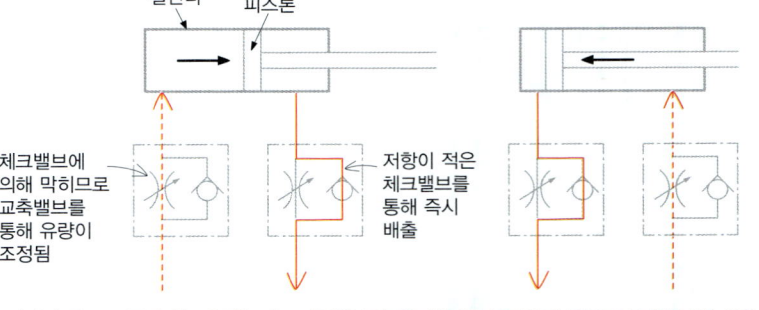

실린더 쪽으로 들어가는 유체는 속도제어밸브의 체크밸브를 통과하지 못하고 교축밸브에 의해 유량이 조절된다. 역방향으로 피스톤이 움직일 경우 체크밸브를 통해 즉시 배출된다.

[미터인 회로]

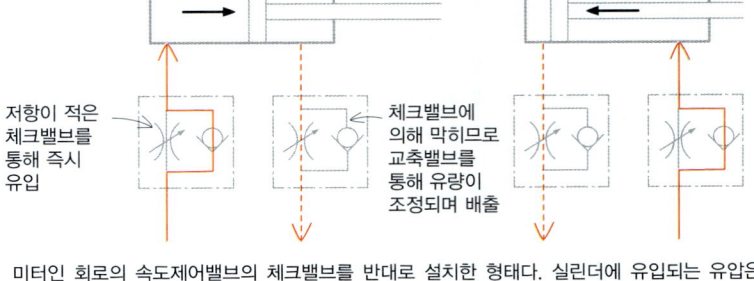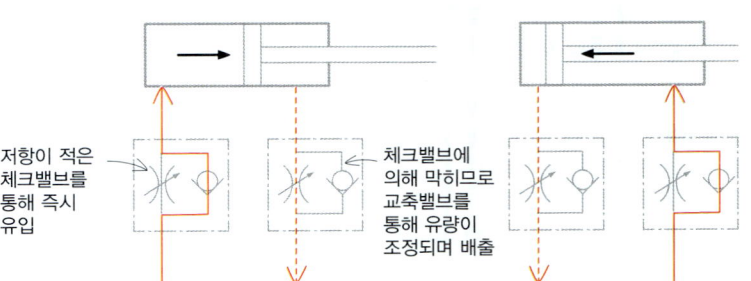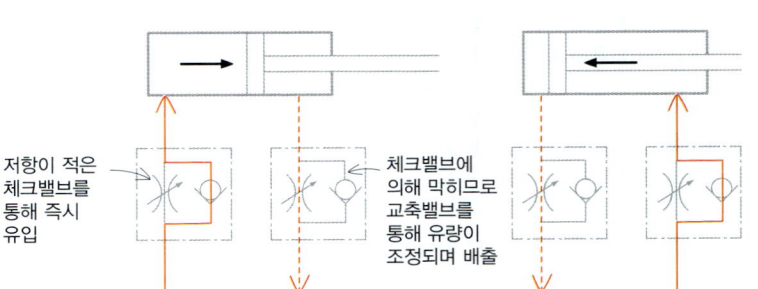

미터인 회로의 속도제어밸브의 체크밸브를 반대로 설치한 형태다. 실린더에 유입되는 유압은 즉시 유입되지만, 유출되는 유압은 교축밸브에 의해 유량이 조정된다.

[미터아웃 회로]

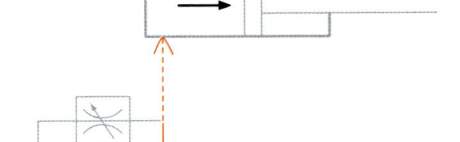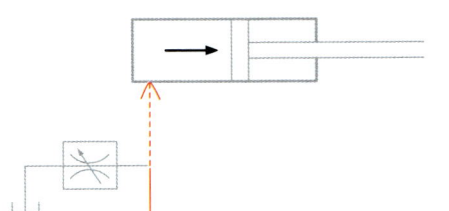

유압이 속도제어밸브에 의해 미리 조정되므로 실린더에 유입되는 유압은 미리 유량이 조정된 상태로 실린더에 유입된다.

[블리드 오프 회로]

5 유압회로의 점검

① 압력에 영향을 주는 요소: 유체의 흐름량, 유체의 점도, 관로 직경의 크기
② 유압의 측정 위치: 유압펌프에서 컨트롤 밸브 사이
③ 회로 내 압력손실이 있으면 유압기기의 속도가 떨어진다.
④ 회로 내 잔압을 설정하여 작업이 신속히 이루어지고, 공기 혼입이나 오일의 누설을 방지한다.

6 주요 공유압 기호

기호의 기본			
───	• 주관로 (귀환 관로 포함) • 파일럿 밸브의 공급관로	- - - - -	• 파일럿 조작 관로 • 드레인 관로 • 필터
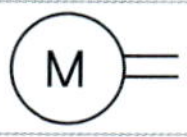 Ⓜ	전동기	 ⊙	압력원
 ▶	유압동력원	 ↗	가변 조작조정

유압펌프			
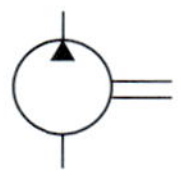	정용량형 유압펌프	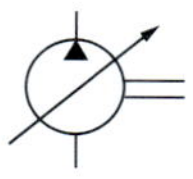	가변용량형 유압펌프

실린더			
	단동 실린더		
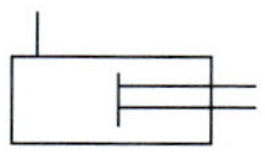	단동식 편로드형	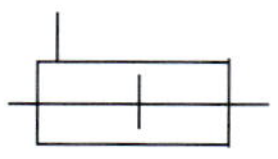	단동식 양로드형
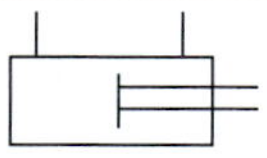	복동식 편로드형	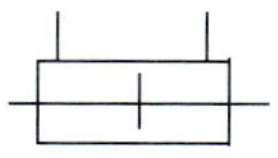	복동식 양로드형

제어밸브			
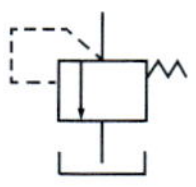	릴리프 밸브 (Relief Valve)	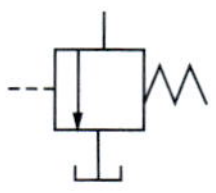	무부하 밸브 (Unloader valve)
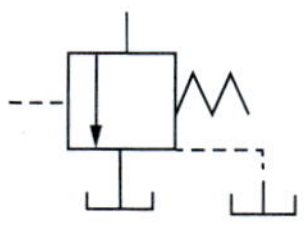	시퀀스 밸브 (Sequence Valve)	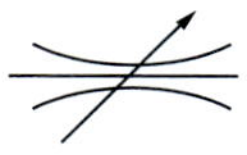	가변 교축 밸브
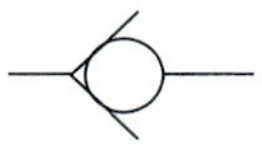	체크 밸브 (Check Valve)		스톱 밸브 (Stop Valve)
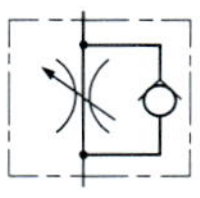	속도제어 밸브		

제어방식			
	솔레노이드 조작		솔레노이드 조작방식이며, 스프링 복귀
	레버 조작방식	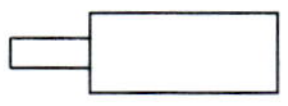	기계조작 누름방식
	직접 파일럿 조작		

부속기기			
	드레인 배출기	 ○	에너지 변환기
	유압 압력계		오일탱크
	플런저	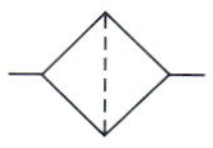	필터
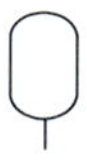	어큐뮬레이터	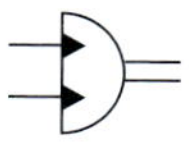	요동형 액추에이터
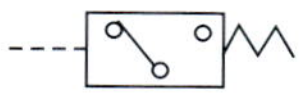	압력스위치		스트레이너

도로명주소

출제예상문항수: **1** 문제

1 도로명 주소란

도로명 주소란 도로명, 기초번호, 건물번호, 상세주소에 의하여 건물의 주소를 표기하는 방법으로 도로에는 도로명을, 건물에는 도로에 따라 규칙적으로 건물번호를 부여하여 도로명과 건물번호 및 상세주소(동ㆍ읍ㆍ호)로 표기하는 주소제도이다.

[참고] 지번과 도로명주소의 비교

① 지번: 토지중심으로 '동ㆍ리+지번'으로 표기
② 도로명주소: 건물중심으로 '도로명+건물번호'로 표기

2 도로명의 기본 구성

「행정구역명」+「도로명」+「건물번호」+「,」+「상세주소」+ (참고사항)

3 도로명주소의 부여방법

① 도로구간은 직진성과 연속성을 고려하여 "서쪽에서 동쪽"으로, "남쪽에서 북쪽"으로 설정한다.
② 기초번호는 "왼쪽은 홀수, 오른쪽은 짝수"로 부여하고, 그 간격은 도로의 시작점에서 20미터 간격으로 설정한다. (다만, "길"의 경우에는 10미터 이하로 설정할 수 있다.)
③ 도로명부여 대상 도로의 위계
  • 대로(大路): 도로의 폭이 40미터 이상 또는 왕복 8차로 이상인 도로
  • 로(路): 도로의 폭이 12미터 이상 40미터 미만 또는 왕복 2차로 이상 8차로 미만인 도로
  • 길: '대로'와 '로' 이외의 도로

— 도로명: 도로구간마다 부여한 이름으로, 주된 명사에 도로별 구분기준인 대로, 로, 길을 붙여서 부여
— 건물번호: 도로시작점에서 20m 간격으로 왼쪽은 홀수, 오른쪽은 짝수로 부여

• 도로구간 설정: 직진성과 연속성을 고려하여 서 → 동, 남 → 북 방향으로 설정
• 건물번호 부여: 주된 출입구에 인접한 도로의 기초번호 사용 원칙
 (건물번호 부여 대상은 생활의 근거가 되는 건물)

[공공시설 건물번호판]   **[공공시설 건물번호판]**

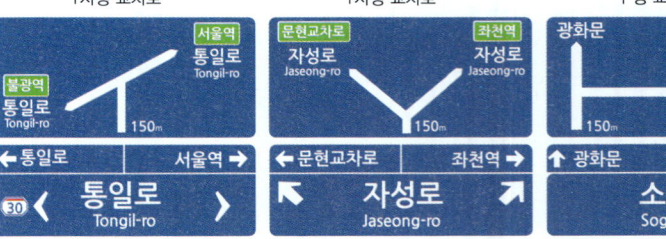

일반용   관공서용   문화재, 관광지용

4 도로명판

[시작지점]

강남대로 1→699
Gangnam-daero

• 강남대로 : 넓은 길, 시작지점을 의미
• 1→ : 현 위치는 도로 시작점 '1'
• 1→699 : 강남대로는 6.99km(699×10m)

[교차지점]

92 중앙로 96
Jungang-ro

• 중앙로 : 전방 교차 도로는 중앙로
• 92 : 좌측으로 92번 이하 건물 위치
• 96 : 우측 96번 이상 건물 위치

[교차지점]

1→65 대정로23번길
Daejeong-ro 23beon-gil

• 대정로23번길 : 대정로 시작지점에서부터 약 230m 지점에서 왼쪽으로 분기된 도로
• 65 : 현 위치는 도로 끝지점 '65'
• 1←65 : 이 도로는 650m(65×10m)

[교차지점]

사임당로 250↑92
Saimdang-ro

• 사임당로 : 중간지점을 의미
• 65 : 현 위치는 도로상의 92번
• 92→250 : 남은 거리는 1.5km[(250−92)×10m]

[기초 번호판]

종 로
Jong-ro
2345

— 도로명
— 기초번호

[예고용 도로명판]

종 로 200m
Jong-ro

• 종로 : 현 위치에서 다음에 나타날 도로는 종로
• 200m : 현 위치로부터 전방 200m에 예고한 도로가 있음

[방향을 나타내는 도로명주소 도로명판]

5 도로명판의 예

[2방향 도로명표지]

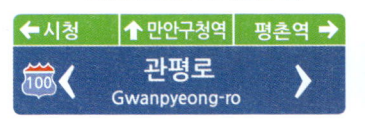

T자형 교차로   Y자형 교차로   ㅏ형 교차로

[3방향 도로명표지]

3방향 도로명 표지(같은 길)   3방향 도로명표지(다른 길)

K자형교차로   고가차도 교차로   지하차도 교차로

[다방향 도로명표지]

회전 교차로   다지형 교차로

[차로지정표지]

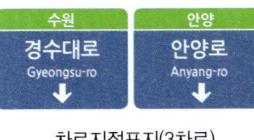

차로지정표지(2차로)   차로지정표지(3차로)

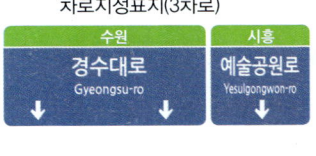

차로지정표지(3차로)

PART
02

CBT 상시시험 핵심모의고사

| PART 2 |

CBT 상시대비 핵심모의고사 01회

01 엔진의 윤활유에 대한 설명으로 틀린 것은?

① 점도지수가 높은 것이 좋다.
② 인화점 및 발화점이 높아야 한다.
③ 응고점이 높은 것이 좋다.
④ 적당한 점도가 있어야 한다.

해설 | 엔진의 윤활유는 응고점(얼기 시작하는 온도)이 낮아야 쉽게 얼지 응고되지 않는다.

02 전기용접 작업 시 보안경을 사용하는 이유로 가장 적절한 것은?

① 유해 광선으로부터 눈을 보호하기 위해
② 유해 약물로부터 눈을 보호하기 위해
③ 중량물의 추락 시 머리를 보호하기 위해
④ 분진으로부터 눈을 보호하기 위해

03 중량물 운반에 대한 설명으로 틀린 것은?

① 무거운 물건을 운반할 경우 주위사람에게 인지하게 한다.
② 무거운 물건을 상승시킨 채 오랫동안 방치하지 않는다.
③ 규정 용량을 초과해서 운반하지 않는다.
④ 흔들리는 중량물은 사람이 붙잡아서 이동한다.

04 스패너를 사용할 때 올바른 것은?

① 스패너 입이 너트의 치수보다 큰 것을 사용해야 한다.
② 스패너를 해머로 사용한다.
③ 너트를 스패너에 깊이 물리고 조금씩 앞으로 당기는 식으로 풀고 조인다.
④ 너트에 스패너를 깊이 물리고 조금씩 밀면서 풀고 조인다.

05 감전사고 예방을 위한 주의사항의 내용으로 틀린 것은?

① 젖은 손으로는 전기 기기를 만지지 않는다.
② 코드를 뺄 때는 반드시 플러그의 몸체를 잡고 뺀다.
③ 전력선에 물체를 접촉하지 않는다.
④ 220V는 단상이고, 저압이므로 생명의 위협은 없다.

해설 | 220V의 전압은 생명에 위협이 될 수 있으므로 보기의 ①, ②, ③과 같은 주의를 해야 한다.

06 화재 발생의 3가지 요소로 짝지어진 것은?

① 산화 물질 – 소화원 – 산소
② 산화 물질 – 점화원 – 질소
③ 가연성 물질 – 소화원 – 산소
④ 가연성 물질 – 점화원 – 산소

해설 | 화재발생의 3요소(연소의 3요소): 가연성 물질, 점화원, 공기(산소)

07 산업안전보건법상 안전보건표지에서 색채와 용도가 틀리게 짝지어진 것은?

① 파란색: 지시
② 녹색: 안내
③ 노란색: 위험
④ 빨간색: 금지, 경고

해설 | 안전보건표지에서 노란색은 경고의 의미를 나타낸다.

08 경고표지로 사용되지 않는 것은?

① 인화성물질 경고
② 급성독성물질 경고
③ 방진마스크 경고
④ 낙하물 경고

해설 | 안전표지에는 금지, 경고, 지시, 안내표지가 있으며, 방진마스크 착용은 지시표지이다.

09 디젤기관에 과급기를 장착하는 이유는?

① 기관의 출력을 향상시키기 위해
② 기관의 냉각 효율을 높이기 위해
③ 배기소음을 줄이기 위해
④ 기관의 압축압력을 낮추기 위해

해설 | 과급기(터보장치)는 배기량은 일정하게 유지시키면서 흡입되는 공기량을 증가시켜 엔진의 출력을 향상시키는 장치이다. (공기량을 증가시키면 압축압력을 커져 연소효율이 높아짐)

10 엔진에서 라디에이터의 방열기 캡을 열어 냉각수를 점검했더니 기름이 떠 있었다. 그 원인으로 맞는 것은?

① 피스톤링과 실린더 마모
② 밸브 간격 과다
③ 압축압력이 높아 역화 현상
④ 실린더헤드 개스킷 파손

해설 | 기름은 엔진오일을 말하며, 실린더 헤드와 실린더 블록 사이의 실린더헤드 개스킷이 파손되거나 볼트의 체결상태가 느슨해질 경우 피스톤 밸브를 윤활하는 오일이 냉각수 통로로 흘러 들어갈 수 있다.

11 작업 후 탱크에 연료를 가득 채워주는 이유가 아닌 것은?

① 연료탱크에 수분이 생기는 것을 방지하기 위해서
② 다음 작업을 위해서
③ 연료의 기포 방지를 위해서
④ 연료의 압력을 높이기 위해서

해설 | 연료를 가득 채워주는 이유는 연료의 기포 방지와 기온 차로 인한 연료 계통에 응축수가 생기는 것(수분 방지)을 막기 위해서이다.

정답 01 ③ 02 ① 03 ④ 04 ④ 05 ④ 06 ④ 07 ③ 08 ③ 09 ① 10 ④ 11 ④

12 기관 운전 중에 진동이 심해질 경우 점검해야 할 사항으로 거리가 먼 것은?

① 라디에이터의 냉각수 누설 여부 점검
② 기관과 차체 연결 마운트의 점검
③ 기관의 점화시기 점검
④ 연료계통의 공기 누설 여부 점검

해설 | ① 라디에이터의 냉각수 누설은 엔진 과열의 원인이 된다.
② 기관과 차체와의 연결상태가 불량하면 진동이 발생할 수 있다.
③ 기관의 점화시기가 맞지 않으면 노킹(knocking)이 발생되어 충격에 의한 진동이 유발될 수 있다.
④ 연료계통에 공기가 포함되면 연소가 불균일하여 진동이 나타날 수 있다.

13 엔진오일에 대한 설명으로 맞는 것은?

① 엔진을 시동한 상태에서 점검한다.
② 겨울보다 여름에 점도가 높은 오일을 사용한다.
③ 엔진오일에는 거품이 많이 들어있는 것이 좋다.
④ 엔진오일 순환상태는 오일레벨 게이지로 확인한다.

해설 | ① 시동을 끄고 엔진을 식힌 후 엔진오일을 점검한다.
② 온도가 높으면 점도가 낮아지므로 여름에는 점도가 높은 오일을 사용한다.
③ 오일에 공기가 포함되지 않도록 한다.
④ 오일레벨 게이지(딥스틱)는 오일량을 확인할 수 있다.

14 건설기계용 교류발전기의 다이오드가 하는 역할은?

① 전류를 조정하고, 교류를 정류한다.
② 전압을 조정하고, 교류를 정류한다.
③ 교류를 정류하고, 역류를 방지한다.
④ 여자정류를 조정하고, 역류를 방지한다.

해설 | 교류발전기의 다이오드는 교류를 정류하여 직류로 변환시키며 축전기에서 발전기로 전류가 역류하는 것을 방지한다.

15 지게차에 사용하는 납산 축전지에 대한 취급으로 틀린 것은?

① 사용하지 않는 축전지도 1회/주 정도 보충전한다.
② 과방전은 축전지의 충전을 위해 필요하다.
③ 필요시 급속 충전시켜 사용할 수 있다.
④ 자연 소모된 전해액은 증류수로 보충한다.

해설 | 축전지를 과충전, 과방전이 잦으면 축전지 수명이 짧아진다. 특히 과방전 후 오랫동안 방치하면 극판이 영구 황산납으로 변하여 축전지를 사용할 수 없게 된다.

16 디젤기관을 시동시킨 후 충분한 시간이 지났는데도 냉각수 온도가 정상적으로 상승하지 않을 경우 그 고장의 원인이 될 수 있는 것은?

① 라디에이터 코어 막힘
② 냉각팬 벨트의 헐거움
③ 물 펌프의 고장
④ 수온조절기가 열린 채 고장

해설 | 수온조절기(서모스탯)는 기관의 온도가 정상 작동온도까지 상승하지 못할 경우 라디에이터를 거치지 않도록 기관에서 나온 냉각수가 바로 기관으로 보낸다. 만약 수온조절기가 열린 채로 고장이 나면 정상작동온도까지 오르지 못한 상태로 냉각수가 계속 라디에이터로 보내어지므로 과냉의 원인이 된다. 반대로 닫힌 채로 고장이 나면 과열의 원인이 된다.

17 기관이 과열되는 원인이 아닌 것은?

① 분사시기의 부적당
② 냉각수 부족
③ 팬벨트의 장력 과다
④ 물재킷 내의 물때 형성

해설 | 기관 과열은 팬벨트의 장력이 부족할 때 발생된다. – 팬벨트의 장력이 과다하면 발전기나 물펌프의 베어링이 빨리 마모된다.

18 지게차의 축간거리에 대한 설명으로 틀린 것은?

① 일반적으로 mm로 표기한다.
② 축간거리가 길수록 지게차의 회전반경은 작아진다.
③ 앞바퀴의 중심에서 뒷바퀴의 중심까지 거리를 말한다.
④ 축간거리가 길수록 지게차의 안정도는 향상된다.

해설 | 축간거리는 앞축에서 뒷축까지의 거리를 말한다. 대형차량과 같이 축간거리가 커질수록 회전반경도 커져 좁은 공간에서 회전하기 어렵다.

19 옴의 법칙의 공식으로 옳은 것은? (I : 전류, R : 저항, E : 전압)

① $I = \dfrac{R}{E}$ ② $R = \dfrac{I}{E}$
③ $E = I \times R$ ④ $I = E \times R$

해설 | 옴의 법칙
$E = IR, \ R = \dfrac{E}{I}, \ I = \dfrac{E}{R}$

20 디젤기관이 시동되지 않을 때의 원인과 가장 거리가 먼 것은?

① 연료가 부족하다.
② 연료계통에 공기가 차 있다.
③ 기관의 압축압력이 높다.
④ 연료 공급펌프가 불량하다.

해설 | ① ② ④는 연료공급이 원활하지 않은 원인으로 시동되지 않는 조건에 해당한다.

21 차마 서로 간의 통행 우선순위로 바르게 연결된 것은?

① 긴급자동차 → 긴급자동차 외의 자동차 → 자동차 및 원동기장치자전거 외의 차마 → 원동기장치자전거
② 긴급자동차 외의 자동차 → 긴급자동차 → 자동차 및 원동기장치자전거 외의 차마 → 원동기장치자전거
③ 긴급자동차 외의 자동차 → 긴급자동차 → 원동기장치자전거 → 자동차 및 원동기장치자전거 외의 차마
④ 긴급자동차 → 긴급자동차 외의 자동차 → 원동기 장치자전거 → 자동차 및 원동기장치자전거 외의 차마

해설 | 긴급자동차는 가장 우선순위이며, 오토바이가 자동차보다 우선순위에 있다.

정답 12 ① 13 ② 14 ③ 15 ② 16 ④ 17 ③ 18 ② 19 ③ 20 ③ 21 ④

22 건설기계조종사 면허증을 반납치 않아도 되는 경우는?

① 면허가 취소된 때
② 면허의 효력이 정지된 때
③ 분실로 인하여 면허증의 재교부를 받은 후 분실된 면허증을 발견할 때
④ 일시적인 부상 등으로 건설기계 조종을 할 수 없게 된 때

해설 | 면허증 반납 사유
• 면허가 취소된 때
• 면허의 효력이 정지된 때
• 면허증의 재교부를 받은 후 잃어버린 면허증을 발견한 때
※ 반납기한: 발생한 날부터 10일 이내

23 지게차 작업 시 계기판에서 냉각수의 경고등이 점등되었을 때 운전자가 해야할 가장 적절한 조치는?

① 오일량을 점검한다.
② 작업이 모두 끝나면 곧바로 냉각수를 보충한다.
③ 작업을 중지하고 바로 점검 및 정비를 받는다.
④ 라디에이터를 교환한다.

해설 | 오일량과 냉각수와는 무관하며, 작업 중 냉각수 경고등이 점등하면 곧바로 작업을 중지하고 점검해야 한다. 냉각수 부족일 경우 보충하고, 냉각장치 고장 및 누설일 경우 정비를 요청해야 한다. 이를 무시하고 계속 작업을 하면 엔진 과열로 인해 기기 고장 및 화재로 이어지기 쉬우므로 즉시 정지시키는 것이 좋다.

24 건설기계관리법에 의한 건설기계조종사의 적성검사 기준을 설명한 것으로 틀린 것은?

① 55데시벨의 소리를 들을 수 있을 것(단, 보청기 사용자는 40데시벨)
② 언어분별력이 80퍼센트 이상일 것
③ 시각은 150도 이상일 것
④ 두 눈을 동시에 뜨고 잰 시력(교정시력을 포함)이 0.3 이상일 것

해설 | 건설기계 조종사 적성검사 기준에서 시력은 교정시력 포함하여 두 눈을 동시에 뜨고 잰 시력이 0.7 이상이고, 두 눈의 시력이 각각 0.3 이상이어야 한다.

25 지게차의 작업방법을 설명한 것 중 적당한 것은?

① 화물을 싣고 평지에서 주행할 때에는 브레이크를 급격히 밟아도 된다.
② 비탈길을 오르내릴 때에는 마스트를 전면으로 기울인 상태에서 전진 운행한다.
③ 유체식 클러치는 전진이 진행 중 브레이크 페달을 밟지 않고, 후진을 시켜도 된다.
④ 짐을 싣고 비탈길을 내려올 때에는 후진하여 천천히 내려온다.

해설 | 짐을 싣고 올라갈 때는 짐이 앞으로, 내려올 때는 짐이 뒤로 오도록 후진시킨다.

26 축전지 설명 중 틀린 것은?

① 격리판은 다공성이며, 전도성인 물질로 만든다.
② 양극판이 음극판보다 1당 더 적다.
③ 단자의 기둥은 양극이 음극보다 굵다.
④ 일반적으로 12V 축전지의 셀은 6개로 구성되어 있다.

해설 | 축전지의 격리판은 양극판과 음극판을 전기적으로 격리시켜 극판의 단락을 방지하여야 하기 때문에 비전도성의 물질로 만든다.

27 건설기계를 등록 전에 일시적으로 운행할 수 있는 경우가 아닌 것은?

① 등록신청을 위하여 건설기계를 등록지로 운행하는 경우
② 신규등록검사 및 확인검사를 받기 위해 건설기계를 검사장소로 운행하는 경우
③ 건설기계를 대여하고자 하는 경우
④ 수출을 하기 위하여 건설기계를 선적지로 운행하는 경우

해설 | 임시운행 사유
• 등록신청을 위해 등록지로 운행
• 신규등록검사와 확인검사를 위해 운행
• 수출목적의 선적지로 운행
• 판매 및 전시와 신개발 시험을 위한 운행

28 기계나 부품의 고장 또는 불량이 발생하여도 안전하게 작동할 수 있도록 하는 기능은?

① 인터록(Interlock)
② 페일 세이프(Fail-safe)
③ 풀 프루프(Fool-proof)
④ 시간지연장치

해설 | ① 인터록(Interlock): 기계 회로에서 두 동작이 동시에 일어나지 않도록 서로(inter) 잠금(lock)하는 것을 말한다. 즉, 하나의 동작이 발생하면 다른 동작이 발생하지 않도록 하는 역할을 한다.
② 풀 프루프(Fool proof): 작업자가 실수 등 기계를 잘못 취급하더라도 기계 설비의 안전 기능이 작용되는 장치

29 노면표지 중 진로변경 제한선으로 맞는 것은?

① 황색 점선은 진로변경을 할 수 없다.
② 백색 점선은 진로변경을 할 수 없다.
③ 황색 실선은 진로변경을 할 수 있다.
④ 백색 실선은 진로변경을 할 수 없다.

해설 | 노면표시 중 점선은 허용, 실선은 제한, 복선은 의미의 강조이다.

30 다음 중 기관 시동이 잘 안될 경우 점검할 사항으로 틀린 것은?

① 기관 공전회전수   ② 시동모터
③ 연료량   ④ 배터리 충전상태

해설 | 기관의 시동이 잘 되지 않을 경우 배터리 충전상태, 연료량, 시동모터, 스타트회로 연결 상태 등을 점검한다.

31 지게차의 리프트 실린더 작동회로에서 플로 프로텍터(벨로시티 퓨즈)를 사용하는 주된 목적은?

① 컨트롤 밸브와 리프트 실린더 사이에서 배관 파손 시 적재물 급강하를 방지한다.
② 포크의 정상 하강 시 천천히 내려올 수 있게 한다.
③ 짐을 하강할 때 신속하게 내려올 수 있도록 작용한다.
④ 리프트 실린더 회로에서 포크 상승 중 중간 정지 시 내부 누유를 방지한다.

해설 | 플로 프로텍터(벨로시티 퓨즈)는 상승된 적재물의 급강하를 방지한다.

정답 22 ④ 23 ③ 24 ④ 25 ④ 26 ① 27 ③ 28 ② 29 ④ 30 ① 31 ①

32 최고 속도의 100분의 20을 줄인 속도로 운행해야 할 경우는?

① 노면이 얼어붙은 때
② 폭우, 폭설, 안개 등으로 가시거리가 100미터 이내일 때
③ 눈이 20밀리미터 이상 쌓인 때
④ 비가 내려 노면이 젖어 있을 때

해설 │ ① ② ③은 최고 속도의 50/100을 줄인 속도로 운행해야 할 경우이다.

33 건설기계관리법상 건설기계조종사 면허를 받지 아니하고 건설기계를 조종한 자에 대한 벌금은?

① 70만원 이하
② 100만원 이하
③ 1천만원 이하
④ 500만원 이하

해설 │ 건설기계 조종사 면허를 받지 아니하고 건설기계를 조종한 자에 대한 벌칙은 1년 이하의 징역 또는 1천만원 이하의 벌금이다.

34 출발지 관할 경찰서장이 안전기준을 초과하여 운행할 수 있도록 허가하는 사항에 해당하지 않는 것은?

① 적재중량
② 운행속도
③ 승차인원
④ 적재용량

해설 │ 안전기준을 넘는 승차인원, 적재중량, 적재용량은 출발지를 관할하는 경찰서장의 허가를 받아야 한다.

35 안전기준을 넘는 화물의 적재허가를 받은 사람은 그 길이 또는 폭의 양끝에 몇 cm 이상의 빨간 헝겊으로 된 표지를 달아야하는가?

① 너비 5cm, 길이 10cm
② 너비 10cm, 길이 20cm
③ 너비 30cm, 길이 50cm
④ 너비 50cm, 길이 100cm

해설 │ 안전기준을 초과하는 적재허가를 받은 사람은 너비 30cm, 길이 50cm 이상의 빨간 헝겊을 달아야 한다.

36 지게차에서 리프트 실린더의 상승력이 부족한 원인과 거리가 먼 것은?

① 오일 필터의 막힘
② 유압펌프의 불량
③ 리프트 실린더에서 유압유 누출
④ 틸트 로크 밸브의 밀착 불량

해설 │ 리프트 실린더는 포크의 상하 운동과 관련이 있으며 틸트로크 밸브는 마스터의 앞뒤 경사에 관한 것이므로 서로 별개로 작동되는 구성품이다.
※ 틸트 로크 밸브(Tilt lock valve): 마스트를 기울일 때 갑자기 엔진의 시동이 정지되었을 때 그 상태를 유지시키는 역할을 한다.

37 그림과 같은 교통표지의 설명으로 옳은 것은?

① 일단정지 표지
② 진입금지 표지
③ 우로 일방통행 표지
④ 좌로 일방통행 표지

해설 │ 진입금지 표지이다.

38 시속 15km 이하의 건설기계가 갖추지 않아도 되는 조명은?

① 전조등
② 번호등
③ 후부반사판
④ 제동등

해설 │ 최고주행속도가 15km/h 미만의 타이어식 건설기계에도 전조등, 제동등, 후부반사기, 후부반사판(또는 후부반사지)을 설치하여야 한다.

39 건설기계관리법상 건설기계의 구조를 변경할 수 있는 범위에 해당되는 것은?

① 건설기계의 기종변경
② 원동기의 형식변경
③ 육상작업용 건설기계의 규격을 증가시키기 위한 구조변경
④ 육상작업용 건설기계의 적재함 용량을 증가시키기 위한 구조변경

해설 │ 건설기계의 기종 변경, 육상작업용 건설기계의 규격의 증가 또는 적재함의 용량 증가를 위한 구조 변경은 할 수 없다.

40 작업 장치를 갖춘 건설기계의 작업 전 점검사항이다. 틀린 것은?

① 제동장치 및 조종 장치 기능의 이상 유무
② 하역장치 및 유압장치 기능의 이상 유무
③ 유압장치의 과열 이상 유무
④ 전조등, 후미등, 방향지시등 및 경보장치의 이상 유무

해설 │ 유압장치의 과열은 작업 중에 점검이 가능한 사항이다.

41 조종사를 보호하기 위해 설치한 지게차의 안전장치가 아닌 것은?

① 아웃트리거
② 백 레스트
③ 안전벨트
④ 헤드 가드

해설 │ 조종사 보호장치: 안전벨트, 오버헤드가드, 백레스트
※ 아웃트리거(outrigger): 차체의 전복 방지를 위한 안전장치이다.

아웃트리거

42 건설기계등록을 말소할 때에는 등록번호표를 며칠 이내에 시·도지사에게 반납해야 하는가?

① 10일   ② 15일
③ 20일   ④ 30일

해설 | 건설기계의 등록이 말소된 경우 10일 이내에 등록번호표의 봉인을 떼어낸 후 시·도지사에게 반납해야 한다.

43 지게차에서 카운터 웨이트의 역할은?

① 앞쪽에 화물을 실었을 때 전복을 방지한다.
② 포크의 화물 뒤쪽을 받쳐준다.
③ 리프트 롤러를 통해 상·하 미끄럼 운동을 한다.
④ 포크를 상승 및 하강시키는 작용을 한다.

해설 | 카운터 웨이트(밸런스 웨이트)는 포크에 실린 무게를 지탱하여 균형을 잡아 화물로 인한 전복의 위험을 방지한다.

44 지게차 작업 방법 중 틀린 것은?

① 경사길에서 내려올 때에는 후진으로 진행한다.
② 주행방향을 바꿀 때에는 완전 정지 또는 저속에서 행한다.
③ 틸트는 적재물이 백레스트에 완전히 닿도록 하고 운행한다.
④ 조향륜이 지면에서 5cm 이하로 떨어졌을 때에는 카운터밸런스 중량을 높인다.

해설 | 조향륜(뒷바퀴)이 지면에서 5cm 이상 떨어졌을 때 카운터밸런스의 중량을 높인다.

45 지게차를 워밍업 운전할 때 전후 경사운동과 포크의 상승, 하강운동을 2~3회 실시하는 목적으로 가장 적합한 것은?

① 유압 작동유의 유온을 올리기 위해서
② 유압 탱크내의 공기를 빼기 위해서
③ 유압 실린더 내부의 녹을 제거하기 위해서
④ 오일 여과기의 찌꺼기를 제거하기 위해서

해설 | 지게차의 워밍업 운전은 작동유의 유온을 정상범위에 도달시키기 위한 것이다.

46 재해 발생 원인으로 가장 높은 비중을 차지하는 것은?

① 사회적 환경
② 작업자의 성격적 결함
③ 불안전한 작업환경
④ 작업자의 불안전한 행동

해설 | 재해 발생 원인 중 가장 높은 비중을 차지하는 것은 작업자의 불안전한 행동이다.

47 정기검사를 받지 아니하고 정기검사 신청기간만료일로부터 30일 이내인 때의 과태료는?

① 2만원   ② 5만원
③ 10만원   ④ 20만원

48 교류발전기에서 스테이터 코일에 발생한 교류는?

① 실리콘에 의해 교류로 정류되어 내부로 나온다.
② 실리콘에 의해 교류로 정류되어 외부로 나온다.
③ 실리콘 다이오드에 의해 교류로 정류시킨 뒤에 내부로 들어간다.
④ 실리콘 다이오드에 의해 직류로 정류시킨 뒤에 외부로 끌어낸다.

해설 | 교류발전기는 로터에서 자속을 발생시키며, 스테이터 코일에서 이 자속을 끊어 교류를 발생시킨다. 그리고 다이오드에서 직류로 정류시킨 뒤 외부(배터리 또는 전장 기기)로 끌어낸다.

49 엔진과 직결되어 같은 회전수로 회전하는 토크 컨버터의 구성품은?

① 터빈
② 펌프
③ 스테이터
④ 변속기 출력축

해설 | 토크컨버터의 펌프는 크랭크축에 연결되어 엔진과 같은 회전수로 회전하며, 터빈은 변속기 입력축에 연결되어 있다.

50 지게차로 창고 또는 공장에 출입할 때 안전사항으로 잘못된 것은?

① 짐이 출입구 높이에 닿지 않도록 주의한다.
② 지게차의 폭과 출입구의 폭을 확인하여야 한다.
③ 얼굴을 차체 밖으로 내밀어 주위 장애물 상태를 확인한다.
④ 부득이 포크를 올려서 출입하는 경우 출입구 높이에 주의한다.

해설 | 얼굴을 차체 밖으로 내밀 때 화물이 다른 물체와 부딪혀 낙하할 수 있으므로 주의해야 한다.

51 지게차의 자유인상높이(Free lift)는 다음의 어느 것과 관계가 있는가?

① 화물을 높이 들 때 전도를 방지하는 척도이다.
② 화물을 자체중량보다 더 많이 실을 때 필요한 척도이다.
③ 포크로 화물을 들고 낮은 공장문을 출입할 수 있는지에 대한 척도이다.
④ 화물을 어느 정도의 높이까지 적재할 수 있는지에 대한 척도이다.

해설 | 자유인상높이는 마스트의 움직임 없이 포크를 최저높이에서 최고높이까지 올릴 수 있는 높이를 말한다. 이는 낮은 공장문을 출입할 수 있는지의 여부를 알 수 있다.

52 유압 실린더를 교환하였을 경우 조치해야 할 작업으로 가장 거리가 먼 것은?

① 오일필터의 교환
② 공기빼기 작업
③ 누유 점검
④ 시운전하여 작동상태 점검

해설 | 유압실린더를 교환하면 우선적으로 엔진을 저속 공회전 시켜 작동상태 및 누유 상태를 점검 후 실린더 내부의 공기를 빼는 작업을 한다.

정답 | 42 ① 43 ① 44 ④ 45 ① 46 ④ 47 ① 48 ④ 49 ② 50 ③ 51 ③ 52 ①

53 유압장치의 정상적인 작동을 위한 일상점검 방법으로 옳은 것은?

① 유압 컨트롤 밸브의 세척 및 교환
② 오일량 점검
③ 유압 펌프의 점검
④ 오일 냉각기의 점검

해설 | 오일량 점검은 유압장치의 일상 점검하는 항목이다.

54 유압장치에서 유량 제어밸브가 아닌 것은?

① 교축 밸브
② 릴리프 밸브
③ 유량조정 밸브
④ 분류 밸브

해설 | 릴리프 밸브는 유압장치 내 과도한 압력을 제한하는 압력 제어밸브이다.

55 지게차의 유압장치에서 내부압력을 받는 호스, 배관, 그 밖의 연결 부분 장치는 유압회로가 받는 압력의 몇 배 이상의 압력에 견딜 수 있어야 하는가?

① 2배
② 3배
③ 4배
④ 5배

해설 | 지게차의 유압장치의 호스, 배관, 연결부분의 장치 등은 유압회로가 받는 압력의 3배 이상의 압력을 견딜 수 있어야 한다.

56 유압유의 점도가 지나치게 높았을 때 나타나는 현상이 아닌 것은?

① 오일 누설이 증가한다.
② 유동저항이 커져 압력손실이 증가한다.
③ 동력손실이 증가하여 기계효율이 감소한다.
④ 내부마찰이 증가하고 압력이 상승한다.

해설 | ①은 점도가 매우 낮을 때 나타나는 현상이다.

57 유압 모터와 유압 실린더의 설명으로 맞는 것은?

① 둘 다 회전운동을 한다.
② 모터는 직선운동, 실린더는 회전운동을 한다.
③ 둘 다 왕복운동을 한다.
④ 모터는 회전운동, 실린더는 직선운동을 한다.

해설 | 펌프로부터 토출된 유압유를 받아들여 구동축을 회전시키면 유압모터, 직선왕복운동을 하면 실린더에 해당한다.

58 유압실린더의 작동속도가 느릴 경우 그 원인으로 옳은 것은?

① 엔진오일 교환시기가 경과되었을 때
② 유압회로 내에 유량이 부족할 때
③ 운전실에 있는 가속페달을 작동시켰을 때
④ 릴리프 밸브의 설정 압력이 높을 때

해설 | 유압장치의 속도는 유량에 의해 달라지므로 유량을 증가시키면 작동속도가 빨라진다.

59 유압장치에서 방향제어밸브에 대한 설명으로 틀린 것은?

① 유체의 흐름 방향을 한쪽으로만 허용한다.
② 유체의 흐름 방향을 변환한다.
③ 액추에이터의 속도를 제어한다.
④ 유압실린더나 유압모터의 작동 방향을 바꾸는데 사용된다.

해설 | 액추에이터의 속도는 유량제어밸브로 제어한다.

60 방향전환밸브의 조작방식 중 단동 솔레노이드 조작을 나타내는 기호는?

① 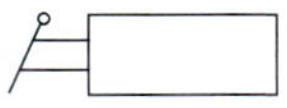
② 
③ 
④

해설 | ① 인력조작레버
② 단동 솔레노이드
③ 직접 파일럿 조작
④ 기계조작 누름방식

정답 53 ② 54 ② 55 ② 56 ① 57 ④ 58 ② 59 ③ 60 ②

| PART 2 |

CBT 상시대비 핵심모의고사 **02**회

01 산업안전보건표지의 종류에서 지시표시에 해당하는 것은?

① 안전모 착용　　　　② 출입금지
③ 고온경고　　　　　④ 차량통행금지

해설 | 산업안전보건표지에는 금지, 경고, 지시, 안내표지가 있으며, 안전모 착용은 지시표시에 해당한다.

02 연소의 3요소가 아닌 것은?

① 점화원　　　　　　② 질소
③ 산소　　　　　　　④ 가연성 물질

해설 | 연소의 3요소 : 가연성 물질, 점화원, 공기(산소)

03 연삭기에서 연삭칩의 비산을 막기 위한 안전 방호 장치는?

① 안전 덮개
② 양수 조작식 방호장치
③ 급정지 장치
④ 광전식 안전 방호장치

해설 | 연삭기 작업 중 연삭칩의 비산(흩뿌려짐)을 막기 위하여 안전 덮개를 설치한다.

04 기계의 회전 부분(기어, 벨트, 체인)에 덮개를 설치하는 이유는?

① 회전 부분과 신체의 접촉을 방지하기 위해
② 좋은 품질의 제품을 얻기 위해
③ 회전 부분의 속도를 높이기 위해
④ 제품의 제작 과정을 숨기기 위해

해설 | 작입 시 신체의 일부가 기계의 회전 부분에 접촉하거나 말려 들어가는 것을 방지하기 위해 덮개를 설치해야 한다.

05 무거운 짐을 옮길 때에 대한 설명으로 틀린 것은?

① 협동 작업을 할 때는 타인과의 균형에 신경을 써야한다.
② 인력으로 어려울 때는 장비를 사용한다.
③ 무거운 짐을 들고 놓을 때 척추를 올리는 자세가 안전하다.
④ 지렛대를 이용하기도 한다.

해설 | 무거운 짐을 들고 내릴 때 척추는 낮은 자세로 하는 것이 좋다.

06 작업장에서 작업복을 착용하는 이유로 가장 옳은 것은?

① 작업자의 복장 통일을 위해서
② 재해로부터 작업자의 몸을 보호하기 위해서
③ 작업자의 소속과 직책을 알리기 위해서
④ 작업장의 질서를 확립시키기 위해서

해설 | 작업복을 착용하는 이유는 재해로부터 작업자를 보호하기 위해서이다.

07 안전·보건표지의 종류와 형태에서 다음 표지에 해당하는 것은?

① 고압 전기 경고　　　② 레이저 광선 경고
③ 폭발성 물질 경고　　④ 방사성 물질 경고

해설 | 표지는 레이저 광선 경고 표지이다.

08 해머작업의 안전 수칙으로 가장 거리가 먼 것은?

① 면장갑을 끼고 해머작업을 하지 말 것
② 공동으로 해머 작업 시 호흡을 맞출 것
③ 해머를 사용할 때 자루 부분을 확인할 것
④ 강한 타격력이 요구될 때에는 연결대에 끼워서 작업할 것

해설 | 연결대가 빠져 안전사고의 위험이 있으므로 연결하여 사용하지 않는다.

09 스패너나 렌치의 올바른 사용법이 아닌 것은?

① 너트 크기에 알맞은 렌치를 사용한다.
② 공구에 묻은 기름은 잘 닦아서 사용한다.
③ 렌치를 몸 바깥쪽으로 밀어서 볼트 또는 너트를 푼다.
④ 렌치를 몸 쪽으로 당기면서 볼트 또는 너트를 조인다.

해설 | 몸 바깥쪽으로 밀 때 스패너 또는 렌치와 볼트·너트의 물림이 제대로 되지 않을 경우 몸의 균형을 잃어 사고위험이 있으므로 몸 안쪽으로 당겨 풀거나 조인다.

10 연삭기의 안전한 사용방법으로 틀린 것은?

① 보안경과 방진마스크 착용
② 숫돌 측면 사용제한
③ 숫돌덮개 설치 후 작업
④ 숫돌과 받침대 간격을 가능한 넓게 유지

해설 | 탁상용 연삭기의 작업받침대는 연삭숫돌과의 간격을 3mm 이하로 조정할 수 있는 구조이여야 한다.

40

정답　01 ①　02 ②　03 ①　04 ①　05 ③　06 ②　07 ②　08 ④　09 ③　10 ④

11 지게차를 경사면에서 운전할 때 안전운전 측면에서 화물의 방향으로 가장 적절한 것은?

① 짐이 언덕 위쪽으로 가도록 한다.
② 짐이 언덕 아래쪽으로 가도록 한다.
③ 운전에 편리하도록 짐의 방향을 정한다.
④ 짐의 크기에 따라 방향이 정해진다.

해설 | 경사면에서 운전할 때는 항상 짐이 언덕 위쪽을 향하도록 하여야 한다. 따라서 올라갈 때는 화물을 위로 하고, 내려갈 때는 후진으로 내려가야 한다.

12 지게차를 워밍업 운전할 때 전후 경사운동과 포크의 상승, 하강 운동을 2~3회 실시하는 목적으로 가장 적합한 것은?

① 유압 작동유의 유온을 올리기 위해서
② 유압 탱크내의 공기를 빼기 위해서
③ 유압 실린더 내부의 녹을 제거하기 위해서
④ 오일 여과기의 찌꺼기를 제거하기 위해서

해설 | 원활한 작업을 위해 작동유의 유온(오일 온도)을 규정된 정상 온도 범위에 도달시키기 위하여 워밍업 운전을 실시한다.

13 정기적으로 교환해야 할 소모 부품에 해당하지 않는 것은?

① 연료 필터
② 작동유 필터
③ 에어 클리너
④ 리프트 실린더

해설 | 각종 필터, 오일, 에어클리너 등은 정기적으로 교체해야 한다. 실린더는 고장이나 작동유 누설 등 고장 시에만 교환하는 부품이다.

14 지게차를 주차할 때 취급사항으로 틀린 것은?

① 포크를 지면에 완전히 내린다.
② 기관을 정지한 후 주차 브레이크를 작동시킨다.
③ 시동을 끈 후 시동스위치의 키는 그대로 둔다.
④ 포크의 선단이 지면에 닿도록 마스트를 전방으로 적절히 경사 시킨다.

해설 | 지게차의 키는 시동을 끈 후 시동 스위치에서 빼내어 보관한다.

15 건설기계관리법상 건설기계의 등록이 말소된 장비의 소유자는 며칠 이내에 등록번호표의 봉인을 떼어낸 후 그 등록번호표를 반납하여야 하는가?

① 30일   ② 15일
③ 5일   ④ 10일

해설 | 건설기계의 등록이 말소된 경우, 등록된 건설기계 소유자의 주소지 및 등록번호의 변경 시, 등록번호표의 봉인이 떨어지거나 식별이 어려울 때 등록번호표의 봉인을 떼어낸 후 10일 이내에 그 등록번호표를 시·도지사에게 반납하여야 한다.

16 지게차의 작업에서 적재물을 싣고 안전한 운반을 위해 해야 할 행동 중 맞는 것은?

① 적재물을 포크로 찍어 운반한다.
② 틸트 레버를 이용하여 마스트를 10° 정도 후경한 후 운반한다.
③ 적재물을 최대한 높이 들고 운행한다.
④ 마스트를 5~6° 전경하여 운반한다.

해설 | 지게차를 적재물을 싣고 운반을 할 때에는 틸트레버를 이용하여 마스트를 약 10°정도 후경하여 운반한다.

17 지게차 작업장치의 구성품 중에서 포크의 주된 역할은?

① 화물을 받친다.
② 화물을 찌른다.
③ 지게차가 넘어지지 않게 지지한다.
④ 지게차가 굴러가지 않게 고인다.

해설 | 포크(Fork)로 화물을 떠받쳐 올리거나 내려 적재, 하역 및 운반작업에 사용한다.

18 지게차의 유압 오일량을 점검하고자 할 때 맞는 것은?

① 저속으로 운행하면서 기어 변속 시에 점검한다.
② 포크를 최대로 높인 상태에서 점검한다.
③ 포크를 지면에 완전히 내린 상태에서 점검한다.
④ 최대적재량의 하중으로 포크를 지면에서 20~30cm 올린 후 점검한다.

해설 | 오일량을 점검할 경우 포크를 지면에 완전히 내린 상태에서 점검한다.

19 지게차의 체인장력 조정법이 아닌 것은?

① 조정 후 록크 너트를 록크시키지 않는다.
② 좌우 체인이 동시에 평행한가를 확인한다.
③ 포크를 지상에서 10~15cm 올린 후 확인한다.
④ 손으로 체인을 눌러보아 양쪽이 다르면 조정 너트로 조정한다.

해설 | 록크(lock) 너트는 지게차의 체인(chain) 고정용 너트 풀림방지장치로 체인 조정 후 고정시켜야 한다.

20 지게차 작업 시 안전 수칙으로 틀린 것은?

① 주차 시에는 포크를 완전히 지면에 내려야 한다.
② 화물을 적재하고 경사지를 내려갈 때는 운전 시야 확보를 위해 전진으로 운행해야 한다.
③ 포크를 이용하여 사람을 싣거나 들어 올리지 않아야 한다.
④ 경사지를 오르거나 내려올 때는 급회전을 금해야 한다.

해설 | 화물을 적재하고 경사지를 내려갈 때는 반드시 화물을 앞으로 하고 지게차가 후진으로 내려가야 한다.

정답 11 ① 12 ① 13 ④ 14 ③ 15 ④ 16 ② 17 ① 18 ③ 19 ① 20 ②

21 지게차 주행 시 안전사항으로 적합한 것은?

① 비포장, 좁은 장소 등에서 급회전한다.
② 지게차의 최고속도로 운행한다.
③ 후진 시에는 경광등, 후진경고음, 경적 등을 사용한다.
④ 탑재한 화물에 사람을 태우고 운행한다.

해설 │ 지게차 주행 시 후진할 때는 경광등, 후진경고음, 경적 등을 사용하여 주의를 환기시킨다.

22 건설기계를 운전하여 교차로에서 우회전을 하려고 할 때 가장 적합한 것은?

① 우회전 신호를 행하면서 빠르게 우회전한다.
② 우회전은 언제 어느 곳에서나 할 수 있다.
③ 신호를 하면서 서행으로 주행해야 하며, 교통신호에 따라 횡단하는 보행자의 통행을 방해하여서는 안 된다.
④ 우회전은 신호가 필요 없으며, 보행자를 피하기 위해 빠른 속도로 진행한다.

해설 │ 교차로에서 우회전을 할 때에는 신호를 하며 서행으로 주행하며, 신호에 따라 횡단하는 보행자의 통행을 방해하여서는 안 된다.

23 교차로 진행방법에 대한 설명으로 가장 적합한 것은?

① 우회전 차는 차로에 관계없이 우회전 할 수 있다.
② 좌회전 차는 미리 도로의 중앙선을 따라 서행으로 진행한다.
③ 좌·우회전 시는 경음기를 사용하여 주위에 주의 신호를 한다.
④ 교차로 중심 바깥쪽으로 좌회전한다.

해설 │ 교차로에서 좌회전을 하려는 경우에는 미리 도로의 중앙선을 따라 서행하면서 교차로의 중심 안쪽을 이용하여 좌회전하여야 한다.

24 건설기계 운전자가 조종 중 고의로 중상 2명, 경상 5명의 사고를 일으킬 때 면허처분 기준은?

① 면허취소
② 면허효력 정지 10일
③ 면허효력 정지 30일
④ 면허효력 정지 20일

해설 │ 고의로 인명피해를 입힌 경우에는 피해자의 인원 및 경중에 상관없이 면허취소 사유에 해당한다.

25 건설기계의 구조변경검사는 누구에게 신청할 수 있는가?

① 건설기계 폐기업소
② 건설기계 정비업소
③ 건설기계 검사대행자
④ 자동차 검사소

해설 │ 건설기계의 구조변경검사는 개조한 날로부터 20일 이내에 시·도지사 또는 건설기계 검사대행자에게 신청한다.

26 주차·정차가 금지되어 있는 장소가 아닌 것은?

① 건널목　　　　　　　② 교차로
③ 경사로의 정상부근　　④ 횡단보도

해설 │ 교차로, 횡단보도, 건널목 등은 주·정차 금지장소이며, 경사로의 정상부근은 서행하여야 할 장소이다.

27 교차로에서 차마의 정지선으로 옳은 것은?

① 황색 점선
② 백색 점선
③ 황색 실선
④ 백색 실선

해설 │ **도로교통법상 노면표지색**
• 황색 : 중앙선 표시, 노상장애물 중 도로중앙장애물표시, 주·정차금지표시, 안전지대 표시
• 청색 : 버스전용차로표시, 다인승차량 전용차선표시
• 적색 : 어린이보호구역 또는 주거지역 안에 설치하는 속도제한표시의 테두리선
• 백색 : 위의 경우를 제외한 노면표시
☞ 노면표지에서 점선은 허용, 실선은 제한, 복선은 의미의 강조를 나타낸다.

28 노면표지 중 진로변경 제한선으로 맞는 것은?

① 황색 점선은 진로변경을 할 수 없다.
② 백색 점선은 진로변경을 할 수 없다.
③ 황색 실선은 진로변경을 할 수 있다.
④ 백색 실선은 진로변경을 할 수 없다.

해설 │ 노면표시 중 점선은 허용, 실선은 제한, 복선은 의미의 강조이다.

29 건설기계를 등록 전에 일시적으로 운행할 수 있는 경우가 아닌 것은?

① 등록신청을 위하여 건설기계를 등록지로 운행하는 경우
② 신규등록검사 및 확인검사를 받기 위하여 건설기계를 검사장소로 운행하는 경우
③ 건설기계를 대여하고자 하는 경우
④ 수출을 하기 위하여 건설기계를 선적지로 운행하는 경우

해설 │ **임시운행 사유**
• 등록신청을 위해 등록지로 운행
• 신규 등록검사 및 확인검사를 위해 검사장소로 운행
• 수출목적으로 선적지로 운행
• 수출을 하기 위하여 등록말소한 건설기계를 정비, 점검하기 위하여 운행
• 신개발 건설기계의 시험목적의 운행
• 판매 및 전시를 위하여 일시적인 운행

30 다음 중 관공서용 건물번호판은?

① 중앙로 35 Jungang-ro
② 평촌길 60 Pyeongchon-gil
③ 24 보성길 Boseong-gil
④ 6 운연로

해설 │ ①, ② : 일반용
③ : 문화재 및 관광용
④ : 관공서용

정답　21 ③　22 ③　23 ②　24 ①　25 ③　26 ③　27 ④　28 ④　29 ③　30 ④

31 건식 공기청정기의 장점이 아닌 것은?

① 작은 입자의 먼지나 오물을 여과할 수 있다.
② 구조가 간단하고 여과망을 세척하여 사용할 수 있다.
③ 설치 또는 분해조립이 간단하다.
④ 기관 회전속도의 변동에도 안정된 공기청정효율을 얻을 수 있다.

해설 | 건식 공기청정기의 여과망은 세척하지 않고, 압축공기로 불어서 청소한다.

32 디젤기관의 연료계통에서 연료의 압력이 가장 높은 부분은?

① 인젝션 펌프와 노즐 사이
② 연료필터와 탱크 사이
③ 인젝션 펌프와 탱크 사이
④ 탱크와 공급펌프 사이

해설 | 인젝션 펌프(분사 펌프)는 기관에서 연료를 압축하여 분사노즐로 압송하는 장치로 인젝션 펌프와 노즐 사이의 압력이 가장 높다.

33 디젤기관의 시동을 용이하게 하기 위한 방법이 아닌 것은?

① 겨울철에 예열장치를 사용한다.
② 시동 시 회전속도를 낮춘다.
③ 축전지 상태를 최상으로 유지한다.
④ 흡기온도를 상승시킨다.

해설 | 디젤기관의 시동은 피스톤이 왕복운동하면서 실린더 내의 공기를 고압고온으로 올려야 하므로, 회전속도를 높여 피스톤을 빠르게 하여 흡기온도를 높이고, 온도가 낮을 경우 예열장치를 이용한다. 또한 시동모터가 원활하게 작동하기 위해 배터리를 최상으로 유지한다.

34 예연소실식 연소실에 대한 설명으로 가장 거리가 먼 것은?

① 예연소실은 주연소실 보다 작다.
② 예열 플러그가 필요하다.
③ 분사압력이 낮다.
④ 사용 연료의 변화에 민감하다.

해설 | 예연소실식 연소실은 연료 성질 변화에 둔감하여 선택범위가 넓다.

35 기관에서 윤활유의 여과방식이 아닌 것은?

① 샨트식
② 분류식
③ 전류식
④ 자력식

해설 | 윤활방식의 분류
• 샨트(shunt)식: 오일의 일부는 여과시켜서 공급, 일부는 바로 공급되는 방식
• 분류식: 윤활유의 일부는 여과시키고, 여과하지 않은 오일은 공급하는 방식
• 전류식: 윤활유 전부를 여과시켜 공급하는 방식

36 축전지 터미널의 부식을 방지하기 위한 조치방법으로 가장 옳은 것은?

① 헝겊으로 감아 놓는다.
② 그리스를 발라 놓는다.
③ 전해액을 발라 놓는다.
④ 비닐 테이프를 감아 놓는다.

해설 | 축전지의 터미널의 부식을 방지하기 위하여 그리스를 칠한 다음 보호 커버를 씌운다.

37 교류발전기의 특징으로 틀린 것은?

① 저속 시에도 충전이 가능하다.
② 소형·경량이다.
③ 전류조정기를 사용한다.
④ 다이오드 사용으로 정류 특성이 좋다.

해설 | 직류발전기는 전류를 일정하게 하기 위해 전류조정기가 필요하지만, 교류발전기는 다이오드가 그 역할을 대신하므로 전류조정기를 사용하지 않는다.

38 지게차 운전 중 다음과 같은 경고등이 점등 되었다. 경고등의 명칭은?

① 냉각수 온도 게이지
② 엔진 오일 게이지
③ 연료 게이지
④ 미션 온도 게이지

해설 | 냉각수 온도 게이지를 나타내는 계기판이다.

39 기동 전동기의 브러시 스프링 장력을 측정하는 기구는?

① 스프링 저울
② 다이얼 게이지
③ 필러 게이지
④ 배터리 스타트 테스터

해설 | 기동 전동기의 브러시 스프링은 브러시가 정류자에 접촉시키는 역할을 한다. 브러시 스프링의 장력은 스프링 저울로 측정한다. 다이얼 게이지는 축의 휨 여부를 측정하며, 필러게이지는 간극을 측정한다.

40 지게차에서 자동차와 같이 스프링을 사용하지 않는 이유는 무엇인가?

① 롤링이 생기면 적하물이 떨어지기 때문에
② 현가장치가 있으면 조향이 어렵기 때문에
③ 화물에 충격을 줄여주기 위함이다.
④ 앞차축이 구동축이기 때문이다.

해설 | 지게차에 스프링을 사용하면 롤링(rolling)이 생겨 적하물이 떨어질 수 있기 때문이다.
(※ 롤링은 좌우로 흔들리는 것을 말한다.)

41 지게차의 현가장치는 어떤 방식으로 구성되어 있는가?

① 판 스프링식
② 공기 스프링식
③ 코일 스프링식
④ 스프링 장치가 없다.

해설 | 지게차에 스프링이 있으면 롤링이 생겨 적하물의 낙하 우려가 크므로 지게차에는 스프링이 없다.

42 제동장치의 구비조건으로 틀린 것은?

① 작동이 확실하여야 한다.
② 마찰력이 작아야 한다.
③ 점검 및 조정이 용이해야 한다.
④ 신뢰성과 내구성이 뛰어나야 한다.

해설 │ 제동장치는 마찰력을 이용하므로 마찰력이 커야 한다.

43 지게차의 작업용도 및 효율성에 따라 작업장치를 선택하여 부착할 수 있는 장치가 아닌 것은?

① 로테이팅 클램프　　　② 폴더
③ 사이드 시프트　　　　④ 포크 포지셔너

해설 │ 작업용도별 분류에는 ①, ③, ④가 해당된다.
　　　① 로테이팅 클램프: 포크를 360° 회전 기능이 있어 적재 시 원추형 화물을 올린 후 회전시킬 수 있다.
　　　③ 포크 포지셔너: 포크 사이의 간격을 조정할 수 있는 장치이다.
　　　④ 사이드 시프트: 차체 방향을 바꾸지 않고 포크를 좌우로 움직여 중심에서 벗어난 파레트의 화물을 용이하게 적재, 하역 작업이 가능하다.

44 지게차에 대한 설명으로 틀린 것은?

① 엔진식 지게차는 보통 전륜을 구동하고 후륜으로 조향한다.
② 평형추는 지게차의 앞쪽에 설치되어 마스트 전·후경 작동을 한다.
③ 지게차 방호장치로 백레스트, 헤드가드 등이 있다.
④ 포크는 상하좌우 이동 뿐만 아니라 기울임도 가능하다.

해설 │ 평형추(카운터웨이트, 밸런스웨이트)는 지게차의 후부에 설치되어 무거운 화물을 적재하는 등 무게 중심이 앞으로 쏠려 전복되는 것을 방지한다.

45 일반적으로 지게차의 장비 중량에 포함되지 않는 것은?

① 연료
② 냉각수
③ 그리스
④ 운전자

해설 │ 장비 중량이란 연료, 냉각수, 그리스 등이 모두 포함된 상태에서의 지게차 총 중량이며, 운전자는 통상 포함되지 않는다.

46 <보기>의 내용은 지게차의 장치 중 무엇을 설명한 것인가?

┌─ 보기 ─
• 레버를 당기면 마스트가 뒤로, 밀면 앞으로 기울어진다.
• 마스트를 앞·뒤로 경사 시키는데 쓰인다.
• 마스트와 프레임 사이에 설치되고, 2개의 복동식 유압실린더이다.
└─

① 틸트 실린더
② 마스트 실린더
③ 조향 실린더
④ 리프트 실린더

해설 │ 틸트 실린더는 마스트를 전·후로 경사시킬 때 사용되는 장치로 2개의 복동식 유압실린더로 되어있다.

47 유압유의 온도가 50℃일 때, 지게차가 최대하중을 싣고 엔진을 정지한 경우 마스트가 수직면에 대하여 이루는 기울기의 변화량은 최초 10분 동안 몇 도 이하여야 하는가?

① 5도　　　② 7도　　　③ 9도　　　④ 12도

해설 │ [건설기계 안전기준에 관한 규칙] 지게차의 유압펌프의 오일온도가 섭씨 50도인 상태에서 지게차가 최대하중을 싣고 엔진을 정지한 경우 마스트가 수직면에 대하여 이루는 기울기의 변화량은 정지한 후 최초 10분 동안 5도(마스트의 전경각이 5도 이하일 경우는 최초 5분 동안 2.5도) 이하이어야 한다

48 둥근 목재나 파이프 등을 작업하는데 적합한 지게차의 작업장치는?

① 로우 마스트　　　② 하이 마스트
③ 힌지드 포크　　　④ 사이드 시프트

해설 │ 힌지드 포크는 마스트의 힌지드(hinge)를 중심으로 포크가 위아래로 움직이는 구조로 둥근 목재나 파이프 등의 원통형 화물의 운반 및 적재작업에 적합하다.

49 지게차 동력조향장치에 사용하는 유압실린더로 적합한 것은?

① 다단실린더 텔레스코핑
② 복동실린더 싱글로드형
③ 단동실린더 싱글로드형
④ 복동실린더 더블로드형

해설 │ 바퀴가 좌우로 회전하려면 피스톤 좌우로 유압이 작용할 수 있는 복동실린더 양로드(더블로드)형을 사용해야 한다.

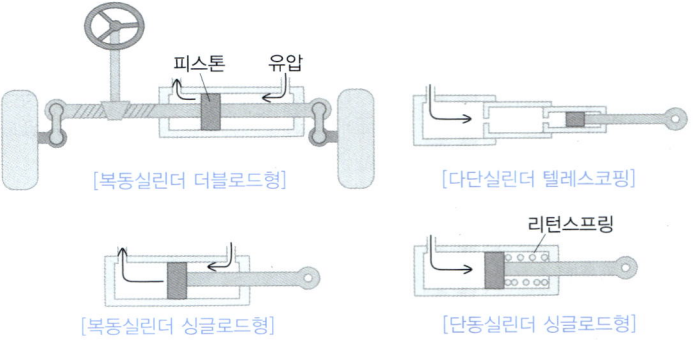

50 유압모터를 선택할 때의 고려사항으로 가장 거리가 먼 것은?

① 작동유의 점도
② 부하
③ 모터의 효율
④ 동력

해설 │ 유압모터를 선택할 때 부하, 효율, 용량, 동력 등을 고려해야 하지만 작동유 점도의 영향은 미미하다.

51 유압을 일로 바꿔주는 유압장치는?

① 압력 스위치(switch)
② 유압 어큐뮬레이터(accumulator)
③ 유압 액추에이터(actuator)
④ 유압 디퓨저(diffusor)

해설 │ 유압펌프: 기계적 에너지 → 유압 에너지
　　　액추에이터: 유압 에너지 → 기계적 에너지(일)

정답　42 ②　43 ②　44 ②　45 ④　46 ①　47 ①　48 ③　49 ④　50 ①　51 ③

52 2개 이상의 분기회로를 갖는 회로 내에서 작동순서를 회로의 압력 등에 의하여 제어하는 밸브는?

① 체크 밸브(Check valve)
② 시퀀스 밸브(Sequence valve)
③ 리미트 밸브(Limit valve)
④ 서보 밸브(Servo valve)

해설 │ 시퀀스 밸브는 2개 이상의 분기 회로를 갖는 회로 내에서 작동순서를 회로의 압력 등에 의하여 제어하는 밸브이다. 즉 하나의 동작의 완료를 확인하고, 그 다음 동작을 하도록 한다.

53 다음 중 액추에이터의 입구 쪽 관로에 설치한 유량제어 밸브로 흐름을 제어하여 속도를 제어하는 회로는?

① 블리드 온 회로
② 미터 인 회로
③ 블리드 오프 회로
④ 미터 아웃 회로

해설 │ 유량제어회로

미터 인(meter-in) 회로	액추에이터(실린더)의 입구 쪽 관로에 유량제어밸브를 설치하여 작동유의 흐름을 교축시켜 실린더의 전진속도를 제어하는 회로이다.
미터 아웃(meter-out) 회로	액추에이터(실린더)의 출구 쪽 관로에 유량제어밸브를 설치하여 실린더의 전진속도를 제어한다.
블리드 오프 회로 (Bleed-off)	실린더 입구측에 분기회로를 병렬로 설치하여 불필요한 유압을 배출시켜 작동효율을 증진한다.

54 유압장치에서 릴리프 밸브가 설치되는 위치는?

① 유압 펌프와 오일 탱크 사이
② 오일 여과기와 오일 탱크 사이
③ 유압 실린더와 오일 필터 사이
④ 유압 펌프와 제어 밸브 사이

해설 │ 릴리프 밸브는 압력을 제어하는 밸브로, 유압펌프와 제어 밸브 사이에 위치한다. 유압펌프에 발생되는 압력이 설정값 이상일 때 유압을 탱크로 보내어 유압장치 내 압력을 일정하게 한다.

55 유압펌프가 작동 중 소음이 발생할 때의 원인으로 거리가 먼 것은?

① 오일탱크의 유량 부족
② 프라이밍 펌프의 고장
③ 흡입되는 오일에 공기 혼입
④ 흡입 스트레이너의 막힘

해설 │ 프라이밍 펌프(priming pump)는 디젤기관의 연료계통 정비 후 수동으로 펌핑하여 연료분사펌프까지 연료를 보내어 시동을 원활하게 하는 역할을 한다.

56 유압유(작동유)의 압력을 제어하는 밸브가 아닌 것은?

① 리듀싱 밸브(reducing valve)
② 체크 밸브(check valve)
③ 시퀀스 밸브(sequence valve)
④ 릴리프 밸브(relief valve)

해설 │ 체크 밸브는 유체를 한쪽 방향으로만 흐르게 하고 역방향 흐름을 방지하는 방향제어밸브이다.

57 유압 실린더 지지방식 중 트러니언형 지지 방식이 아닌 것은?

① 캡측 플랜지 지지형
② 센터 지지형
③ 헤드측 지지형
④ 캡측 지지형

해설 │ 유압 실린더 지지방식

푸트형(foot)	축방향 푸트형, 축직각 푸트형
플랜지형(flange)	헤드측 플랜지 지지형, 캡측 플랜지 지지형
트러니언형(trunnion)	센터측, 헤드측, 캡측 지지형
클레비스형(clevis)	클레비스 지지형, 아이 지지형

58 릴리프 밸브(relief valve)에서 볼(ball)이 밸브의 시트(seat)를 때려 소음을 발생시키는 현상은?

① 채터링(chattering) 현상
② 베이퍼 록(vaper lock) 현상
③ 페이드(fade) 현상
④ 노킹(knock) 현상

해설 │ 채터링 현상은 릴리프 밸브 스프링의 장력이 약화되면 발생한다.
※ 채터링(chattering): 떨림이 짧은 시간에 반복되는 것

59 유압장치에서 가변용량형 유압펌프의 기호는?

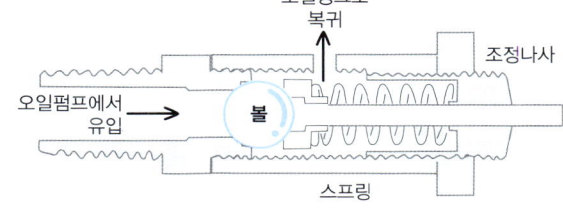

해설 │ ① 단동실린더 ③ 가변교축밸브 ④ 정용량형 유압펌프

60 유압회로 내의 유압유 점도가 너무 낮을 때 생기는 현상이 아닌 것은?

① 회로 압력이 떨어진다.
② 오일 누설에 영향이 크다.
③ 시동 저항이 커진다.
④ 펌프 효율이 떨어진다.

해설 │ 시동 저항이란 유압펌프를 처음 구동하려고 할 때 발생하는 저항으로, 작동유의 점도가 높을수록 저항이 커진다.

| PART 2 |

CBT 상시대비 핵심모의고사 03회

01 벨트 취급 시 안전에 대한 주의사항으로 틀린 것은?

① 벨트의 적당한 유격을 유지하도록 한다.
② 벨트 교환 시 회전이 완전히 멈춘 상태에서 한다.
③ 벨트의 회전을 정지시킬 때 손으로 잡아 정지시킨다.
④ 벨트에 기름이 묻지 않도록 한다.

해설 | 벨트의 회전을 정지시킬 때 스스로 정지하도록 하여야 하며, 손이나 공구를 이용하여 정지시키는 행위는 하지 않아야 한다.

02 지게차 작업 시 안전수칙으로 바르지 않은 것은?

① 경사로에서 화물을 적재하거나 방향전환을 하지 않는다.
② 정해진 장소에만 지게차를 주차하고 열쇠는 지게차에 꽂아둔다.
③ 화물이 시야를 제한할 경우에는 후진으로 지게차를 주행한다.
④ 운전석에 착석하지 않은 상태에서 지게차를 작동하지 않는다.

해설 | 지게차를 주차시키고 열쇠는 빼내어 안전한 장소 또는 열쇠함에 보관한다.

03 산업안전을 통한 기대효과로 옳은 것은?

① 기업의 생산성이 저하된다.
② 근로자의 생명만 안전하다.
③ 기업의 재산만 보호된다.
④ 근로자와 기업의 발전이 도모된다.

해설 | 산업안전을 통한 기대효과로는 근로자나 기업의 어느 한쪽만이 아닌 양쪽의 발전이 도모될 수 있다.

04 지게차 작업장치의 틸트 레버를 조종하는데 마스트가 작동하지 않을 때 점검할 사항은?

① 엔진 냉각수량을 점검한다.
② 유압 유량을 점검한다.
③ 엔진 오일량을 점검한다.
④ 그리스 주입량을 점검한다.

해설 | 마스트가 작동하지 않을 때는 작동유의 유량 및 유압라인의 누유 등을 점검한다.

05 와이어 줄걸이 작업에서 사용되는 용구를 점검하여야 하는 안전조건으로 맞는 것은?

① 단위 용구의 시험인양하중을 확인하여야 한다.
② 샤클의 나사부는 해체하여 점검한다.
③ 샤클 본체는 구부려서 인장강도 시험을 한다.
④ 스크류 핀의 상태를 확인하여야 한다.

해설 | ① 정격하중 및 작업하중을 반드시 확인한다.
② 샤클의 나사부는 해체하지 않는다.
③ 샤클 본체를 구부리지 않는다.

샤클 본체
스크류 핀

06 안전·보건표지의 종류와 형태에서 그림의 표지에 해당하는 것은?

① 교차로표지
② 비상용기구표지
③ 녹십자표지
④ 응급구호표지

해설 | 그림은 응급구호표지이다.

07 안전을 위하여 눈으로 보고, 손으로 가리키고, 입으로 복창하여 귀로 듣고, 머리로 종합적인 판단을 하는 지적확인의 특성은?

① 의식을 강화한다.
② 지식수준을 높인다.
③ 안전태도를 형성한다.
④ 육체적 기능 수준을 높인다.

해설 | 안전을 위하여 눈으로 보고 손으로 가리키고, 입으로 복창하여 귀로 듣고, 머리로 종합적인 판단을 하는 지적확인은 의식을 강화하기 위해서 한다.

08 지게차의 좌우 포크 높이가 다를 경우에 조정하는 부위는?

① 리프트 밸브로 조정한다.
② 틸트 실린더로 조정한다.
③ 틸트 레버로 조정한다.
④ 리프트 체인의 길이로 조정한다.

09 산업 재해의 통상적인 분류 중 통계적 분류에 대한 설명으로 틀린 것은?

① 사망: 업무로 인해서 목숨을 잃게 되는 경우
② 무상해 사고: 응급처치 이하의 상처로 작업에 종사하면서 치료를 받는 상해 정도
③ 중경상 :부상으로 인하여 30일 이상의 노동 상실을 가져온 상해 정도
④ 경상해: 부상으로 1일 이상 7일 이하의 노동 상실을 가져온 상해 정도

해설 | 산업재해의 통상적인 분류 중 통계적 분류에서 중경상은 부상으로 인하여 8일 이상의 노동 상실을 가져온 상해정도를 말한다.

10 지게차의 이동작업 중 주의사항으로 틀린 것은?

① 화물을 싣고 내릴 때는 포크를 화물 아래로 완전히 내리고 작업한다.
② 화물을 들어 올리는데 필요한 경우에는 백 레스트를 확장한다.
③ 안전보호 장치가 없어도 속도를 내어 운전해도 된다.
④ 지게차에는 오버헤드 가드나 동등한 보호장치가 구비되어야 한다.

해설 | 지게차 작업을 할 때 안전한 속도로 작업을 해야 하며, 안전보호 장치가 없다면 더욱 속도를 내면 안 된다.

46

정답 01 ③ 02 ② 03 ④ 04 ② 05 ④ 06 ④ 07 ① 08 ④ 09 ③ 10 ③

11 소화 설비를 설명한 내용으로 맞지 않는 것은?

① 포말 소화설비는 저온 압축한 질소가스를 방사시켜 화재를 진화한다.
② 분말 소화설비는 미세한 분말 소화재를 화염에 방사시켜 화재를 진화시킨다.
③ 물 분무 소화설비는 연소물의 온도를 인화점 이하로 냉각시키는 효과가 있다.
④ 이산화탄소 소화설비는 질식 작용에 의해 화염을 진화시킨다.

해설 | 포말 소화기는 탄산수소나트륨 용액과 황산알루미늄 용액이 화학반응을 일으켜 이산화탄소 거품과 수산화알루미늄의 거품이 생기는데 이 거품이 공기의 공급을 차단한다.

12 안전모를 착용해야 할 작업이 아닌 것은?

① 비계의 해체 조립 작업
② 낙하 위험 작업
③ 2m 이상 고소 작업
④ 전기 용접 작업

해설 | 안전모는 낙하, 추락 또는 머리에 전선이 닿는 감전의 위험 등을 없애기 위하여 착용한다.
※ 비계: 건축공사 때에 높은 곳에서 일할 수 있도록 설치하는 임시가설물로, 재료운반이나 작업원의 통로 및 작업을 위한 발판이다.

13 지게차 엔진시동 작업에 대한 설명이다. 옳은 것은?

① 전·후진 레버를 중립 위치로 한다.
② 시동이 걸린 상태에서 급가속 시킨다.
③ 시동되어도 시동 스위치를 시동위치로 유지한다.
④ 모든 지게차는 시동 스위치를 예열위치로 하여 항상 예열시킨다.

해설 | 지게차는 시동을 켤 때 전·후진 레버는 중립 또는 주차 모드에 위치시킨다.

14 용접할 때 사용하는 보호 장비로 틀린 것은?

① 용접 집게
② 용접용 앞치마
③ 용접면
④ 용접용 장갑

해설 | 용접용 보호 장비에는 용접 장갑, 용접면, 안전작업복, 용접용 앞치마 등이 있다. (용접면은 용접작업을 할 때 안면이나 눈을 유해광선, 열, 불꽃, 화학약품 등의 비말, 비산하는 절삭분 등에 의한 사고를 방지하기 위한 보호구를 말한다)

15 지게차 작업 전 틸트 실린더의 점검사항이 아닌 것은?

① 틸트 실린더 형식 점검
② 좌·우 틸트 행정 점검
③ 유압유 누유 점검
④ 실린더 균열 점검

해설 | 지게차의 틸트 실린더의 형식은 복동식 유압실린더를 사용하며, 틸트 실린더의 형식은 점검사항이 아니다.

16 경고표지로 사용되지 않는 것은?

① 인화성물질 경고
② 급성독성물질 경고
③ 방진마스크 경고
④ 낙하물 경고

해설 | 안전표지에는 금지, 경고, 지시, 안내표지가 있으며, 방진마스크 착용은 지시표지이다

17 자동변속기가 장착된 지게차를 주차할 때 주의사항으로 틀린 것은?

① 전·후진 레버의 위치는 중립에 놓는다.
② 포크를 지면에 내려놓는다.
③ 주차 브레이크 레버를 당겨 놓는다.
④ 주 브레이크를 제동시켜 놓는다.

해설 | 자동변속기가 장착된 지게차를 주차시킬 때 포크를 지면에 내리고, 전·후진 레버는 중립 위치에 놓고, 주차 브레이크 레버를 당겨 놓는다.

18 [보기]의 지게차 작업장치 점검사항 중 작업 전 점검사항을 모두 고른 것은?

보기
ⓐ 포크의 균열상태
ⓑ 리프트 체인의 장력 및 주유상태
ⓒ 리프트 체인의 연결부위 균열상태
ⓓ 마스트의 전경/후경 및 상하 작동상태

① ⓐ, ⓑ, ⓒ
② ⓐ, ⓑ, ⓓ
③ ⓐ, ⓑ, ⓒ, ⓓ
④ ⓑ, ⓒ, ⓓ

해설 | 지게차의 작업 전 포크, 리프트, 오버헤드가드, 핑거보드, 마스트의 작동상태 등을 점검한다.

19 지게차 운전 중 브레이크 제동이 안 될 경우 점검할 사항이 아닌 것은?

① 브레이크 페달 작동거리 점검
② 브레이크 휠 실린더 분해 점검
③ 브레이크 오일량 점검
④ 브레이크 오일 누유 점검

해설 | 브레이크 휠 실린더의 분해 점검은 지게차 운전 중 점검할 수 있는 사항은 아니다.

20 지게차 운전 시 유의사항으로 적합하지 않은 것은?

① 내리막길에서는 급회전을 하지 않는다.
② 운전석에는 운전자 이외는 승차하지 않는다.
③ 면허소지자 이외는 운전하지 못하도록 한다.
④ 화물적재 후 최고 속도로 주행을 하여 작업능률을 올린다.

해설 | 화물을 적재하고 주행할 시 화물 낙하 또는 전복 방지를 위해 과속하지 않는다.

21 도로교통법에서 정하는 주차금지 장소가 아닌 곳은?

① 터널 안 및 다리 위
② 전신주로부터 20m 이내인 곳
③ 교차로의 가장자리나 도로의 모퉁이로부터 5m 이내인 곳
④ 소방용수시설 또는 비상소화장치가 설치된 곳으로부터 5m 이내인 곳

해설 | 전신주 주변은 주·정차 금지 장소와는 무관하다.

정답 11 ① 12 ④ 13 ① 14 ① 15 ① 16 ③ 17 ④ 18 ③ 19 ② 20 ④ 21 ②

22 소유자의 신청이나 시·도지사의 직권으로 건설기계의 등록을 말소할 수 있는 사유에 해당하지 않는 것은?

① 건설기계를 장기간 운행하지 않게 된 경우
② 건설기계를 수출하는 경우
③ 건설기계를 교육·연구 목적으로 사용하는 경우
④ 건설기계를 폐기한 경우

해설 | **등록의 말소 사유**
• 거짓 그 밖의 부정한 방법으로 등록을 한 경우
• 건설기계가 사용할 수 없게 되거나 멸실된 경우
• 건설기계의 차대가 등록 시의 차대와 다른 경우
• 건설기계안전기준에 적합하지 아니하게 된 경우
• 정기검사를 받지 아니 한 경우
• 건설기계의 수출·도난·폐기 시
• 건설기계를 제작·판매자에게 반품한 경우
• 건설기계를 교육·연구목적으로 사용하는 경우

23 소형 또는 대형 건설기계조종사 면허증 발급 신청 시 첨부하는 서류의 종류가 아닌 것은?

① 소형건설기계 조종교육 이수증(소형면허 신청 시)
② 국가기술자격증 정보
③ 신체검사서
④ 주민등록등본

해설 | 건설기계조종사 면허증 발급 신청 시 주민등록등본은 제출하지 않는다.
※ 첨부서류: 신체검사서, 소형건설기계조종교육이수증(해당 자에 한함), 건설기계조종사 면허증(면허의 종류 추가 시), 6개월 이내에 촬영한 탈모상반신 사진 2매

24 도로교통법상에서 운전자가 주행방향 변경 시 신호 방법에 대한 설명으로 틀린 것은?

① 신호의 시기 및 방법은 운전자가 편리한 대로 한다.
② 방향전환, 횡단, 유턴, 정지 또는 후진 시 신호를 하여야 한다.
③ 진로 변경 시에는 손이나 등화로 신호할 수 있다.
④ 진로 변경의 행위가 끝날 때까지 신호를 해야 한다.

해설 | 신호의 시기 및 방법은 도로교통법에 명시되어 있다.

25 건설기계관리법령상 조종사면허를 받은 자가 면허의 효력이 정지된 때에는 그 사유가 발생한 날부터 며칠 이내에 주소지를 관할하는 시장·군수 또는 구청장에게 그 면허증을 반납해야 하는가?

① 100일 이내   ② 10일 이내
③ 60일 이내   ④ 30일 이내

해설 | 면허가 취소된 때, 면허의 효력이 정지된 때, 면허증의 재교부를 받은 후 잃어버린 면허증을 발견한 때에는 그 사유가 발생한 날부터 10일 이내에 주소지를 관할하는 시장·군수·구청장에게 그 면허증을 반납하여야 한다.

26 건설기계검사의 종류에 해당되는 것은?

① 임시 검사   ② 예비 검사
③ 계속 검사   ④ 수시 검사

해설 | 건설기계의 검사는 신규등록검사, 정기검사, 구조변경검사, 수시검사가 있다.

27 도로교통법상 모든 차의 운전자가 서행하여야 하는 장소에 해당하지 않는 것은?

① 편도 2차로 이상의 다리 위
② 가파른 비탈길의 내리막
③ 비탈길의 고개 마루 부근
④ 도로가 구부러진 부근

해설 | **서행하여야 하는 장소**
• 교통정리를 하고 있지 아니하는 교차로
• 도로가 구부러진 부근
• 비탈길의 고개 마루 부근
• 가파른 비탈길의 내리막
• 지방경찰청장이 필요하다고 인정하여 안전표지로 지정한 곳

28 안전기준을 넘는 화물의 적재허가를 받은 사람은 그 길이 또는 폭의 양 끝에 몇 cm 이상의 빨간 헝겊으로 된 표지를 달아야 하는가?

① 너비 100cm, 길이 200cm
② 너비 5cm, 길이 10cm
③ 너비 10cm, 길이 20cm
④ 너비 30cm, 길이 50cm

해설 | 안전기준을 초과하는 적재허가를 받은 사람은 너비 30cm, 길이 50cm 이상의 빨간 헝겊을 달아야 한다.

29 정기검사 신청을 받은 경우(타워크레인은 검사업무를 배정받는 날) 검사대행자는 며칠 이내에 신청인에게 검사일시와 장소를 지정하여 통지하여야 하는가?

① 14일   ② 5일   ③ 10일   ④ 7일

해설 | 정기검사 신청을 받은 시·도지사 또는 검사대행자는 신청을 받은 날부터 5일 이내에 검사일시와 검사장소를 지정하여 신청인에게 통지해야 한다.

30 건설기계등록번호표의 색칠 기준으로 틀린 것은?

① 자가용 – 녹색 판에 흰색 문자
② 영업용 – 주황색 판에 흰색 문자
③ 수입용 – 적색 판에 흰색 문자
④ 관용 – 흰색 판에 검은색 문자

해설 | **등록번호표의 식별색 기준**

자가용	녹색 판에 흰색 문자
영업용	주황색 판에 흰색 문자
관용	흰색 판에 검은색 문자

31 디젤엔진이 진동하는 경우로 틀린 것은?

① 분사압력이 실린더별로 차이가 있을 때
② 4기통 엔진에서 한 개의 분사노즐이 막혔을 때
③ 인젝터에 불균율이 있을 때
④ 하이텐션 코드가 불량할 때

해설 | 하이텐션 코드는 점화코일에서 점화플러그까지 고전류를 전달해주는 굵은 전선을 말한다. 점화코일 및 점화플러그는 가솔린 기관에서만 사용된다.

정답 22 ①   23 ④   24 ①   25 ②   26 ④   27 ①   28 ④   29 ②   30 ③   31 ④

32 엔진오일의 교환방법으로 틀린 것은?

① 규정된 엔진오일보다 플러싱 오일로 교체하여 사용한다.
② 가혹한 조건에서 지속적으로 운전할 경우 교환 시기를 조금 앞당겨서 한다.
③ 엔진오일을 순정품으로 교환하였다.
④ 오일 레벨게이지의 "F"에 가깝게 오일량을 보충하였다.

해설 | 플러싱 오일이란 엔진계통의 카본이나 슬러지 등을 용해시켜 청소하기 위한 용액으로, 엔진오일로 사용하면 안된다.

33 디젤기관의 흡입행정에서 흡입하는 것은?

① 공기   ② 공기+경유   ③ 경유   ④ 가솔린

해설 | 디젤기관은 흡입행정에서 흡기밸브를 통해 공기를 흡입하고, 피스톤의 압축행정에 의해 고압으로 압축한 후 이 압축열에 연료를 분사시켜 자연 착화시키는 방식이다.

34 건식 에어클리너의 세척 또는 청소방법으로 가장 적합한 것은?

① 압축 공기로 에어클리너 밖에서 안으로 불어낸다.
② 압축 오일로 에어클리너 안에서 밖으로 불어낸다.
③ 압축 공기로 에어클리너 안에서 밖으로 불어낸다.
④ 압축 오일로 에어클리너 밖에서 안으로 불어낸다.

해설 | 건식 공기청정기의 청소는 압축공기로 안에서 밖으로 불어낸다.

35 라디에이터 캡에 설치되어 있는 밸브는?

① 부압밸브와 체크밸브
② 압력밸브와 진공밸브
③ 체크밸브와 압력밸브
④ 진공밸브와 체크밸브

해설 | 라디에이터 캡은 냉각수 주입구의 마개를 말하며, 압력밸브와 진공밸브가 설치되어 있다.

36 디젤엔진의 고압펌프 구동에 사용되는 것으로 옳은 것은?

① 인젝터   ② 냉각팬 벨트
③ 커먼레일   ④ 캠축

해설 | 디젤엔진의 고압펌프는 연료분사장치의 한 부분으로 엔진의 회전력이 타이밍벨트 및 캠축을 통해 전달되어 구동된다.

37 기동전동기의 구성품이 아닌 것은?

① 전자석 스위치   ② 오버러닝 클러치
③ 전기자   ④ 슬립링

해설 | **기동전동기의 구성**
① 자계를 발생: 계자철심, 계자코일
② 계자철심을 지지하여 자기회로를 이룸: 계철
③ 토크를 발생: 전기자(전기자철심, 전기자코일)
④ 전기자 코일에 전류를 흐르게 함: 브러시 및 정류자
⑤ 주전류를 단속: 전자 스위치(마그네틱 스위치)
⑥ 시동 전동기의 회전을 기관에 전달 및 기관의 회전력을 시동 전동기로 전달되지 않도록 함: 오버러닝 클러치
※ 슬립링은 교류발전기의 구성품이다.

38 납산배터리의 전해액이 자연 감소되었을 때 보충하는 것은?

① 염산   ② 증류수
③ 수도물   ④ 소금물

해설 | 납산축전지의 전해액이 증발 등으로 자연 감소되면 증류수를 보충한다.

39 교류발전기의 주요 구성요소가 아닌 것은?

① 로터   ② 계자코일
③ 다이오드   ④ 스테이터

해설 | 교류발전기 구성요소: 스테이터, 로터, 슬립링, 브러시, 다이오드 등
직류발전기 구성요소: 계자, 전기자, 정류자, 브러시

40 전기회로에서 저항의 병렬 접속방법에 대한 설명 중 틀린 것은?

① 합성저항을 구하는 공식은 $R = R_1 + R_2 + R_3 + \cdots + R_n$ 이다.
② 합성저항이 감소하는 것은 전류가 나누어져 저항 속을 흐르기 때문이다.
③ 합성저항은 각 저항의 어느 것보다도 적다.
④ 어느 저항에서나 동일한 전압이 흐른다.

해설 | 병렬접속의 합성저항을 구하는 공식
$$R = \frac{1}{\frac{1}{R_1} + \frac{1}{R_2} + \cdots + \frac{1}{R_n}}$$

41 지게차의 포크 조작과 관련된 레버만을 나열한 것은?

① 틸트 레버, 리프트 레버
② 스윙 레버, 리프트 레버
③ 리프트 레버, 마스트 레버
④ 틸트 레버, 스윙 레버

해설 | 리프트 레버는 포크를 상하로 이동, 틸트 레버는 마스트(포크)를 전후로 경사시킨다.

42 지게차 클러치판의 변형을 방지하는 것은?

① 토션 스프링
② 압력판
③ 쿠션 스프링
④ 릴리스 레버 스프링

해설 |
- 쿠션 스프링: 동력의 전달/차단 시 충격을 흡수하여 클러치판의 변형을 방지한다.
- 토션 스프링(댐퍼 스프링, 비틀림 스프링): 클러치판이 플라이휠에 접속될 때 회전충격을 흡수

43 지게차의 일반적인 조향 방식은?

① 작업조건에 따른 가변방식
② 뒷바퀴 조향방식
③ 굴절(허리꺾기) 조향방식
④ 앞바퀴 조향방식

해설 | 지게차는 뒷바퀴(후륜) 조향방식을 사용한다.

44 지게차의 포크로 짐을 들어 올릴 때 한쪽으로 기울어지는 원인은?

① 좌·우 체인의 장력이 다르다.
② 좌·우 틸트 실린더의 작동 압력이 다르다.
③ 좌·우 리프트 실린더의 작동 압력이 다르다.
④ 좌·우 헤드 가드의 설치 높이가 다르다.

해설 | 리프트 체인은 포크의 좌우 수평 높이를 조정하므로 장력이 다르면 한쪽으로 기울이지게 된다. 리프트 실린더는 단동 실린더로서, 통상 좌우 2개소에 실린더를 장착하여 작업장치인 포크 캐리지를 상하로 이송하는 용도로 사용한다.

45 지게차에 관한 용어 해설 중 틀린 것은?

① 길이란 포크의 앞부분 끝단에서부터 지게차의 후부 제일 끝단까지의 길이를 말한다.
② 적재능력의 표시방법은 표준인상높이 몇 mm에서 몇 kg으로 표시한다.
③ 마스트 전경각의 범위는 5~6°이다.
④ 하중중심이란 포크의 수직면으로부터 포크위에 놓인 화물의 무게중심까지의 거리를 말한다.

해설 | 적재능력의 표시방법은 표준하중 몇 mm에서 몇 kg으로 표시한다.

46 지게차에서 틸트 실린더의 역할은?

① 포크의 상·하 이동
② 차체 수평유지
③ 마스트 앞·뒤 경사각 유지
④ 차체 좌·우 회전

해설 | 틸트 실린더는 마스트를 전·후로 움직이는 경사각을 조절한다.

47 지게차의 포크에 버킷을 끼워 흘러내리기 쉬운 물건이나 흐트러진 물건을 운반 또는 트럭에 상차하는데 쓰는 작업장치는?

① 사이드 시프트 클램프
② 힌지드 버킷
③ 로드 스태빌라이저
④ 로테이팅 포크

해설 | 석탄, 소금, 비료, 모래 등 흘러내리기 쉬운 화물을 운반하기에 적합한 작업장치는 힌지드 버킷이다.

48 지게차에 장착되지 않는 장치는?

① 캐리지
② 틸트 실린더
③ 백 레스트
④ 현가 스프링

해설 | 지게차는 롤링이 생겨 적하물이 떨어지는 것을 방지하기 위하여 현가 스프링을 장착하지 않는다.

49 리프트 체인의 주유에 가장 적합한 오일은?

① 그리스
② 브레이크 오일
③ 엔진 오일
④ 솔벤트

해설 | 지게차의 리프트 체인에는 엔진오일을 주유한다.

50 유압모터 종류에 속하지 않는 것은?

① 베인형 모터
② 플런저 모터
③ 기어형 모터
④ AC 모터

해설 | 유압모터의 종류
기어형 모터, 베인형 모터, 플런저형(피스톤형) 모터, 사축·사판형 유압 모터

51 유압에 진공이 형성되어 기포가 생기며, 이로 인해 국부적인 고압이나 소음이 발생하는 현상을 무엇이라 하는가?

① 캐비테이션(cavitation) 현상
② 오리피스(orifice) 현상
③ 채터링(chattering) 현상
④ 서징(surging) 현상

해설 | 캐비테이션(공동현상)은 작동유 속에 용해된 공기가 기포로 발생하여 유압 장치 내에 국부적인 높은 압력, 소음 및 진동이 발생하여 양정과 효율이 저하되는 현상을 말한다.

52 유압장치에 사용되는 오일 실(seal)의 종류 중 O-링이 갖추어야 할 조건은?

① 작동 시 마모가 클 것
② 내압성과 내열성이 클 것
③ 오일의 입·출입이 가능할 것
④ 체결력이 작을 것

해설 | O-링은 기기의 오일 누출을 방지하는 기능을 하는 것으로 내압성, 내열성, 기밀성이 커야한다.

정답 43 ② 44 ① 45 ② 46 ③ 47 ② 48 ④ 49 ③ 50 ④ 51 ① 52 ②

53 유압기호에서 여과기의 기호표시는?

①

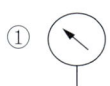

②

③

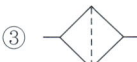

④

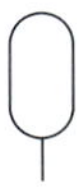

해설 | ① 압력계
② 축압기
④ 유압 압력원

54 지게차에 사용되는 유압제어밸브 중 유체의 흐름을 출발, 정지시키거나 흐름의 방향을 변경시키는 밸브는?

① 방향제어 밸브
② 압력제어 밸브
③ 유량제어 밸브
④ 필터제어 밸브

해설 | 유체 흐름의 방향을 변경시키는 밸브는 방향제어 밸브로 체크밸브, 스풀밸브, 감속밸브, 셔틀밸브 등이 있다.

55 유압식 작업장치의 속도가 느릴 때의 원인으로 가장 적절한 것은?

① 유량 조절이 불량하다.
② 유압탱크의 오일량이 많다.
③ 유압펌프의 토출압력이 높다.
④ 오일 쿨러의 막힘이 있다.

해설 | 유량 조절이 불량하여 유량이 부족하면 작업장치의 속도가 느려진다.

56 유압기기의 작동속도를 높이기 위해 무엇을 변화시켜야 하는가?

① 유압 모터의 압력을 높인다.
② 유압 펌프의 토출 압력을 높인다.
③ 유압 펌프의 토출 유량을 증가시킨다.
④ 유압 모터의 크기를 작게 한다.

해설 | 유압기기의 속도는 유량으로 제어하므로 유압 펌프의 토출 유량을 증가시킨다.

57 베인 펌프의 일반적인 특징이 아닌 것은?

① 비교적 구조가 간단하고 효율이 좋다.
② 소형, 경량이다.
③ 대용량 고속 가변형에 적합하지만 수명이 짧다.
④ 맥동과 소음이 적다.

해설 | 대용량 고속 가변형에 적합한 펌프는 플런저 펌프이다.

58 유압회로 내의 최고압력을 제한하는 밸브로서, 회로의 압력을 일정하게 유지시키는 밸브는?

① 감압 밸브
② 체크 밸브
③ 카운터 밸런스 밸브
④ 릴리프 밸브

해설 | 유압회로 내의 최고압력을 제한하고, 회로의 압력을 일정하게 유지시키는 밸브는 릴리프 밸브이다.

59 유압장치에서 방향제어밸브 설명으로 적합하지 않은 것은?

① 액추에이터의 속도를 제어한다.
② 유체의 흐름 방향을 한쪽으로 허용한다.
③ 유체의 흐름 방향을 변환한다.
④ 유압실린더나 유압모터의 작동 방향을 바꾸는데 사용된다.

해설 | 액추에이터의 속도를 제어하는 것은 유량제어밸브이다.
②는 체크밸브를 말한다.

60 유압유의 구비조건이 아닌 것은?

① 물 분리성이 좋을 것
② 산화 안정성이 좋을 것
③ 기포 분리성이 좋을 것
④ 점도지수가 낮을 것

해설 | 유압유의 점도는 적당해야 하고, 점도지수(온도변화에 따른 점도 변화)는 높아야 한다. 점도지수가 높다는 것은 온도변화에 따른 점도 변화가 적다는 것을 의미한다.

정답 53 ③ 54 ① 55 ① 56 ③ 57 ③ 58 ④ 59 ① 60 ④

| PART 2 |

CBT 상시대비 핵심모의고사 04회

01 조종사를 보호하기 위해 설치한 지게차의 안전장치가 아닌 것은?

① 백 레스트
② 아웃트리거
③ 안전벨트
④ 헤드 가드

해설 | 아웃트리거는 리치형 지게차(입식형)에서 차체 전방으로 튀어나온 앞바퀴 부분으로 차체의 안정을 유지하고 그 아웃트리거 안을 포크가 전후방으로 움직이며 작업을 하도록 되어 있다.
※ 조종사 보호 안전장치: 백 레스트, 안전벨트, 헤드 가드

02 공구 사용법에 대한 설명으로 틀린 것은?

① 볼트머리나 너트에 맞는 렌치를 선정하여 작업한다.
② 조정 렌치는 고정조가 있는 부분으로 힘이 가해지게 하여 사용한다.
③ 스패너 작업은 당기면서 하는 것보다 밀어서 작업하는 것이 안전하다.
④ 스패너에 파이프 등을 끼워서 사용해서는 안 된다.

해설 | 스패너를 이용하여 볼트머리(또는 너트)를 풀거나 조일 경우 밀어서 작업할 것보다 당기면서 하는 것이 사고 방지를 위해 안전하다. (작업 중 스패너와 볼트머리(또는 너트)와의 물림상태가 나빠 스패너가 이탈하더라도 미는 것보다 당길 때 사고 위험이 적다)
※ 조(jaw): 렌치에서 공작물이 물리는 부위를 말함

03 인양작업 시 화물의 중심에 대하여 필요한 사항을 설명한 것으로 틀린 것은?

① 화물 중량 중심이 하물의 위에 있는 것과 좌·우로 치우쳐있는 것은 특히 경사지지 않도록 주의 할 것
② 화물 중량 중심의 바로 위에 훅을 유도할 것
③ 화물의 중량 중심을 정확히 판단할 것
④ 화물 중량 중심은 스윙을 고려하여 여유 옵셋을 확보할 것

해설 | 옵셋은 화물 중량 중심과 훅 중심이 어긋나는 것을 말하고, 옵셋이 있으면 화물이 한쪽으로 기울어진다.

04 산업안전보건상 사업주의 의무와 비교할 때 근로자의 의무사항이 아닌 것은?

① 위험한 장소에는 출입금지
② 위험상황 발생 시 작업 중지 및 대피
③ 보호구 착용
④ 사업장의 유해, 위험요인에 대한 실태 파악 및 개선

해설 | 사업장의 유해, 위험요인에 대한 실태 파악 및 개선은 사업주가 부담하여야 할 의무이다.

05 회전 중인 물체를 정지시킬 때 안전한 방법은?

① 스스로 정지하도록 한다.
② 손으로 정지시킨다.
③ 공구로 정지시킨다.
④ 발로 정지시킨다.

해설 | 회전 중인 물체를 정지시킬 때는 강제로 정지시키는 것보다 스스로 정지하도록 하는 것이 안전하다.

06 화재에 대한 설명으로 틀린 것은?

① 화재가 발생하기 위해서는 가연성 물질, 산소, 발화원이 반드시 필요하다.
② 화재는 어떤 물질이 산소와 결합하여 연소하면서 열을 방출시키는 산화반응을 말한다.
③ 가연성 가스에 의한 화재를 D급 화재라 한다.
④ 전기 에너지가 발화원이 되는 화재를 C급화재라 한다.

해설 | 가연성 유류 및 가스에 의한 화재를 B급 화재라고 하며, D급 화재는 금속나트륨이나 금속칼륨 등의 금속화재를 말한다.

07 중량물을 들어 올리거나 내릴 때 손이나 발이 중량물과 지면 등에 끼어 발생하는 재해는?

① 낙하
② 협착
③ 충돌
④ 전도

해설 | 협착(狹窄)은 물체와 물체사이에 신체가 끼거나 물리는 사고를 말한다.
• 낙하: 물체가 높은 곳에서 낮은 곳으로 떨어져 가해지는 재해
• 충돌: 다른 물체와 맞부딪혀 신체상의 재해
• 전도: 사람이 바닥 등의 장애물에 걸려 넘어지는 재해

08 선반 작업, 목공 기계 작업, 연삭 작업, 해머 작업 등을 할 때 착용하면 불안전한 보호구는?

① 차광안경
② 방진안경
③ 장갑
④ 귀마개

해설 | 선반 작업, 목공 기계 작업, 연삭 작업, 해머 작업, 드릴 작업, 정밀 기계 작업 등에서 장갑을 착용할 경우 장갑이 공작기계에 쉽게 말려들 수 있고, 미끄러져 놓치는 등의 우려가 있다.

09 드라이버 사용 시 바르지 못한 것은?

① 드라이버 날 끝이 나사 홈의 너비와 길이에 맞는 것을 사용한다.
② (−) 드라이버 날 끝은 평범한 것이어야 한다.
③ 이가 빠지거나 둥글게 된 것은 사용하지 않는다.
④ 필요에 따라서 정으로 대신 사용한다.

해설 | 드라이버를 정 대신으로 사용하면 안 된다.

10 작업 시 안전사항으로 준수해야 할 사항 중 틀린 것은?

① 정전 시는 반드시 스위치를 끊을 것
② 딴 볼일이 있을 때는 기기 작동을 자동으로 조정하고 자리를 비울 것
③ 고장 중의 기기에는 반드시 표식을 할 것
④ 대형 화물을 기중 작업할 때는 서로 신호에 의거할 것

해설 | 작업 중 기기가 작동 되고 있을 때에는 자리를 비우지 않아야 하며, 부득이하게 자리를 이탈할 때는 기기의 작동을 멈추어야 한다.

정답 01 ② 02 ③ 03 ④ 04 ④ 05 ① 06 ③ 07 ② 08 ③ 09 ④ 10 ②

11 운전자는 작업 전에 장비의 정비 상태를 확인하고 점검 하여야 하는데 적합하지 않은 것은?

① 모터의 최고 회전 시 동력 상태
② 타이어 및 궤도 차륜상태
③ 낙석, 낙하물 등의 위험이 예상되는 작업 시 견고한 헤드 가이드 설치 상태
④ 브레이크 및 클러치의 작동상태

해설 | 모터의 최고 회전 시 동력 상태는 작업 전에 확인 점검할 수 있는 사항이 아니다.

12 지게차 조종석 계기판에 없는 것은?

① 연료계
② 냉각수 온도계
③ 운행거리 적산계
④ 엔진회전속도(rpm) 게이지

해설 | 일반 자동차는 운행거리 적산계를 통해 차량 점검 및 차량 수명 등을 체크하지만, 지게차는 아워미터를 통해 알 수 있다.

13 평탄한 노면에서의 지게차 하역 시 올바른 방법이 아닌 것은?

① 팔레트에 실은 짐이 안정되고 확실하게 실려 있는가를 확인한다.
② 포크는 상황에 따라 안전한 위치로 이동한다.
③ 불안정한 적재의 경우에는 빠르게 작업을 진행시킨다.
④ 팔레트를 사용하지 않고 밧줄로 짐을 걸어 올릴 때에는 포크에 잘 맞는 고리를 사용한다.

해설 | 적재가 불안정할 때 작업속도가 빠르면 화물의 붕괴위험이 커지므로 전체 화물의 적재가 안정상태로 조정하며 천천히 하역한다.

14 지게차의 일상점검 사항이 아닌 것은?

① 작동유의 양 점검
② 틸트 실린더 오일 누유 점검
③ 타이어 손상 및 공기압 점검
④ 변속기의 오일 점검

해설 | 변속기 오일은 교체주기가 다른 오일보다 길며, 일상점검 사항이 아니다.

15 지게차 제동장치의 마스터 실린더 조립 시 무엇으로 세척하는 것이 좋은가?

① 솔벤트
② 브레이크 액
③ 석유
④ 경유

해설 | 마스터 실린더는 제동장치의 구성품이며, 브레이크 오일은 다른 유체와 혼입되면 성상이 변하므로 브레이크 오일로만 세척한다. (연료 구성품은 해당 연료로, 제동장치는 브레이크 액으로 윤활·세척한다)

16 지게차 조향바퀴정렬의 요소가 아닌 것은?

① 캠버(camber)
② 토인(toe in)
③ 부스터(booster)
④ 캐스터(caster)

해설 | 조향바퀴 얼라인먼트(조향바퀴정렬)는 토인, 캠버, 캐스터, 킹핀 경사각이다.

17 지게차 포크의 간격은 팔레트 폭의 어느 정도로 하는 것이 가장 적당한가?

① 팔레트 폭의 1/2 ~ 1/3
② 팔레트 폭의 1/3 ~ 2/3
③ 팔레트 폭의 1/2 ~ 2/3
④ 팔레트 폭의 1/2 ~ 3/4

해설 | 지게차의 포크의 적정 간격은 팔레트 폭의 1/2~3/4 정도이다.

18 지게차 조향장치의 유압 조향 실린더 작동기와 벨 크랭크 사이에 설치되는 것은?

① 피트먼 암
② 드래그링크
③ 마스트
④ 기어박스

해설 | 드래그링크는 지게차 조향장치의 피트먼 암과 조향 너클을 연결하는 로드로, 조향휠과 조향바퀴 사이에 거리가 있으므로 드래그링크가 피트먼 암의 회전을 조향 바퀴에 전달한다. (25페이지 참조)

19 지게차의 하역작업에 대한 설명이다. 가장 거리가 먼 것은?

① 짐을 내릴 때는 마스트를 앞으로 약 4°정도 경사 시킨다.
② 리프트 레버를 사용할 때 시선은 포크를 주시한다.
③ 파렛트에 실은 짐이 안정되고 확실하게 실려 있는가를 확인한다.
④ 짐을 내릴 때 가속페달을 사용하여 신속하게 짐을 내린다.

해설 | 인칭페달을 밟은 상태에서 가속페달을 밟으면 상승 속도가 빨라지고 짐을 내릴 때에는 사용하지 않는다.

20 건설기계조종사의 적성검사에 대한 설명으로 옳은 것은?

① 적성검사에 합격하여야 면허 취득이 가능하다.
② 적성검사는 2년마다 실시한다.
③ 적성검사는 수시 실시한다.
④ 적성검사는 60세까지만 실시한다.

해설 | 적성검사에 합격해야 면허 취득이 가능하다. 적성검사는 10년마다 실시하며, 65세 이상인 경우는 5년이다.

21 건설기계관리법령상 건설기계의 등록말소 사유로 적절하지 않은 것은?

① 건설기계의 차대가 등록 시의 차대와 다른 경우
② 건설기계를 도난당한 경우
③ 건설기계를 정기검사한 경우
④ 건설기계를 교육·연구목적으로 사용하는 경우

해설 | 건설기계의 정기검사는 의무사항이며, 등록말소 사유와 무관하다.

22 지게차 운전 시 주의사항으로 가장 거리가 먼 것은?

① 화물을 실어 전방이 안 보이면 후진으로 주행한다.
② 동승자를 태우고 교통상황을 확인하며 주행한다.
③ 통행은 우측으로 주행한다.
④ 바닥의 견고성을 확인한 후 주행한다.

해설 | 지게차를 운전할 때 사람을 태우고 작업하거나 운행하면 안된다.

23 건설기계관리법령상 건설기계 검사에 해당하지 않는 것은?

① 수시검사
② 신규등록검사
③ 일시검사
④ 구조변경검사

해설 | 건설기계의 검사: 신규등록검사, 정기검사, 수시검사, 구조변경검사

24 「도로명 및 도로구간」에 대한 설명으로 틀린 것은?

① 도로명에는 도로의 폭이나 차선의 수에 따라 "대로", "로", "길"을 붙인다.
② 도로명은 도로명주소를 부여하기 위하여 도로구간마다 부여한 이름이다.
③ 도로구간의 설정은 시작지점이 서쪽인 경우 끝지점을 동쪽으로 한다.
④ "~로"란 8차로 이상의 도로를 말한다.

해설 | 대로 > 로 > 길

대로(大路)	왕복 8차로(도로의 폭은 40m) 이상인 도로
로(路)	왕복 2차로(도로 폭 12m) 이상 8차로 미만 도로
길(街)	'로'보다 좁은 도로

25 술에 취한 상태의 기준은 혈중 알콜 농도가 최소 몇 퍼센트 이상인 경우인가?

① 0.02　　　　　② 0.03
③ 0.08　　　　　④ 0.2

해설 | 음주 운전: 혈중 알콜농도 0.03% 이상

26 건식 공기청정기의 세척 방법으로 옳은 것은?

① 압축공기로 안에서 밖으로 불어낸다.
② 압축오일로 밖에서 안으로 불어낸다.
③ 압축오일로 안에서 밖으로 불어낸다.
④ 압축공기로 밖에서 안으로 불어낸다.

해설 | 건식 공기청정기는 바깥쪽에서 안으로 공기가 들어오는 구조이므로 세척할 때 에어건을 이용하여 컴프레셔의 압축된 공기를 안에서 밖으로 불어낸다.

27 건설기계의 구조를 변경할 수 없는 경우에 해당하는 것은?

① 조종장치의 형식 변경
② 건설기계의 길이, 너비, 높이 변경
③ 적재함의 용량 증가를 위한 변경
④ 수상작업용 건설기계의 선체의 형식변경

해설 | 구조 변경이 불가한 경우
• 건설기계의 기종변경
• 육상작업용 건설기계의 규격 증가
• 적재함의 용량 증가
• 등록된 차대의 변경
• 변경전보다 성능 또는 보안상의 안전도가 저하될 우려가 있는 경우의 변경

28 건설기계관리법상 등록 말소 사유에 해당하지 않는 것은?

① 건설기계를 수출하는 경우
② 건설기계조종사 면허가 취소된 경우
③ 거짓 그 밖의 부정한 방법으로 등록한 경우
④ 건설기계의 차대가 등록 시 차대와 다른 경우

해설 | 건설기계조종사 면허가 취소된 경우는 등록 말소 사유에 해당하지 않는다.
① ③ ④ 이외에도 건설기계를 교육·연구 목적으로 사용하는 경우, 건설기계를 폐기하는 경우, 건설 기계를 도난당한 경우 등이 [건설기계관리법]상 등록 말소 사유에 해당한다.

29 다음 그림과 같은 교통표지의 설명으로 맞는 것은?

① 좌로 일방통행 표지
② 우로 일방통행 표지
③ 일단 정지 표지
④ 진입 금지 표지

해설 | 진입 금지 표지이다.(주의할 것)

30 자가용 건설기계 등록번호표의 색상은?

① 녹색 판에 흰색 문자
② 주황색 판에 흰색 문자
③ 백색 판에 검정색 문자
④ 적색 판에 흰색 문자

해설 | 등록번호표의 식별색칠

자가용	녹색 판에 흰색 문자
영업용	주황색 판에 흰색 문자
관용	흰색 판에 검은색 문자

31 승차 또는 적재의 방법과 제한에서 운행상의 안전기준을 넘어서 승차 및 적재가 가능한 것으로 맞는 것은?

① 도착지를 관할하는 경철서장의 허가를 받은 때
② 동·읍 면장의 허가를 받은 때
③ 관할 시·군수의 허가를 받은 때
④ 출발지를 관할하는 경찰서장의 허가를 받은 때

해설 | 모든 차의 운전자는 승차 인원, 적재중량 및 적재용량에 관하여 대통령령으로 정하는 운행상의 안전기준을 넘어서 승차시키거나 적재한 상태로 운전하여서는 아니 된다. 다만, 출발지를 관할하는 경찰서장의 허가를 받은 경우에는 그러하지 아니하다.

32 냉각팬의 벨트 유격이 너무 클 때 일어나는 현상으로 옳은 것은?

① 발전기의 과충전이 발생된다.
② 강한 텐션으로 벨트가 절단된다.
③ 기관 과열의 원인이 된다.
④ 점화시기가 빨라진다.

해설 | 냉각팬 벨트는 크랭크축의 회전력을 냉각팬에 전달하여 냉각팬에 의해 열을 식히므로, 벨트 유격이 헐거우면 냉각팬 구동이 불량하므로 냉각효과가 떨어져 엔진 과열의 원인이 된다.

정답 | 23 ③　24 ④　25 ②　26 ①　27 ③　28 ②　29 ④　30 ①　31 ④　32 ③

33 디젤기관의 연료분사 노즐에서 섭동면의 윤활은 무엇으로 하는가?

① 경유
② 윤활유
③ 기어오일
④ 그리스

해설 | 섭동면이란 일정하게 동작하는 면을 말하며, 연료부품을 오일이나 구리스와 같은 다른 성분의 윤활유로 윤활할 경우 녹거나 변질되므로 반드시 연료(경유)로 해야한다.

34 디젤 기관에 사용되지 않는 수온 조절기의 형식은?

① 벨로즈형
② 펠릿형
③ 블라인더형
④ 바이메탈형

해설 | 수온조절기의 종류: 벨로즈형, 펠릿형, 바이메탈형

35 기관의 피스톤이 고착되는 원인으로 틀린 것은?

① 압축 압력이 정상일 때
② 기관이 과열되었을 때
③ 냉각수의 양이 부족할 때
④ 기관오일이 부족하였을 때

해설 | 피스톤이 고착은 피스톤과 실린더 벽 사이의 간극이 없을 때 발생한다. 그러므로 냉각수량의 부족으로 엔진 과열로 인해 피스톤 팽창이 될 수 있으며, 오일 부족으로 윤활이 안될 때, 피스톤과 실린더 벽의 간극이 적을 때 발생될 수 있다.

36 직류(DC) 발전기의 계자코일, 계자철심과 같이 자속을 만드는 역할을 교류(AC) 발전기는 어느 부품이 하는가?

① 정류기
② 로터
③ 스테이터
④ 전기자

해설 | **직류발전기과 교류발전기**

기능	직류발전기	교류발전기
자속 발생	계자	로터
기전력 발생	전기자	스테이터

37 지게차에서 앞바퀴 정렬의 역할과 거리가 먼 것은?

① 방향 안정성을 준다.
② 브레이크의 수명을 길게 한다.
③ 조향핸들의 조작을 작은 힘으로 쉽게 할 수 있게 한다.
④ 타이어 마모를 최소로 한다.

해설 | 앞바퀴 정렬(얼라인먼트)의 역할
• 조향 휠의 조작안정성 및 주행안정성을 준다.
• 조향 휠에 복원성을 준다.
• 조향휠의 조작력을 가볍게 한다.
• 타이어의 편마모 방지로 타이어의 수명 연장
※ 앞바퀴 정렬은 브레이크의 수명과는 관련이 없다.

38 충전장치에서 발전기는 어떤 축과 연동되어 작동되는가?

① 추진축
② 캠축
③ 크랭크축
④ 변속기 입력축

해설 | 엔진이 구동되면 크랭크축의 회전력은 팬벨트를 통해 발전기의 로터가 회전하고, 스테이터는 로터의 자속을 끊어 스테이터 코일에서 3상 교류전압이 발생한다.

39 건설기계에서 사용되는 납산 축전지의 용량 단위는?

① PS
② kV
③ KW
④ Ah

해설 | 축전지의 용량: 암페어시(Ah) → 전류(Ampere)×시간(hour) 즉, 1시간동안 보낼 수 있는 전류량을 의미한다.

40 긴 내리막길을 내려갈 때 베이퍼록을 방지하려고 하는 좋은 운전 방법은?

① 변속레버를 중립으로 놓고 브레이크 페달을 밟고 내려간다.
② 시동을 끄고 브레이크 페달을 밟고 내려간다.
③ 엔진 브레이크를 사용한다.
④ 클러치를 끊고 브레이크 페달을 계속 밟고 속도를 조정하며 내려간다.

해설 | 긴 내리막에서 베이퍼록을 방지하는 가장 좋은 방법은 엔진 브레이크를 사용하는 것이다.

41 전조등 회로에 대한 설명으로 맞는 것은?

① 전조등 회로는 병렬로 연결되어 있다.
② 전조등 회로 전압은 5V 이하이다.
③ 전조등 회로는 퓨즈와 병렬로 연결되어 있다.
④ 전조등 회로는 직, 병렬로 연결되어 있다.

해설 | 전조등 회로는 한쪽 전등이 고장나도 다른 쪽 작동되어야 하므로 병렬로 연결된 복선식으로 구성된다.
② 전조등 회로 전압은 12V이다.
③ 전조등 회로는 퓨즈와 직렬로 연결되어 있다.

42 타이어식 건설기계에서 조향 바퀴의 토인을 조정하는 곳은?

① 핸들
② 타이로드
③ 웜 기어
④ 드래그 링크

해설 | 조향바퀴의 토인은 타이로드의 나사를 이용하여 조정한다.

43 지게차의 리프트 실린더는 주로 어떤 형식의 실린더가 사용되는가?

① 조합형 실린더
② 다단 실린더
③ 복동 실린더
④ 단동 실린더

해설 | 지게차의 리프트 실린더는 포크를 상승, 하강시키는 실린더로 주로 단동 실린더가 사용된다. 포크를 상승할 때에만 유압이 가해지고, 하강할 때는 포크 및 적재물의 자체 중량에 의한다.

정답 33 ① 34 ③ 35 ① 36 ② 37 ② 38 ③ 39 ④ 40 ③ 41 ① 42 ② 43 ④

44 클러치의 용량은 기관 회전력의 몇 배 인가?

① 1.5~2.5배   ② 3~5배

③ 4~6배   ④ 5~9배

해설 | 클러치의 용량은 일반적으로 기관의 최대 토크에 대해 1.5~2.5배 정도이다.

45 지게차 포크 가이드의 기능으로 적합한 것은?

① 포크를 이용하여 다른 짐을 이동시키기 위해 필요한 것이다.

② 마스트를 따라 체인을 올리고 내리는 기능을 한다.

③ 포크를 상하로 이동시키기 위해 필요하다.

④ 팔레트가 기울여지지 않도록 하는데 필요하다.

해설 | 포크 가이드는 지게차 포크로 들어올릴 수 있도록 포크를 삽입할 수 있는 공간을 말한다.

지게차 포크 가이드

46 지게차의 작업장치의 종류에 속하지 않는 것은?

① 힌지드 버킷   ② 리퍼

③ 사이드 시프트   ④ 로드 스태빌라이저

해설 | 리퍼는 굴착기 등에 장착되며, 전면에 날카로운 이빨이 있어 땅 속 깊이 파고들어 흙을 더 많이 굴착할 수 있도록 한다.

47 기준부하상태의 지게차가 포크(쇠스랑)를 들어 올린 경우 하강작업 또는 유압 계통의 고장에 의한 쇠스랑의 하강속도는 초당 몇 m 이하이어야 하는가?

① 0.2   ② 0.8

③ 0.4   ④ 0.6

해설 | [건설기계 안전기준에 관한 규칙] 지게차의 기준부하상태에서 쇠스랑을 들어 올린 경우 하강작업 또는 유압 계통의 고장에 의한 쇠스랑의 하강속도는 0.6 m/s 이하여야 한다.

48 유압장치에 사용되는 블래더형 어큐뮬레이터(축압기)의 고무주머니 내에 주입되는 물질로 맞는 것은?

① 유압 작동유

② 메탄가스

③ 질소

④ 압축공기

해설 | 블래더형 축압기는 기체(질소)와 액체(작동유)를 분리하기 위해 블래더(고무주머니)를 사용하며, 블래더 속에 질소가스를 충진한다. (다른 기체에 비해서 화재에 안정적이다)

충전 밸브
블래더
질소 가스
유압 작동유

49 지게차에서 기준 무부하 상태에서 마스트를 수직으로 하되 마스트의 높이를 변화시키지 않은 상태에서 포크의 높이를 최저 위치에서 최고 위치로 올릴 수 있는 경우의 높이는?

① 기준 틸팅 높이

② 프리 리프트 높이

③ 프리 틸팅 높이

④ 기준 부하 높이

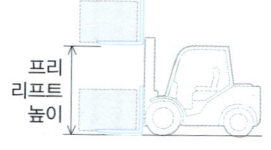

프리 리프트 높이

해설 | 마스트의 높이를 변화시키지 않은 상태에서 포크의 높이를 최저 위치에서 최고 위치로 올릴 수 있는 최대올림높이는 "프리 리프트 높이"이다.
- 지게차의 기준부하상태: 지면으로부터의 높이가 300mm인 수평상태의 지게차의 포크(쇠스랑) 윗면에 최대하중이 고르게 가해지는 상태
- 지게차의 기준무부하상태: 지면으로부터의 높이가 300mm인 수평상태의 지게차의 포크(쇠스랑)의 윗면에 하중이 가해지지 아니한 상태
- 최대 올림 높이: 마스트를 수직으로 하고 포크(쇠스랑)를 최고위치로 올릴 때의 지면에서 쇠스랑의 가장 윗부분까지의 높이로 한다.

50 지게차의 작업장치 중 석탄, 소금, 비료, 모래 등 흘러내리기 쉬운 화물을 운반하는데 적합한 것은?

① 스키드 포크

② 로테이팅 포크

③ 로드 스테빌라이저

④ 힌지드 버킷

해설 | 지문은 힌지드 버킷을 설명한 것이다. 버킷(bucket)은 '통'을 의미하며, 힌지드(hinged)는 '지지'의 의미로, 지지점을 기준으로 버킷이 위아래로 왕복하는 구조이다.

51 유압유에서 잔류탄소의 함유량은 무엇을 예측하는 척도인가?

① 열화   ② 발화

③ 산화   ④ 포화

해설 | 열화(劣化)는 윤활제의 성상이 변화하여 수명이 감소되고 있는 상태를 의미하며, 열화 되었다고 윤활유가 전부 변질하여 쓸 수 없는 것은 아니며 대부분 오염된 상태에 있음을 말하고 있습니다. 열에 의해 오일이 건유되어 탄화되고 다량의 탄화탄소가 생긴다. (산화는 열화의 원인이므로 정답이 될 수 있으나 열화가 정답에 더 가깝다)

52 유압장치에서 내구성이 강하고 작동이나 움직임이 있는 곳에 사용하기 적합한 호스는?

① 강 파이프 호스

② PVC 호스

③ 구리 파이프 호스

④ 플렉시블 호스

해설 | 플렉시블 호스(flexible hose)는 구부러지기 쉬운(유연한) 호스를 말하며, 유압장치에서 작동하거나 움직임이 있는 곳에서 사용하기 적합하다.

53 유압장치의 구성요소가 아닌 것은?

① 제어밸브   ② 유압펌프

③ 차동장치   ④ 오일탱크

해설 | 차동장치는 자동차가 회전할 때 엔진 동력이 좌우 구동바퀴에 회전수를 달리하여 바깥쪽 바퀴의 회전속도를 증가, 안쪽 바퀴의 회전속도를 감소시켜 회전을 원활하게 도와주는 동력전달장치이다.

정답 44 ①   45 ①   46 ②   47 ④   48 ③   49 ②   50 ④   51 ①   52 ④   53 ③

54 차량이 남쪽에서 북쪽으로 진행 중일 때, 그림의 표지에 대한 설명으로 틀린 것은?

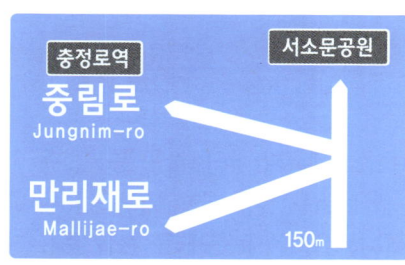

① 차량을 좌회전하는 경우 '만리재로, 또는 '중림로'로 진입할 수 있다.
② 차량을 좌회전하는 경우 '만리재로' 또는 '중림로' 도로 구간의 끝지점과 만날 수 있다.
③ 차량을 직진하는 경우 '서소문공원' 방향으로 갈 수 있다.
④ 차량을 '중림로'로 좌회전하면 '충정로역' 방향으로 갈 수 있다.

해설 | 차량을 좌회전하는 경우 '만리재로' 또는 '중림로, 도로 구간의 시작지점과 만날 수 있다.

55 건설기계에 사용되는 유압펌프의 종류가 아닌 것은?

① 베인 펌프
② 플런저 펌프
③ 기어 펌프
④ 진공 펌프

해설 | 건설기계에는 베인 펌프, 기어 펌프, 플런저(피스톤) 펌프가 사용된다.

56 다음 유압기호에 해당하는 것은?

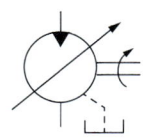

① 가변 토출 밸브
② 가변용량형 유압 모터
③ 가변 흡입 밸브
④ 유압 펌프

해설 | 가변용량형 유압 모터

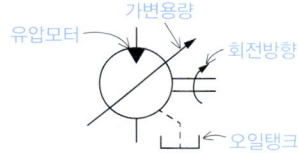

57 유압회로에 사용되는 유압밸브의 역할이 아닌 것은?

① 일의 방향을 변환시킨다.
② 일의 크기를 조정한다.
③ 일의 관성을 제어한다.
④ 일의 속도를 제어한다.

해설 | 유압회로에 사용되는 유압밸브는 압력(일의 크기), 방향(일의 방향), 유량(일의 속도)을 제어한다.

58 유압회로 내의 유압이 상승하지 않을 때 점검사항으로 옳지 않은 것은?

① 자기 탐상법에 의한 작업장치의 균열 점검
② 펌프로부터 정상 유압이 발생하는지 점검
③ 오일탱크의 오일량 점검
④ 오일이 누출되는지 점검

해설 | 자기 탐상법은 철강 표면 또는 내부에 생긴 미세한 균열을 자기력선 속의 변화를 이용하여 찾아내는 비파괴 검사법이다.

59 유압유의 열화를 촉진시키는 가장 직접적인 원인은?

① 유압유의 온도상승
② 배관에 사용되는 금속의 강도 약화
③ 공기 중의 습도 저하
④ 유압펌프의 고속 회전

해설 | 유압유의 열화의 원인에는 산화, 물·공기 접촉, 오염물질과 접촉 등이 있으며, 가장 직접적인 원인은 온도상승이다.

60 유압 모터와 유압 실린더의 설명으로 맞는 것은?

① 둘 다 왕복운동을 한다.
② 모터는 직선운동, 실린더는 회전운동을 한다.
③ 모터는 회전운동, 실린더는 직선운동을 한다.
④ 둘 다 회전운동을 한다.

해설 | 유압 모터는 회전운동, 유압 실린더는 직선왕복운동을 한다.

정답 54 ② 55 ④ 56 ② 57 ③ 58 ① 59 ① 60 ③

| PART 2 |

CBT 상시대비 핵심모의고사 **05**회

01 유압펌프의 기능을 설명한 것으로 옳은 것은?

① 유체 에너지를 동력으로 전환한다.
② 어큐뮬레이터와 동일한 역할을 한다.
③ 엔진의 기계적 에너지를 유체 에너지로 전환한다.
④ 유압회로 내의 압력을 측정한다.

해설 | 유압펌프는 엔진 또는 모터의 기계적 에너지를 유체 에너지로 전환시킨다.

02 안전·보건표지의 종류와 형태에서 그림의 안전표지판이 나타내는 것은?

① 출입금지
② 사용금지
③ 보행금지
④ 차량통행금지

해설 | 출입금지   보행금지   차량통행금지

03 기관의 과열 원인으로 가장 적절하지 않은 것은?

① 워터펌프의 결함으로 냉각수 순환 안됨
② 라디에이터 코어가 막힘
③ 수온조절기가 열려있는 채로 고착됨
④ 배기 계통의 막힘이 많이 발생함

해설 | 수온조절기는 엔진 효율을 높이기 위해 엔진 온도를 적절하게 유지시키는 역할을 한다. 수온조절기가 열려있는 채로 고착되면 과냉이 되고, 닫힌 채로 고착되면 기관이 과열된다.

04 도로교통법령상 교차로의 가장자리나 도로의 모퉁이로부터 몇 m 이내의 장소에 정차하거나 주차하여서는 안 되는가?

① 3   ② 5   ③ 10   ④ 15

해설 | 교차로의 가장자리나 도로의 모퉁이로부터 5m 이내에 차량을 주차시키거나 정차시키면 안 된다.

05 줄 작업을 할 때 올바른 방법이 아닌 먼 것은?

① 허리를 곧게 펴고 한 손만 사용하여 작업한다.
② 작업 시작 전에 줄의 상태를 확인한다.
③ 작업 중 발생하는 절삭 가루의 제거에는 솔을 사용한다.
④ 공작물을 정확히 바이스에 고정한다.

해설 | 줄이 공작물에 힘을 가하기 위해 한손으로 줄 끝을 잡는다.

공작물   줄(file)
바이스
작업대

06 건설기계등록번호표의 도색이 흰색판에 검은색 문자인 경우는?

① 영업용
② 관용
③ 자가용
④ 수입용

해설 | 등록번호표의 식별색 기준

자가용	녹색 판에 흰색 문자
영업용	주황색 판에 흰색 문자
관용	흰색 판에 검은색 문자

07 유압탱크의 구비조건으로 **틀린** 것은?

① 오일에 이물질이 혼입되지 않도록 밀폐되어 있어야 한다.
② 적당한 크기의 주유구 및 스트레이너를 설치한다.
③ 드레인(배출밸브) 및 유면계를 설치한다.
④ 오일 냉각을 위한 쿨러를 설치한다.

해설 | 오일 쿨러는 과열된 작동유의 온도를 낮추기 위한 것으로 유압탱크가 아니라 유압장치의 리턴라인에 설치한다.

08 '보통화재'라고 하며 목재, 종이, 섬유 등 일반 가연물의 화재로 분류되는 것은?

① A급 화재
② B급 화재
③ C급 화재
④ D급 화재

해설 | 화재의 종류

종류		의미	소화방법
A급 화재	보통화재 (일반화재)	목재, 종이, 섬유 등의 일반 가연 물화재	물에 의한 냉각소화 또는 분말소화약제
B급 화재	유류화재	가연성 유류 또는 가스에 의한 화재	공기를 차단시켜 질식소화방법 - 포소화약제 이용, 할로겐화합물, 이산화탄소, 분말소화약제
C급 화재	전기화재	전기에 의한 화재	이산화탄소, 할로겐화물소화약제, 분말소화약제
D급 화재	금속화재	마그네슘이나 금속나트륨 등의 가연성 금속화재	팽창질석, 팽창진주암, 마른 모래 등을 사용

09 지게차의 분류 중 동력원에 의한 분류가 아닌 것은?

① LPG 지게차
② 디젤 지게차
③ 전동 지게차
④ 복륜식 지게차

해설 | 동력원에 의한 분류: 디젤지게차, LPG지게차, 가솔린지게차, 전동지게차

정답 01 ③ 02 ② 03 ③ 04 ② 05 ① 06 ② 07 ④ 08 ① 09 ④

10 산업재해의 분류에서 사람이 평면상으로 넘어졌을 때(미끄러짐 포함)를 말하는 것은?

① 낙하 ② 충돌
③ 전도 ④ 추락

해설 | 산업재해에서 미끄러짐을 포함하여 넘어지는 것을 '전도'라고 한다.

11 지게차의 앞, 뒤 바퀴 유압회로에 각각 1개씩 설치되어 한쪽 바퀴의 브레이크가 파열되어도 다른 쪽 바퀴는 정상적으로 작동되도록 한 것은?

① 로드 센싱 밸브 ② 휠스피드 방지 장치
③ 탠덤 마스터 실린더 ④ 단동 실린더

해설 | 탠덤 마스터실린더 유압 브레이크 장치에서 한쪽 오일회로에 문제가 발생할 경우 앞·뒤 바퀴의 제동력을 분리 시켜 제동 안정성을 확보한다. 전·후륜 또는 'X'자 형식의 대칭으로 각 각 독립적으로 작용을 하는 2계통의 오일탱크와 피스톤을 둔 실린더이다. 한쪽 회로 고장 발생 시 다른 한쪽이 제동력을 발휘할 수 있는 장점이 있다.

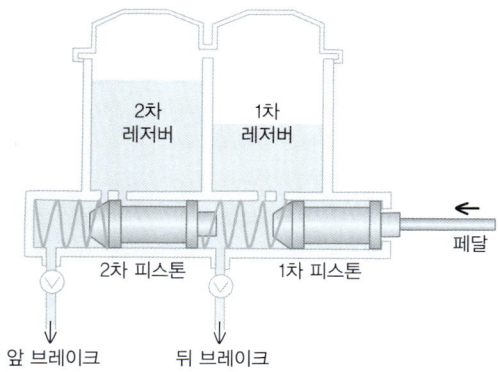

12 지게차의 리프트 실린더(lift cylinder) 작동회로에 사용되는 플로우 레귤레이터(슬로우 리턴) 밸브의 주된 사용 이유는?

① 포크를 천천히 하강하도록 작용한다.
② 포크를 상승시 압력을 높이는 작용을 한다.
③ 짐을 하강할 때 신속하게 내려오도록 작용한다.
④ 리프트 실린더에서 포크 상승 중 중간 정지 시 내부 누유를 방지한다.

해설 | 플로우 레귤레이터(슬로우 리턴) 밸브
리프트 실린더는 단동형으로 상승시에는 유압이 공급되지만 하강시에는 자중에 의하므로, 포크에 화물이 실린 경우 하강속도가 빨라져 충격이 가해지므로 천천히 하강하도록 한다.

13 지게차가 무부하상태에서 최대 조향각으로 운행 시 가장 바깥쪽 바퀴의 접지자국 중심점이 그리는 원의 반경을 무엇이라고 하는가?

① 최대 회전반경 ② 최소 직각교차 통로폭
③ 최소 회전반경 ④ 축간거리

해설 | 최소 회전 반지름(반경)은 최대 조향각으로 회전할 때, 기준 바퀴를 중심으로 가장 바깥쪽 바퀴의 접지면 중심이 그리는 원의 반지름을 말한다.

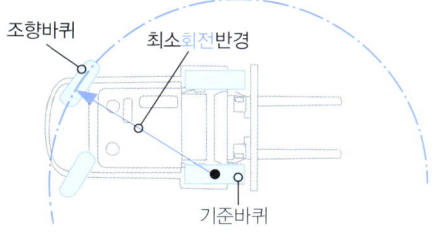

14 지게차 용도에 따른 분류 중 어느 분류에 속하는가?

① 운반장비
② 포장장비
③ 인양장비
④ 토목장비

해설 | 지게차는 화물을 운반하는 목적으로 사용된다.

15 지게차의 구동방식에 대한 설명으로 맞는 것은?

① 앞바퀴로 구동된다.
② 앞·뒷바퀴로 구동된다.
③ 뒷바퀴로 구동된다.
④ 중간차축에 의해 구동된다.

해설 | 지게차는 앞바퀴로 구동되고, 뒷바퀴로 조향한다.

16 기계 취급에 관한 안전수칙으로 옳지 못한 것은?

① 기계운전 중에는 자리를 지킨다.
② 기계의 청소는 작동 중에 수시로 한다.
③ 기계운전 중 정전 시 메인 스위치를 끈다.
④ 기계공장에서는 작업복과 안전화를 착용한다.

해설 | 기계의 청소는 기계의 작동이 멈춘 후에 실시한다.

17 산업안전보건법상 안전보건표지에서 색채와 용도가 틀리게 짝지어진 것은?

① 파란색: 지시 ② 녹색: 안내
③ 빨간색: 금지, 경고 ④ 노란색: 위험

해설 | 노란색: 경고 (암기법: 노경파지적금고)

18 지게차 작업장치에서 작업 전 점검사항에 해당하는 것은?

① 버킷 실린더의 오일 누유 여부
② 블레이드의 정상적인 좌·우 이동 여부
③ 좌·우 마스트 체인의 유격 동일 여부
④ 좌·우 붐 인양 로프의 마모 여부

해설 | 버킷 실린더는 로더의 구성품이며, 블레이드는 모터그레이더의 구성품이며, 붐은 굴삭기의 구성품이다.

19 지게차 운전자가 지켜야 할 안전수칙으로 틀린 것은?

① 허용 하중을 초과하여 운행하지 말 것
② 화물을 높이 들고 운반하지 말 것
③ 포크 끝단으로 화물을 올리지 말 것
④ 화물로 인하여 전면시야가 방해 받을 경우 후진 운행 하지 말 것

해설 | 안정상 부피가 크거나 전면시야가 방해 받을 경우 후진으로 운행해야 한다.

20 건설기계 조종 중 재산피해를 입혔을 때 피해금액 50만원 마다 면허 효력정지 기간은?

① 1일
② 2일
③ 3일
④ 5일

해설 | 건설기계 조종 중 재산피해를 입혔을 때는 피해금액 50만원마다 면허효력정지 1일이다.

21 지게차의 작업방법 중 틀린 것은?

① 경사길에서 내려올 때는 후진으로 진행한다.
② 주행방향을 바꿀 때에는 완전 정지 또는 저속에서 운행한다.
③ 틸트는 적재물이 백레스트에 완전히 닿도록 하고 운행한다.
④ 앞바퀴가 지면에서 5cm 이상 들릴 때 밸런스 카운터 중량을 높인다.

해설 | 밸런스 카운터(카운터 웨이트)는 화물 중량으로 인해 뒷바퀴가 지면에서 들리는 것을 방지해 지게차 후부에 무거운 쇳덩이를 말하며 앞바퀴가 들리면 무게를 줄여야 한다.

22 지게차에서 주행 중 핸들이 떨리는 원인으로 틀린 것은?

① 노면에 요철이 있을 때
② 포크가 휘었을 때
③ 휠이 휘어졌을 때
④ 타이어 밸런스가 맞지 않을 때

해설 | 포크는 핸들의 떨림과는 무관하다.

23 겨울철에 지게차 운행 및 점검 방법 중 틀린 것은?

① 지게차를 작동시키기 전에 창문에 있는 얼음이나 눈 등을 제거한다.
② 빙판길 주행 시는 신속히 통과한다.
③ 부동액 상태를 점검한다.
④ 지게차에 승하차 시 또는 점검 시 미끄럼 방지 처리가 되지 않은 부분을 밟지 않는다.

해설 | 빙판길 주행 시 1/2 이하로 감속하여 서행하여야 한다.

24 건설기계 등록자가 다른 시·도로 변경되었을 경우 해야 할 사항은?

① 등록사항 변경 신고를 하여야 한다.
② 등록증과 검사증을 등록처에 제출한다.
③ 등록증을 당해 등록처에 제출한다.
④ 등록이전 신고를 하여야 한다.

해설 | 시·도 간의 변동이 있을 경우에 등록이전 신고를 해야 한다.

25 지게차에서 10시간마다 또는 매일 점검해야 하는 사항이 아닌 것은?

① 연료탱크 연료의 양
② 엔진 오일의 양
③ 종감속기어 오일의 양
④ 타이어 공기압

해설 | 종감속 기어(트랜스액슬) 오일량의 점검주기는 50~250시간 또는 1개월이다.

26 차마가 길가의 건물이나 주차장 등에서 도로로 들어가고자 하는 때의 통행방법으로 가장 적절한 것은?

① 일단 정지 후 안전을 확인하면서 서행한다.
② 수신호와 함께 진행한다.
③ 경음기를 사용하면서 통과한다.
④ 보행자가 있는 경우는 빨리 통과한다.

해설 | 일단 정지 후 안전을 확인하면서 서행으로 진입한다.

27 건설기계 조종 면허에 관한 사항으로 틀린 것은?

① 운전면허로 조종할 수 있는 건설기계는 없다.
② 건설기계 조종을 위해서는 해당 부처에서 규정하는 면허를 소지하여야 한다.
③ 건설기계조종사 면허의 적성검사는 도로교통법상 제1종 운전면허에 요구되는 신체검사서로 갈음할 수 있다.
④ 소형건설기계는 관련법에서 규정한 기관에서 교육을 이수한 후에 소형건설기계조종면허를 취득할 수 있다.

해설 | 덤프트럭, 아스팔트 살포기, 노상 안정기 등은 운전면허(1종 대형면허)로 운전할 수 있다.

28 지게차가 안전하게 적재작업을 위해 마스트의 전경각으로 가장 적절한 것은?

① 15~20°
② 5~6°
③ 20~25°
④ 11~15°

해설 | 마스트 전체를 수직에서 전방 또는 후방으로 경사 시키는 최대한의 각도로 통상 안전성을 위하여 전경각의 경우 5~6°이며, 후경각은 10~12° 범위이다.

29 그림과 같은 유압기호에 해당하는 밸브는?

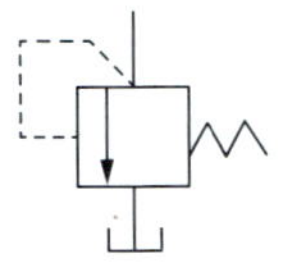

① 리듀싱 밸브
② 카운터 밸런스 밸브
③ 릴리프 밸브
④ 체크 밸브

해설 | 릴리프 밸브

30 지게차에서 저압타이어를 사용하는 주된 이유는?

① 고압타이어는 파손이 쉽고 정비의 난이도가 높기 때문에 저압타이어를 사용한다.
② 저압타이어는 지게차의 롤링 방지를 위해 현가스프링을 장착하지 않기 때문에 사용한다.
③ 저압타이어는 조향을 쉽게 하고 타이어의 접착력이 크게 하기 때문에 사용한다.
④ 고압타이어는 가격적 측면에 비경제적이고 사용기간이 짧기 때문에 저압타이어를 사용한다.

해설 | 지게차는 운반 시 화물 낙하를 방지하기 위해 롤링(rolling)으로 인한 좌우 흔들림을 최소화해야 한다. 그러므로 일반 자동차와 달리 현가스프링을 장착하지 않기 때문에 저압타이어를 사용한다.

정답 20 ① 21 ④ 22 ② 23 ② 24 ④ 25 ③ 26 ① 27 ① 28 ② 29 ③ 30 ②

31 건설기계 등록신청 시 첨부하지 않아도 되는 서류는?

① 건설기계 제작증
② 호적등본
③ 건설기계 소유자임을 증명하는 서류
④ 건설기계 제원표

> 해설 | 건설기계 등록신청 시 제출서류
> • 건설기계 등록신청서 및 건설기계 제작증
> • 건설기계 양도증명서(제작회사) 및 건설기계제원표
> • 건설기계의 소유자임을 증명하는 서류
> • 신분증, 보험가입증명서
> • 사용본거지 근거서류(사업자등록증 사본 또는 법인등기부등본)
> • 차대각자 3부 등

32 다음 도로명판에 대한 설명으로 맞는 것은?

강남대로 1→699
Gangnam-daero

① "강남대로"는 도로이름을 나타낸다.
② "1→" 이 위치는 도로 끝나는 지점이다.
③ 왼쪽과 오른쪽 양 방향용 도로명판이다.
④ 강남대로는 699미터이다.

> 해설 | 강남대로는 도로이름을 나타낸다. "1→"은 도로의 시작점을 의미하고, 강남대로는 6.99km 라는 것을 나타낸다.

33 도로교통법상 도로에서 교통사고로 인하여 사람을 사상한 때, 운전자의 조치로 가장 적합한 것은?

① 경찰서에 출두하여 신고한 다음 사상자를 구호한다.
② 경찰관을 찾아 신고하는 것이 가장 우선 시 되는 행위이다.
③ 즉시 정차하여 2차 사고 방지를 위해 후속조치를 먼저 행한 후 사상자 구호 및 신고를 한다.
④ 즉시 정차하여 사상자를 구호하는 등 필요한 조치를 한다.

> 해설 | 사람을 사상하거나 물건을 손괴(교통사고)한 경우에는 그 차의 운전자나 그 밖의 승무원은 즉시 정차하여 사상자를 구호하는 등 필요한 조치를 하여야 한다.

34 축압기(어큐뮬레이터)의 기능과 관계가 없는 것은?

① 유압 에너지 축적
② 유압 펌프의 맥동 흡수
③ 충격 압력 흡수
④ 릴리프 밸브 제어

> 해설 | 어큐뮬레이터의 기능
> • 유압유의 압력에너지 저장
> • 펌프의 맥동압력을 흡수하여 일정하게 유지
> • 비상 시 보조 유압원으로 사용
> • 압력 보상

35 기관의 윤활유의 조건으로 틀린 것은?

① 점도가 적당할 것
② 온도에 의한 점도 변화가 적을 것
③ 인화점이 낮을 것
④ 응고점이 낮은 것

> 해설 | 인화점이 낮은 것은 불이 붙는 온도가 낮다는 것이다. 즉, 낮은 온도에서도 불이 쉽게 붙는다는 의미이므로 윤활유의 조건에 해당하지 않는다.

36 지게차의 조종 레버의 작동 설명으로 틀린 것은?

① 리프트 레버를 밀면 리프트 실린더에 유압유가 공급된다.
② 리프트 레버를 당기면 리프트 실린더에 유압유가 공급된다.
③ 틸트 레버를 밀면 틸트 실린더에 유압유가 공급된다.
④ 틸트 레버를 당기면 틸트 실린더에 유압유가 공급된다.

> 해설 | 지게차의 조종 레버의 작동
>
> | 레버 | 조종 행위 | 동작 |
> |---|---|---|
> | 리프트 레버 (단동실린더) | 당기면 | 리프트 실린더에 유압유가 공급되어 상승함 |
> | | 밀면 | 리프트 실린더에 유압유 공급이 중단되어 자중에 의해 하강함 |
> | 틸트 레버 (복동실린더) | 당기면 | 틸트 실린더에 유압유가 공급되어 뒤로 기울임 |
> | | 밀면 | 틸트 실린더에 유압유가 공급되어 앞으로 기울임 |

37 디젤엔진 연소 과정 중 연소실 내에 분사된 연료가 착화될 때까지의 지연되는 기간으로 옳은 것은?

① 착화 지연 기간
② 화염 전파 기간
③ 직접 연소 기간
④ 후기 연소 시간

> 해설 | 디젤엔진은 피스톤에 의해 공기를 압축시키면 고온이 되며, 이 고온고압의 공기에 연료를 분사시켜 착화시킨다. 이때 착화될 때까지 시간이 지연되는 기간을 착화지연기간이라 한다.

38 디젤기관에서 노킹을 일으키는 원인으로 맞는 것은?

① 연소실에 누적된 연료가 많아 일시에 연소할 때
② 연료에 공기가 혼입되었을 때
③ 흡입공기의 온도가 높을 때
④ 착화지연 기간이 짧을 때

> 해설 | 37번 문제와 연계되었을 때 디젤기관의 노킹은 낮은 착화성 연료, 낮은 압축비, 낮은 온도 등으로 착화지연기간이 길어져 쌓였던 연료가 일시에 연소가 되어 급격한 압력상승으로 부조현상(진동)을 나타내는 것을 말한다.

39 부동액의 구비 조건이 아닌 것은?

① 침전물의 발생이 없을 것
② 물과 쉽게 혼합될 것
③ 휘발성이 없고 유동성이 좋을 것
④ 비등점이 낮고 응고점이 높을 것

> 해설 | 부동액은 물보다 비등점은 높고 응고점은 낮아야 한다.
> • 비등점: 끓기 시작하는 온도
> • 응고점: 얼기 시작하는 온도

40 다음 중 유압유의 구비조건으로 틀린 것은?

① 넓은 온도 범위에서 점도 변화가 작을 것
② 방청·방식성이 있을 것
③ 화학적 안정이 클 것
④ 인화점이 낮을 것

> 해설 | 인화점이 낮으면 저온에서도 쉽게 불이 붙게된다.

41 방향전환밸브의 조작방식 중 단동 솔레노이드 조작을 나타내는 기호는?

① -----[   ]   ② ⟋[   ] 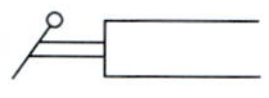
③  ⟍[   ]   ④ [   ]

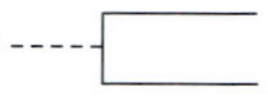

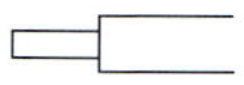

해설 │ ① 직접 파일럿 조작   ② 기계조작 누름방식
③ 단동 솔레노이드   ④ 수동 조작 레버

※ 솔레노이드: 코일을 여러 번 감아놓은 것으로 전류를 흘리면 자기장이 형성되며, 플런저가 코일 쪽으로 움직여 밸브를 열리는 역할을 한다. (단동은 코일 구동을 중지했을 때 스프링에 의해 복귀된다)
※ 파일럿 조작: 간접작동방식으로 밸브 내에 어떤 유압조건이 만족하면 이 유압에 의해 밸브를 제어하는 방식이다.

42 디젤기관에서 터보차저의 기능으로 맞는 것은?

① 실린더 내에 공기를 압축 공급하는 장치이다.
② 냉각수 유량을 조절하는 장치이다.
③ 기관 회전수를 조절하는 장치이다.
④ 윤활유 온도를 조절하는 장치이다.

해설 │ 과급기(터보차저)는 실린더 밖에서 공기를 미리 압축하여 흡입행정 동안 실린더 안으로 보다 많은 양의 공기를 강제적으로 공급하여 기관의 출력을 증대시킨다.

43 그림과 같이 12V용 축전지 2개를 사용하여 24V용 건설기계를 시동하고자 할 때 연결방법으로 옳은 것은?

⊕A   ⊖B   ⊕C   ⊖D

① A − B
② B − C
③ B − D
④ A − C

해설 │ 축전지의 전압을 높이려면 직렬로 연결해야 한다. B−C 또는 A−D(⊕극과 ⊖극 연결)가 연결되어야 한다.

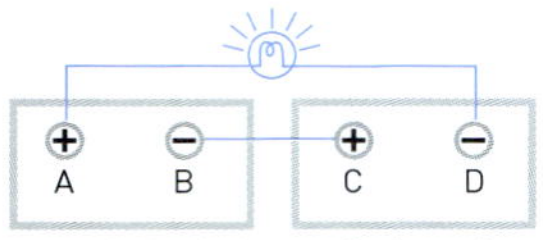

직렬: 전압 24V 용량 동일
⊕A ⊖B   ⊕C ⊖D

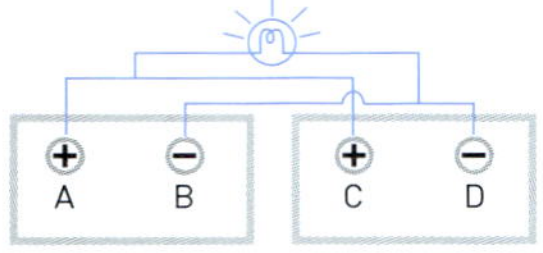

병렬: 전압 12V 용량 2배
⊕A ⊖B   ⊕C ⊖D

44 기동 전동기의 구성품이 아닌 것은?

① 과급기
② 오버러닝 클러치
③ 전자석 스위치
④ 전기자 코일

해설 │ 과급기는 실린더에 강압적으로 많은 공기를 보내 엔진출력을 향상시키기 위한 장치이다.

45 유압유의 온도 상승 원인이 아닌 것은?

① 유압유의 점도가 너무 높을 때
② 유압회로 내에서 공동현상이 발생될 때
③ 유압회로 내의 작동압력이 너무 낮을 때
④ 유압모터 내에서 내부마찰이 발생될 때

해설 │ 유압유의 점도가 너무 높으면 내부마찰이 커지므로 온도 상승의 원인이 되며, 점도가 높을수록 분자 간의 빈 공간에 커지므로 공동현상(캐비테이션)이 더 많이 발생된다.

46 교류 발전기의 구성품이 아닌 것은?

① 슬립링
② 전류 조정기
③ 다이오드
④ 스테이터 코일

해설 │ 전류 조정기는 전류를 일정하는게 하는 장치로, 직류발전기에 사용된다. 교류 발전기에는 다이오드가 그 역할을 대신한다.

47 유압모터의 일반적인 특징에 대한 설명으로 가장 적절한 것은?

① 저속에만 적합하고 강력한 힘을 얻을 수 있다.
② 넓은 범위의 무단변속이 용이하다.
③ 강력한 힘을 얻을 수 있으나 부피가 크다.
④ 각도에 제한 없이 왕복 각운동을 한다.

해설 │ 유압모터의 특징 : 넓은 범위의 무단 변속이 용이하다. 과부하에 안전하다. 정·역회전 변화가 가능하다. 소형으로 강한 힘을 낼 수 있다.

48 지게차의 방향 지시등을 일정한 주기로 점멸하는 기능을 가진 조명장치의 구성품은 무엇인가?

① 플래셔 유닛
② 디머 스위치
③ 파일럿 유닛
④ 방향지시기 스위치

해설 │ 플래셔 유닛(flasher unit)은 방향 지시등에 흐르는 전류를 일정한 주기로 단속하여 점멸시키는 역할을 한다. — 일명 '깜빠이'라고 함
※ 디머 스위치은 다이얼을 돌려 조명 밝기를 조정하는 구성품이다.

49 지게차 클러치의 구비조건에 대한 설명으로 틀린 것은?

① 방열성과 내열성이 좋을 것
② 회전부분은 평형이 좋고 관성이 클 것
③ 차단은 확실하고 신속할 것
④ 구조가 간단하고 다루기 쉬우며 고장이 적을 것

해설 │ 클러치의 관성이 크면 신속하게 작동되지 않는다.

50 지게차의 토크컨버터에서 회전력이 최대인 상태를 말하는 것은?

① 유체충돌 손실비
② 토크 변환비
③ 종감속비
④ 변속기어비

해설 │ 토크 변환비(토크비)는 터빈축 토크를 펌프축 토크로 나눈 값을 말하는데, 회전력을 최대로 하여 토크를 최대가 된다.

51 지게차의 리프트 실린더는 어떤 역할을 하는가?

① 마스트를 틸트시킨다.
② 마스트를 이동시킨다.
③ 포크를 위아래로 상승, 하강시킨다.
④ 포크를 앞뒤로 경사시킨다.

해설 │ 리프트 실린더는 포크를 상승 또는 하강하는 역할을 한다.

정답 │ 41 ③   42 ①   43 ②   44 ①   45 ③   46 ②   47 ②   48 ①   49 ②   50 ②   51 ③

52 지게차의 전경각과 후경각을 조정하는 레버는?

① 틸트 레버
② 리프트 레버
③ 변속 레버
④ 전후진 레버

해설 | 전경각과 후사각은 지게차의 마스트(포크)를 앞뒤로 경사지게 기울이는 각도를 말하며, 이는 틸트 레버로 조정한다.

53 포크를 상승시켰을 때 2/3 가량은 잘 상승되었으나, 그 이후에 상승이 잘 되지 않은 경우 점검해야 할 것은?

① 유압유 탱크의 오일량
② 냉각수의 양
③ 엔진오일의 양
④ 연료의 양

해설 | 포크는 유압장치의 실린더에 의해 상승하므로, 보기에서는 작동유가 부족하기 때문이다.

54 깨지기 쉬운 화물이나 불안전한 화물의 낙하를 방지하기 위하여 포크 상단에 상하 작동할 수 있는 압력판을 부착한 지게차는?

① 하이 마스트
② 사이드 시프트 마스트
③ 로드 스태빌라이저
④ 3단 마스트

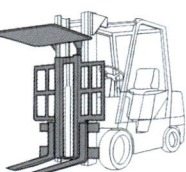

해설 | 로드 스태빌라이저는 상단의 압착판을 이용하여 화물을 눌러줌으로서 바닥이 고르지 못한 노면 등에서 화물을 안전하게 이송할 수 있는 작업장치이다.

55 유류 및 전기화재 모두 적용 가능하나, 질식 작용에 의해 화염을 진화하기 때문에 실내 사용에는 특히 주의를 기울여야 하는 것은?

① A급 화재 소화기
② 이산화탄소 소화기
③ 모래
④ 분말 소화기

해설 | 이산화탄소 소화기는 이산화탄소를 압축·액화하여 소화 약재로 사용하는 소화기이다. 주로 질식 작용으로 소화하고 액화된 이산화탄소가 기화하면서 냉각 작용도 한다. 대부분의 화재에 모두 사용 가능하며 소화 약재의 잔재가 남지 않고 소화 대상물의 손상이 적다. 그러나 질식의 우려가 있기 때문에 지하 및 일반 가정에는 비치 및 사용이 금지되어 있다.

56 유압장치 중에서 회전운동을 하는 것은?

① 복동 실린더
② 하이드로릭 실린더
③ 배기 밸브
④ 유압 모터

해설 | 유압펌프는 유압을 생성하지만 이와 반대로 유압 모터는 유압펌프에서 유압 에너지를 받아 연속적으로 회전운동(기계적인 일)을 한다.

57 디젤엔진에서 고압의 연료를 연소실에 분사하는 것은?

① 조속기
② 분사노즐
③ 프라이밍 펌프
④ 인젝션 펌프

해설 | 분사노즐은 분사펌프에서 보내온 고압의 연료를 미세한 안개 모양으로 연소실 내에 분사시키는 역할을 한다.

58 스패너 작업 시 유의할 사항으로 틀린 것은?

① 너트에 스패너를 정확히 물려서 힘을 준다.
② 스패너와 너트 사이에는 쐐기를 넣고 사용하는 것이 편리하다.
③ 스패너의 자루에 파이프를 연결하여 사용해서는 안 된다.
④ 스패너 치수와 너트의 크기가 알맞은 것을 사용해야 한다.

해설 | 너트 크기에 꼭 맞는 스패너를 사용하여야 하며 다른 것을 끼워 사용하면 안전사고가 일어날 수 있으므로 주의해야 한다.

59 유압유 관내에 공기가 혼입되었을 때 일어날 수 있는 현상과 가장 거리가 먼 것은?

① 공동현상
② 숨 돌리기 현상
③ 기화현상
④ 열화현상

해설 | **공동현상**: 유체의 속도 변화에 의한 압력변화로 인해 유체 내에 공동이 생기는 현상을 말하며, 빠른 속도로 액체가 운동할 때 액체의 압력이 증기압 이하로 낮아져서 액체 내에 증기 기포가 발생하는 현상
열화현상: 유압유가 시간이 지남에 따라 점차 성질이 변질되어 성능이 저하되는데 이는 공기에 의해 유압유 내에 산화현상으로 나타난다. 산화되면 색상이 나빠지고 점도가 증가한다.
숨돌리기 현상: 공기가 실린더에 혼입되면 피스톤의 작동이 불안정해져 작동시간의 지연을 초래하는 현상이며 오일 공급 부족과 서징이 발생한다.

60 자연적 재해가 아닌 것은?

① 지진
② 방화
③ 홍수
④ 태풍

정답 52 ① 53 ① 54 ③ 55 ② 56 ④ 57 ② 58 ② 59 ③ 60 ②

| PART 2 |

CBT 상시대비 핵심모의고사 06회

01 작업장에서 휘발유 화재가 일어났을 경우 가장 적합한 소화 방법은?

① 불의 확대를 막는 덮개의 사용
② 탄산가스 소화기의 사용
③ 소다 소화기의 사용
④ 물 호스의 사용

해설 | 유류화재 (B급화재)에는 탄산가스 소화기나 분말소화기가 유용하며, 소화기가 없을 때 모래나 흙을 뿌리는 것이 좋다.

02 안전장치에 관한 사항으로 틀린 것은?

① 안전장치는 반드시 설치하도록 한다.
② 안전장치 점검은 작업 전에 실시한다.
③ 안전장치가 불량할 때는 즉시 수리한다.
④ 안전장치는 상황에 따라 일시 제거해도 된다.

해설 | 안전장치는 수리나 교환을 위해 제거하는 것 이외에는 제거하면 안 된다.

03 작업장에서 공동 작업으로 물건을 들어 이동할 때 잘못된 것은?

① 이동 동선을 미리 협의하여 작업을 시작할 것
② 무게로 인한 위험성 때문에 가급적 빨리 이동하여 작업을 종료할 것
③ 손잡이가 없는 물건은 안정적으로 잡을 수 있게 주의를 기울일 것
④ 힘의 균형을 유지하여 이동할 것

해설 | 작업장에서 공동 작업으로 물건을 들어 이동할 때 최대한 보조를 맞추어 서두르지 않게 작업해야 한다.

04 지게차가 전복 될 경우 운전자는 안전장치를 사용하고 주어진 지침을 따르면 중상이나 사망 등의 큰 사고를 방지할 수 있다. 다음 중 틀린 행동은?

① 조향 핸들을 꼭 잡는다.
② 절대로 뛰어 내리지 않는다.
③ 발에 힘을 주어 버틴다.
④ 지게차에서 뛰어 내린다.

해설 | 지게차가 전복될 때 지게차에서 뛰어 내리면 매우 위험하므로 안전벨트가 착용된 상태 그대로 있어야 한다.

05 경고표지로 사용되지 않는 것은?

① 인화성물질 경고
② 방진마스크 경고
③ 급성독성물질 경고
④ 낙하물 경고

해설 | 마스크 착용은 지시사항에 속하며 경고사항보다는 구속력이 떨어진다.

06 작업 중 기계장치에서 이상한 소리가 날 경우 작업자가 해야 할 조치로 가장 적합한 것은?

① 즉시 기계의 작동을 멈추고 점검한다.
② 속도를 줄이고 작업한다.
③ 장비를 멈추고 열을 식힌 후 작업한다.
④ 진행 중인 작업을 마무리 후 작업 종료하여 조치한다.

해설 | 작업 중 기계장치에서 이상한 소리가 나면 즉시 기계의 작동을 멈추고 점검을 해야 한다.

07 일반적인 재해 조사방법으로 적절하지 않은 것은?

① 재해 조사는 사고 현장 정리 후에 실시한다.
② 목격자, 현장 책임자 등 많은 사람들에게 사고 시의 상황을 듣는다.
③ 재해 현장은 사진 등으로 촬영하여 보관하고 기록한다.
④ 현장의 물리적 흔적을 수집한다.

해설 | 재해발생 시 재해의 원인을 정확하게 밝혀내기 위해서 현장 정리 전에 실시하여야 한다.

08 먼지가 많은 장소에서 착용하여야 하는 마스크는?

① 산소 마스크
② 방독 마스크
③ 일반 마스크
④ 방진 마스크

해설 | 먼지 등 분진이 많은 곳에서는 방진 마스크를 착용한다.

09 감전사고 방지책으로 틀린 것은?

① 작업자에게 보호구를 착용시킨다.
② 전기기기에 위험표시를 한다.
③ 작업자에게 사전 안전교육을 시킨다.
④ 전기설비에 약간의 물을 뿌려 감전여부를 확인한다.

해설 | 전기설비에 물을 뿌리면 감전의 위험이 있으므로 물 분사는 금지한다.

10 수공구 사용 시 적절한 작업방법과 가장 거리가 먼 것은?

① 쇠톱 작업은 밀 때 절삭되게 작업한다.
② 조정 렌치는 고정 조에 힘을 받게 하여 사용한다.
③ 해머작업 시 손에서 미끄러짐을 방지하기 위해서 반드시 면장갑을 끼고 작업한다.
④ 줄 작업으로 생긴 쇳가루는 브러시로 털어낸다.

해설 | 해머작업 시 미끄러짐을 방지하기 위해, 드릴작업 시 드릴에 장갑이 말려들어가지 않게 하기 위해 맨 손으로 작업해야 한다.

정답 01 ② 02 ④ 03 ② 04 ④ 05 ② 06 ① 07 ① 08 ④ 09 ④ 10 ③

11 중량물을 들어 올리는 방법 중 안전상 가장 올바른 것은?

① 지렛대를 이용한다.
② 체인블록을 이용하여 들어올린다.
③ 로프로 묶고 잡아당긴다.
④ 최대한 힘을 모아 들어올린다.

해설 | 체인블록은 수동력을 이용하여, 비교적 큰 하중물을 들어 이동하는 장비로 가장 안전하다.

12 커먼레일 디젤기관의 연료장치에서 출력 요소에 해당하는 것은?

① 인젝터
② 브레이크 스위치
③ 엔진 ECU
④ 공기 유량 센서

해설 | 연료장치의 출력요소라 함은 고압의 연료가 최종적으로 분사되는 장치, 즉 인젝터를 말한다. ECU는 컴퓨터를 말하며, 공기유량센서는 공기의 양을 측정하는 센서이다.

13 리프트 체인의 점검 요소로 틀린 것은?

① 균열(크랙)
② 마모
③ 힌지 균열
④ 부식

해설 | 리프트 체인의 점검 요소는 균열(크랙), 마모, 부식 등이다.

14 가동 중인 기관에서 기계적 소음이 발생할 수 있는 사항으로 가장 적절하지 않은 것은?

① 크랭크축 베어링의 마모
② 밸브 간극이 규정치보다 커서
③ 분사노즐 끝 마모
④ 냉각팬 베어링의 마모

해설 | 분사노즐이 마모되면 연료 분사량이 일정하지 않아 엔진이 부조를 하게 된다. 엔진에서 이상소음과 진동이 발생하나 기계적 소음과는 가장 거리가 멀다.

15 지게차의 주차 시 주의사항으로 맞지 않는 것은?

① 엔진을 정지시키고 주차브레이크를 결속시킨다.
② 포크 선단이 지면에 닿도록 마스트를 전방으로 경사시킨다.
③ 포크를 완전히 지면에 내려놓는다.
④ 잠시 자리를 비울 때는 시동키를 그대로 둔다.

해설 | 조종사가 지게차에서 내릴 때에는 항상 키는 항상 키박스에서 빼내어 보관하여야 한다.

16 압력식 라디에이터 캡에 대한 설명으로 옳은 것은?

① 냉각장치 내부압력이 규정보다 낮을 때 공기밸브는 열린다.
② 냉각장치 내부압력이 규정보다 높을 때 진공밸브는 열린다.
③ 냉각장치 내부압력이 부압이 되면 진공밸브는 열린다.
④ 냉각장치 내부압력이 부압이 되면 공기밸브는 열린다.

해설 | 라디에이터 압력식 캡은 압력 밸브와 잔공 밸브가 설치되어 있으며, 냉각장치 내부압력이 규정보다 높으면 압력밸브가 열려 라디에이터의 냉각수가 보조탱크로 보내게 되고, 내부압력이 부압이 되면 진공밸브가 열려 보조탱크의 냉각수가 라디에이터로 보내어진다.

17 타이어식 건설기계를 조종하여 작업을 할 때 주의하여야 할 사항으로 틀린 것은?

① 작업 범위 내에 물품과 사람 배치
② 지반의 침하방지 여부
③ 노견의 붕괴방지 여부
④ 낙석의 우려가 있으면 운전실에 헤드가이드를 부착

해설 | 작업 범위 내에 사람이나 물품이 있으면 위험하다.

18 지게차 타이어의 트레드에 대한 설명으로 틀린 것은?

① 트레드가 마모되면 열의 발산이 불량하게 된다.
② 트레드가 마모되면 구동력과 선회능력이 저하된다.
③ 타이어의 공기압이 높으면 트레드의 양단부보다 중앙부의 마모가 크다.
④ 트레드가 마모되면 지면과 접촉 면적이 크게 됨으로써 마찰력이 증대되어 제동성능은 좋아진다.

해설 | 타이어의 트레드가 마모되면 제동력이 저하되어 제동거리가 길어진다.

19 지게차 운전 시 유의사항으로 틀린 것은?

① 포크 간격은 적재물에 맞게 수시로 조정한다.
② 적재물이 높아 전방시야가 가릴 때는 후진하여 주행한다.
③ 후방 시야 확보를 위해 뒤쪽에 사람을 탑승시킨다.
④ 장비주행 시 포크 높이를 20~30cm로 조절한다.

해설 | 지게차에는 조종사 이외의 사람을 탑승시키면 안 된다.

20 지게차 운행 전 안전작업을 위한 점검사항으로 틀린 것은?

① 시동 전에 전·후진 레버를 중립 위치에 둔다.
② 방향지시등과 같은 신호장치의 작동상태를 점검한다.
③ 작업 장소의 노면 상태를 확인한다.
④ 화물 이동을 위해 마스트를 앞으로 기울인다.

해설 | 화물 이동을 할 때 마스트는 뒤로 4~6° 기울인다.

21 차량이 남쪽에서부터 북쪽 방향으로 진행 중일 때, 다음과 같은 「3방향 도로명표지」에 대한 설명으로 틀린 것은?

① 차량을 우회전하는 경우 '새문안길'로 진입할 수 있다.
② 연신내역 방향으로 가려는 경우 차량을 직진한다.
③ 차량을 우회전하는 경우 '새문안길' 도로구간의 시작지점에 진입할 수 있다.
④ 차량을 좌회전하는 경우 '충정로' 도로구간의 시작지점에 진입할 수 있다.

해설 | 도로구간의 시작지점과 끝지점은 "서쪽에서 동쪽, 남쪽에서 북쪽 방향으로 설정되므로, 차량을 좌회전하는 경우 '충정로' 도로구간의 끝지점에 진입한다.

22 건설기계관리법에 의한 건설기계조종사의 적성검사 기준을 설명한 것으로 틀린 것은?

① 55데시벨의 소리를 들을 수 있을 것(단, 보청기 사용자는 40데시벨)
② 두 눈을 동시에 뜨고 잰 시력(교정시력 포함)이 1.0 이상일 것
③ 시각은 150도 이상일 것
④ 언어분별력이 80퍼센트 이상일 것

해설 | 두 눈을 동시에 뜨고 잰 시력(교정시력 포함)이 0.7 이상이고, 두 눈의 시력이 각각 0.3 이상일 것

23 정기검사신청을 받은 경우 검사 대행자는 며칠 이내에 신청인에게 검사일시와 장소를 통지하여야 하는가?

① 5일 　　　　② 7일
③ 10일 　　　④ 20일

해설 | 정기검사의 신청을 받은 검사 대행자는 5일 이내에 검사일시와 장소를 신청인에게 통지해야한다.

24 건설기계를 검사유효기간이 끝난 후에 계속 운행하고자 할 때 받아야 하는 검사는?

① 계속검사 　　② 신규등록검사
③ 수시검사 　　④ 정기검사

해설 | 건설기계는 6개월에서 3년까지 검사유효기간을 두고 정기적으로 실시하는 검사이다. 정기검사는 건설기계를 말소하기 전까지 정해진 기간에 받아야 한다.

25 유압장치에서 유압을 제어하는 방법이 아닌 것은?

① 유량 제어 　　② 압력 제어
③ 온도 제어 　　④ 방향 제어

해설 | **유압의 제어방법**
　• 압력 제어: 일의 크기 제어
　• 방향 제어: 일의 방향 제어
　• 유량 제어: 일의 속도 제어

26 유압유의 압력을 제어하는 밸브가 아닌 것은?

① 시퀀스 밸브 　　② 릴리프 밸브
③ 교축 밸브 　　　④ 리듀싱 밸브

해설 | 교축 밸브(스로틀 밸브)는 유량제어밸브이다.
　① 시퀀스 밸브: 특정 압력에서만 밸브가 열리게 하는 함
　② 릴리프 밸브: 정해진 규정압력 이상의 유압을 유압탱크로 보내 압력을 제한시킴
　④ 리듀싱 밸브(감압 밸브): 주 회로가 아닌 특정 회로에 필요로 하는 압력으로 낮춤

27 건설기계관리법상 건설기계의 등록말소 사유에 해당하지 않은 것은?

① 건설기계를 도난당한 경우
② 건설기계의 차대가 등록 시의 차대와 다른 경우
③ 건설기계를 교육·연구목적으로 사용하는 경우
④ 건설기계의 구조변경을 목적으로 해체하는 경우

해설 | 건설기계의 구조변경을 목적으로 해체하는 경우는 등록말소 사유가 아니다.

28 건설기계관리법에서 정의한 "건설기계형식"으로 가장 옳은 것은?

① 구조·규격 및 성능 등에 관하여 일정하게 정한 것을 말한다.
② 유압의 성능 및 용량을 말한다.
③ 건설기계의 길이·너비·높이를 말한다.
④ 건설기계가 작업할 수 있는 범위를 규정한 것이다.

해설 | "건설기계형식"이란 건설기계의 구조·규격 및 성능 등에 관하여 일정하게 정한 것을 말한다.

29 건설기계 조종사 면허의 취소사유에 해당되지 않는 것은?

① 면허정지 처분을 받은 자가 그 정지 기간 중에 건설기계를 조종한 때
② 술에 취한 상태로 건설기계를 조종하다가 사고로 사람을 상하게 한 때
③ 고의로 2명 이상을 사망하게 한 때
④ 등록이 말소된 건설기계를 조종한 때

해설 | 등록이 말소된 건설기계를 사용하거나 운행한 자는 2년 이하의 징역 또는 2000만원 이하의 벌금에 처한다.

30 건설기계의 등록 전 임시운행 사유에 해당하지 않는 것은?

① 등록신청을 하기 위하여 건설기계를 등록지로 운행하는 경우
② 수출을 하기 위하여 건설기계를 선적지로 운행하는 경우
③ 장비 구입 전 이상 유무 확인을 위해 1일간 예비 운행을 하는 경우
④ 신개발 건설기계를 시험·연구의 목적으로 운행하는 경우

해설 | **임시운행 사유**
　• 등록신청을 위해 등록지로 운행
　• 신규 등록검사 및 확인검사를 위해 검사장소로 운행
　• 수출 목적으로 선적지로 운행
　• 수출을 하기 위하여 등록말소한 건설기계를 정비, 점검하기 위하여 운행
　• 신개발 건설기계의 시험 목적의 운행
　• 판매 및 전시를 위하여 일시적인 운행

31 교차로의 가장자리 또는 도로의 모퉁이로부터 관련법상 몇 m 이내의 장소에 정차 및 주차를 해서는 안 되는가?

① 4m 　　　　② 5m
③ 6m 　　　　④ 10m

해설 | 교차로 가장자리 또는 도로 모퉁이로부터 5m 이내는 정차 및 주차를 해서는 안된다.

32 교통사고 사상자가 발생하였을 때 도로교통법상 운전자가 즉시 취하여야 할 조치사항 중 가장 적절한 것은?

① 즉시 정차 – 사상자 구호 – 신고
② 증인 확보 – 정차 – 사상자 구호
③ 즉시 정차 – 신고 – 위해 방지
④ 즉시 정차 – 위해 방지 –신고

해설 | 교통사고 사상자 발생 시 운전자의 대응:
　즉시 정차 – 사상자 구호 – 신고 – 위해 방지(2차사고 방지 조치)

정답　22 ②　23 ①　24 ④　25 ③　26 ③　27 ④　28 ①　29 ④　30 ③　31 ②　32 ①

33 기관의 흡입공기를 선회시켜 엘리먼트 이전에서 이물질을 제거하는 에어클리너 방식은?

① 습식
② 건식
③ 원심 분리식
④ 비스커스식

> 해설 | 원심 분리식(원심식) 공기청정기는 흡입공기를 원심력을 이용하여 흡입공기를 선회시켜 엘리먼트 이전에서 이물질을 제거한다.

34 실린더 헤드 개스킷에 대한 구비 조건으로 틀린 것은?

① 강도가 적당할 것
② 내열성과 내압성이 있을 것
③ 기밀 유지가 좋을 것
④ 복원성이 적을 것

> 해설 | **실린더 헤드 개스킷(gascket)의 구비조건**
> • 기밀 유지성이 클 것
> • 냉각수 및 기관 오일이 새지 않을 것
> • 내열성과 내압성이 클 것
> • 복원성이 있을 것
> • 강도가 적당할 것

35 윤활유에 첨가하는 첨가제의 사용 목적으로 틀린 것은?

① 응고점을 높게 해준다.
② 점도지수를 향상시킨다.
③ 산화를 방지한다.
④ 유성을 향상시킨다.

> 해설 | 윤활유 첨가제의 사용 목적에는 산화 방지, 청정 분산, 점도지수 향상, 유동점 강하, 방청, 유성 향상, 부식 방지 등이 있다.

36 퓨즈에 대한 설명으로 틀린 것은?

① 퓨즈는 정격용량을 사용한다.
② 퓨즈 용량은 'A'로 표시한다.
③ 퓨즈는 가는 구리선으로 대용할 수 있다.
④ 퓨즈는 표면이 산화되면 끊어지기 쉽다.

> 해설 | 구리선이나 정격 용량 이상의 퓨즈를 사용하면 과전류로 인해 회로가 단선되거나 화재의 위험이 높으므로 퓨즈는 가는 구리선으로 대용하면 안된다.

37 건설기계 운전 중 완전 충전된 축전지에 낮은 충전율로 충전이 되고 있는 경우는?

① 충전장치가 정상이다.
② 전류설정을 재조정해야 한다.
③ 전해액 비중을 재조정해야 한다.
④ 전압설정을 재조정해야 한다.

> 해설 | 축전지의 충전율은 발전기의 전압조정기에 의해 조정되는데, 완전히 충전되면 전압조정기에 의해 충전율이 낮아지므로 충전장치가 정상이다.

38 왁스실에 왁스를 넣어 온도가 높아지면 팽창축을 올려 열리는 온도 조절기는?

① 바이패스 밸브형
② 펠릿형
③ 벨로즈형
④ 바이메탈형

> 해설 | **수온조절기(thermostat)의 종류**
> ② 펠릿형: 냉각수의 온도에 따라 성질이 변하는 왁스를 이용한 타입이다. 왁스를 서모스탯에 밀봉한 후 냉각수의 온도가 높아지면 왁스가 팽창해 밸브가 열리고 냉각수의 온도가 낮아지면 왁스가 수축해서 밸브가 닫힌다. (대부분 이 형식만 사용)
> ③ 벨로즈형: 35℃의 낮은 끓는점을 가지는 에틸에테르를 벨로즈에 밀봉하여 에테르가 온도에 따라 성질이 변화하는 것을 이용한 타입이다.
> ④ 바이메탈형: 각각의 금속마다 온도에 따라 팽창하는 정도가 다르다. 이러한 다른 정도를 표현한 것을 열팽창 계수라고 한다. 바이메탈은 팽창계수가 다른 2장의 합금판을 맞붙인 것으로 온도 변화에 따라 두 합금의 굽는 정도가 변하므로 이를 이용해 스위치를 조정한다.

39 착화성이 가장 좋은 연료는?

① 가솔린
② 경유
③ 중유
④ 등유

> 해설 | 착화성이란 불이 붙는 성질을 말하는데, 가솔린기관과 달리 디젤기관은 고온의 압축공기에 연료를 분사했을 때 불이 잘 붙어야 하므로 경유는 착화성이 가장 좋아야 한다.

40 직류직권 전동기에 대한 설명 중 틀린 것은?

① 기동회전력이 분권전동기에 비해 크다.
② 회전 속도의 변화가 크다.
③ 부하가 걸렸을 때, 회전속도가 낮아진다.
④ 회전속도가 거의 일정하다.

> 해설 | 직류직권 전동기는 큰 힘을 내는 기동전동기에 쓰이며, ④는 직류분권 전동기의 특징이다.

41 지게차의 제동시스템에서 발생되는 베이퍼 록 현상의 원인은?

① 오일이 열을 받아서 기포가 발생하기 때문
② 라이닝 패드의 마모가 발생하기 때문
③ 오일이 냉각되어 기포가 발생하기 때문
④ 브레이크 드럼쪽에서 라이닝 패드가 달라붙기 때문

> 해설 | 베이퍼 록 현상은 브레이크 액 내에 기포가 차는 현상으로, 이는 브레이크 패드나 슈의 과열로 인해 브레이크액이 기화되어 유압계통 내에 공기 기포가 차게 되어, 브레이크 회로 내에 공기가 유입되어 브레이크가 듣지 않는 것 같은 상태가 되는 것이다.

42 디젤기관에서 노킹의 원인이 아닌 것은?

① 착화지연 시간이 길다.
② 연소실의 온도가 낮다.
③ 연료의 세탄가가 높다.
④ 연료의 분사압력이 낮다.

> 해설 | **디젤기관의 노킹 (knocking)**
> 디젤기관의 연소는 여러 단계로 이루어지는데, 연료분사 후 후반부에 일시에 연소되면서 대량의 발열로 압력과 온도가 급속히 상승하여 실린더 내 급속한 충격파로 인한 굉음(타음)이 발생한다.
> ※ 주요 원인
> • 연료의 착화성 문제(세탄가가 낮음)
> • 실린더 내의 압력 저하
> • 공기의 온도(연소실의 온도)가 낮음
> • 분무상태가 불량함
>
> ※ 세탄가
> 경유의 착화성(불이 잘 붙는 정도) 정도를 나타내는 값으로, 세탄가가 높을수록 착화성이 좋으며, 내폭성(노킹)이 좋다.

정답 33 ③ 34 ④ 35 ① 36 ③ 37 ① 38 ② 39 ② 40 ④ 41 ① 42 ③

43 조향기어 백래시가 클 경우 발생할 수 있는 현상은?

① 조향각도가 커진다.
② 조향핸들의 축방향 유격이 커진다.
③ 핸들의 유격이 커진다.
④ 핸들이 한쪽으로 쏠린다.

해설 │ 조향 기어의 백래시는 기어 사이의 틈을 말하며 이 틈이 크면 핸들의 유격이 커진다.
※ 백래시(backlash): 기계에 쓰이는 나사, 톱니바퀴 등의 서로 맞물려 운동하는 기계 장치 등에서 운동방향으로 일부러 만들어진 틈이다. 이 틈에 의해 움직임이 부드러워진다. 하지만 백래시가 너무 작으면 기어 운동에 저항이 생겨 회전이 원활하지 않는다.

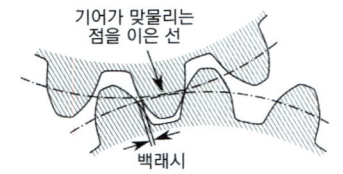

44 법규상 카운터 밸런스형 지게차 마스트의 경사각(전경각과 후경각)의 안전기준은 몇 도인가?

① 전경각 6도 이하, 후경각 12도 이하
② 전경각 5도 이하, 후경각 10도 이하
③ 전경각 6도 이하, 후경각 10도 이하
④ 전경각 5도 이하, 후경각 5도 이하

해설 │ 마스트 경사각
• 카운터밸런스형: 전경각 6°, 후경각 12° 이하
• 사이드포크형: 전경각 및 후경각 각각 5° 이하

45 지게차의 포크의 앞부분 끝단에서 지게차 후부의 제일 끝 부분까지의 길이를 무엇이라고 하는가?

① 전장　　　　　　　② 전폭
③ 축간거리　　　　　④ 윤간거리

해설 │ 전장은 포크(쇠스랑)의 앞부분 끝단에서 지게차 후부의 제일 끝부분까지의 길이이다.

46 축전지를 탈거 및 설치할 때의 순서로 옳은 것은?

① 축전지를 연결할 때에는 (+), (−)선을 함께 연결한다.
② 축전지를 연결할 때에는 절연선을 나중에 연결한다.
③ 축전지를 연결할 때에는 접지선을 나중에 연결한다.
④ 축전지를 탈거할 때에는 (−)선을 먼저 분리한다.

해설 │ 축전지 장착 또는 탈거할 때 연결순서
• 장착: (+)선을 먼저 연결하고, (−)선을 나중에 연결
• 탈거: (−)선을 먼저 분리하고, (+)선을 나중에 분리

47 작업 용도에 따른 지게차의 작업장치가 아닌 것은?

① 로드 스테빌라이저(load stabilizer)
② 힌지드 버킷(hinged bucket)
③ 로테이팅 클램프(rotating clamp)
④ 곡면 포크(curved fork)

48 지게차에 대한 설명 중 틀린 것은?

① 지게차의 등판능력은 경사지를 오를 수 있는 최대각도로서 %(백분율)와 °(도)로 표기한다.
② 최대 인상높이는 마스트가 수직인 상태에서의 최대 높이로 지면으로부터 포크 윗면까지의 높이를 말한다.
③ 포크 인상속도의 단위는 mm/s이며 부하 시와 무부하 시로 나누어 표기한다.
④ 지게차의 전폭이 작을수록 최소직각 통로폭이 커진다.

해설 │ 최소직각 통로폭이란 화물을 적재한 지게차가 일정 각도로 회전하여 작업할 수 있는 직선 통로의 최소폭을 말한다. 그러므로 지게차 전폭이 작을수록 최소직각 통로폭이 작아진다.

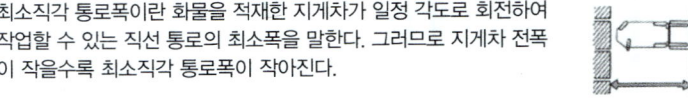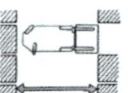

49 전동 지게차와 관련이 없는 것은?

① 틸트 실린더
② 인젝터
③ 타이어
④ 마스트

해설 │ 전동 지게차는 모터/배터리로 작동되며, 인젝터는 디젤기관 지게차에 사용되는 연료 분사노즐이다.

50 지게차의 운전 전 점검사항으로 거리가 가장 먼 것은?

① 배기가스의 색깔 점검
② 연료, 작동유, 냉각수, 엔진오일 점검
③ 타이어의 손상 및 공기압 점검
④ 주요부의 볼트, 너트의 풀림점검

해설 │ 배기가스의 점검은 운전 중에 점검하는 항목이다.

51 지게차 작업장치에 사용되고 있는 틸트 실린더와 리프트 실린더의 형식은?

① 틸트 실린더와 리프트 실린더 모두 복동방식이다.
② 틸트 실린더와 리프트 실린더 모두 단동방식이다.
③ 틸트 실린더는 복동방식이고, 리프트 실린더는 단동방식이다.
④ 틸트 실린더는 단동방식이고, 리프트 실린더는 복동방식이다.

해설 │ 지게차의 틸트 실린더는 복동식이고, 리프트 실린더는 단동식이다.

52 유압 도면기호에서 어큐뮬레이터(축압기)를 나타내는 것은?

해설 │ 압력스위치: 미리 설정된 압력에 도달하면 그에 따라 스위치 접점이 열리거나 닫힌다.
① 유압 압력계, ② 스톱 밸브, ④ 압력스위치
※ 유압 기호에서는 어큐뮬레이터가 자주 출제됨

68

정답　43 ③　44 ①　45 ①　46 ④　47 ④　48 ④　49 ②　50 ①　51 ③　52 ③

53 유압작동유의 온도가 상승하는 원인이 아닌 것은?

① 유압회로 내에 공동 현상이 발생했을 때
② 유압작동유의 점도가 높을 때
③ 유압모터 내에 내부 마찰이 발생했을 때
④ 유압회로 내의 작동 압력이 너무 낮을 때

해설 | 작동유의 온도는 압력에 비례한다.
· 공동현상은 온도가 높을 때, 유량이 클 때, 압력이 클 때, 고속일 때 발생한다.
· 점도가 커지거나 마찰이 발생하면 저항이 커지므로 온도가 상승한다.

54 지게차의 포크 하강속도에 관여하는 밸브는?

① 유량제어 밸브
② 압력제어 밸브
③ 마스트 체인 장력 조정 밸브
④ 방향제어 밸브

해설 | 유압장치의 실린더 속도는 유량으로 제어한다.

55 기어식 펌프의 특징이 아닌 것은?

① 초고압에는 사용이 곤란하다.
② 다른 펌프에 비해 흡입력이 매우 나쁘다.
③ 플런저 펌프에 비해 효율이 떨어진다.
④ 소형이며 구조가 간단하다.

해설 | 기어펌프는 소형이며 구조 간단하며, 다른 펌프에 비해 흡입력이 가장 좋으나 효율이 낮고, 소음 및 진동이 심하며, 맥동이 큰 편이다.

56 방향제어밸브의 종류에 해당하지 않는 것은?

① 교축 밸브
② 방향 변환 밸브
③ 체크 밸브
④ 셔틀 밸브

해설 | 교축 밸브는 유로의 단면적을 감소시켜 유량을 제어하는 밸브이다.

57 유압 실린더의 주요 구성부품이 아닌 것은?

① 피스톤 로드
② 커넥팅 로드
③ 실린더
④ 피스톤

해설 | 유압 실린더의 구성부품: 피스톤, 피스톤 로드, 실린더, 실(seal), 쿠션기구
※ 커넥팅 로드는 피스톤의 왕복운동을 크랭크축의 회전운동으로 변환하는 장치이다.

58 유압장치에서 유압탱크의 기능이 아닌 것은?

① 계통 내의 필요한 유량 확보
② 차폐장치에 의해 기포 발생 방지
③ 계통 내 필요한 압력 발생
④ 탱크 외벽의 방열에 의한 적정 온도 유지

해설 | 유압탱크의 기능
· 계통 내의 필요한 유량 확보
· 차폐장치(격판)에 의한 기포 발생 방지 및 제거
· 탱크 외벽의 방열에 의한 적정온도 유지
· 스트레이너 설치로 회로 내 불순물 혼입 방지
※ 계통 내 필요한 압력을 발생시키는 기기는 유압펌프이다.

59 지게차 작업 시 갑자기 유압상승이 되지 않을 경우 점검 내용으로 적절하지 않은 것은?

① 펌프로부터 유압발생이 되는지 점검
② 오일탱크의 오일량 점검
③ 오일이 누출되었는지 점검
④ 작업장치의 자기탐상법에 의한 균열 점검

해설 | 유압이 상승하지 않는 원인은 유압유 부족, 펌프 고장, 유압장치의 오일 누출 등이다.

60 유압모터에서 소음과 진동이 발생할 때의 원인이 아닌 것은?

① 내부 부품의 파손
② 작동유 속에 공기 혼입
③ 체결 볼트의 이완
④ 펌프의 최고 회전속도 저하

해설 | 펌프의 회전속도 저하는 유압 모터에서 소음과 진동이 발생하는 원인이 아니다.

정답 | 53 ④ 54 ① 55 ② 56 ① 57 ② 58 ③ 59 ④ 60 ④

CBT 상시대비 핵심모의고사 07회

| PART 2 |

01 산업안전보건 표지의 종류 중 지시표시에 해당하는 것은?

① 안전모 착용
② 차량통행 금지
③ 고온경고
④ 출입금지

> 해설 • 금지표지: 어떤 특정 행위를 금지시킴 (출입금지, 차량통행 금지)
> • 경고표지: 직접적으로 위험한 장소 또는 위험한 상태에 대한 경고 (고온경고)
> • 지시표지: 안전장비의 착용을 지시함 (안전모 착용)
> • 안내표지: 응급구호표지, 방향표지 등

02 공구 및 장비 사용에 대한 설명으로 틀린 것은?

① 볼트와 너트는 가능한 소켓 렌치로 작업한다.
② 토크렌치는 볼트와 너트를 푸는 데 사용한다.
③ 공구를 사용 후 공구상자에 넣어 보관한다.
④ 마이크로미터를 보관할 때는 직사광선에 노출시키지 않는다.

> 해설 토크렌치는 볼트 또는 너트를 조일 때 규정값에 정확히 맞도록 하기 위하여 사용한다.

03 사고의 직접적인 원인으로 가장 적절한 것은?

① 성격 결함
② 유전적인 요소
③ 사회적 환경요인
④ 불안전한 행동 및 상태

> 해설 불안전한 행동 및 상태는 사고의 직접적인 원인이며, 재해 발생원인 중 가장 높은 비중을 차지한다.

04 다음은 안전·보건 표지 중 금지표지이다. 그림이 나타내는 것은?

① 차량통행금지
② 사용금지
③ 물체이동금지
④ 탑승금지

> 해설 사용금지 물체이동금지 탑승금지
>

05 기계공장에 관한 안전수칙 중 잘못된 것은?

① 기계운전 중에는 자리를 이탈하지 않는다.
② 기계공장에서는 반드시 작업복과 안전화를 착용한다.
③ 기계운전 중 정지 시는 즉시 주 스위치를 끈다.
④ 기계 청소는 작동 중 수시로 한다.

> 해설 필요에 따라 기계 청소는 반드시 작동을 멈춘 후 실시한다. 작동 중 청소작업은 사고의 위험이 크다.

06 조정렌치 사용상 안전 및 주의사항으로 옳은 것은?

① 렌치를 사용 할 때는 반드시 연결대를 사용한다.
② 렌치를 사용 할 때는 규정보다 큰 공구를 사용한다.
③ 렌치를 잡아당길 때 힘을 준다.
④ 상황에 따라 망치 대용으로 렌치로 두들긴다.

> 해설 스패너나 렌치를 사용할 때 볼트나 너트에 잘 결합하고 앞으로 잡아당길 때 힘이 걸리도록 작업한다.

07 화재 소화 작업 시 행동 요령으로 틀린 것은?

① 가스 밸브를 잠근다.
② 유류화재에는 물을 뿌린다.
③ 전기스위치를 끈다.
④ 화재가 일어나면 화재 경보를 한다.

> 해설 유류화재를 진화할 때는 분말 소화기, 탄산가스 소화기가 적당하며, 물을 뿌리면 유증기로 인해 불길이 확산되므로 사용해서는 안 된다.

08 볼트 머리나 너트 주위를 완전히 감싸기 때문에 사용 중 미끄러질 위험성이 적은 렌치는?

① 조정 렌치
② 복스 렌치
③ 파이프 렌치
④ 오픈 엔드 렌치

> 해설 복스 렌치는 오픈 엔드 렌치와 달리 볼트 머리나 너트 주위를 완전히 감싸기 때문 볼트에 흔들림과 유격없어 미끄러질 위험이 적다.
>

09 사고로 인한 재해가 가장 많이 발생할 수 있는 것은?

① 종감속 기어
② 변속기
③ 벨트, 풀리
④ 차동장치

> 해설 벨트는 대부분 회전 부위가 노출되어 있어 사고로 인한 재해가 가장 많이 발생하는 장치이다.

10 드라이버 작업 시 주의사항이 아닌 것은?

① 드라이버는 홈보다 약간 큰 것을 사용한다.
② 드라이버의 날이 상한 것은 쓰지 않는다.
③ 작업 중 드라이버가 빠지지 않도록 한다.
④ 전기작업 시에는 절연된 드라이버를 사용한다.

> 해설 드라이버의 날 끝이 나사홈의 너비와 길이에 맞는 것을 사용한다.

정답 01 ① 02 ② 03 ④ 04 ① 05 ④ 06 ③ 07 ② 08 ② 09 ③ 10 ①

11 디젤기관의 출력이 저하되는 원인으로 틀린 것은?

① 흡입공기 압력이 높을 때
② 노킹이 일어 날 때
③ 흡기계통이 막혔을 때
④ 연료분사량이 적을 때

해설 | 디젤기관의 출력이 저하되는 원인은 연료분사량이 적을 때, 분사시기가 맞지 않을 때, 실린더의 압축압력이 낮을 때, 흡·배기 계통이 막힐 때, 기관에 노킹이 일어날 때 등이다.

12 지게차 조종석 계기판에 없는 것은?

① 진공계
② 냉각수 온도계
③ 엔진회전속도(rpm)
④ 연료계

해설 | 지게차 조종석 계기판에 진공계는 없다.

13 건설기계의 구조 변경의 범위가 아닌 것은?

① 건설기계의 길이, 너비, 높이 변경
② 적재함의 용량 증가를 위한 변경
③ 조종장치의 형식 변경
④ 제동장치의 형식 변경

해설 | **구조변경범위**: 원동기·전동장치·제동장치·주행장치·유압장치·조종장치의 형식 변경, 건설기계의 길이·너비·높이 변경, 수상작업용 건설기계의 선체 형식 변경
구조변경 불가사항: 건설기계의 기종 변경, 육상작업용 건설기계의 규격 증가, 적재함의 용량 증가, 등록된 차대의 변경, 변경전보다 성능 또는 보안상 안전도가 저하될 우려가 있는 경우

14 작업 전 지게차의 워밍업 운전 및 점검사항으로 틀린 것은?

① 엔진 시동 후 5분간 저속운전 실시
② 리프트 레버를 사용하여 상, 하강 운동을 전 행정으로 2~3회 실시
③ 틸트 레버를 사용하여 전 행정으로 전, 후 경사운동 2~3회 실시
④ 시동 후 작동유의 유온을 정상 범위 내에 도달하도록 고속으로 전, 후진 주행을 2~3회 실시

해설 | 오일은 약 40~60°C에서 정상작동이 이뤄지므로 엔진을 정상작동온도(70~100°C)로 워밍업해야 한다. 워밍업 시 차가운 엔진을 고속 회전하거나 부하를 크면 오일의 점도가 커진 윤활유가 충분히 윤활작용을 못하므로 엔진 내 부품의 마모를 촉진시킬 수 있으며 연료소모가 커지므로 저속으로 워밍업하는 것이 좋다.

15 건설기계의 적재중량을 측정할 때 측정인원은 1인당 몇 kg을 기준으로 하는가?

① 50kg
② 55kg
③ 60kg
④ 65kg

해설 | 건설기계의 적재중량을 측정할 때 측정 인원은 1인당 65kg을 기준으로 한다.

16 지게차 작업 시 안전수칙으로 바르지 않은 것은?

① 경사로에서 화물을 적재하거나 방향전환을 하지 않는다.
② 정해진 장소에만 지게차를 주차하고 열쇠는 지게차에 꽂아둔다.
③ 화물이 시야를 제한할 경우에는 후진으로 지게차를 주행한다.
④ 운전석에 착석하지 않은 상태에서 지게차를 작동하지 않는다.

해설 | 지게차를 주차시키고 열쇠는 빼내어 안전한 장소 또는 열쇠함에 보관한다.

17 건설기계의 구조 변경 범위에 속하지 않는 것은?

① 조종장치의 형식 변경
② 건설기계의 길이, 너비, 높이 변경
③ 수상작업용 건설기계 선체의 형식변경
④ 작업장치 중 가공작업을 수반하지 않고 작업장치를 부착할 경우의 형식변경

해설 | 건설기계관리법 상 가공작업을 수반하지 아니하고 작업장치를 선택부착하는 경우에는 작업장치의 형식변경으로 보지 아니한다.

18 건설기계를 등록신청 하기 위하여 일시적으로 등록지로 운행하는 임시운행 기간은?

① 15일 이내
② 10일 이내
③ 1개월 이내
④ 3개월 이내

해설 | 건설기계의 등록신청을 하기 위하여 임시운행을 할 경우 그 기간은 15일 이내이다.

19 임시운행 사유에 해당 되지 않는 것은?

① 등록신청을 하기 위하여 건설기계를 등록지로 운행하고자 할 때
② 등록신청 전에 건설기계 공사를 하기 위하여 임시로 사용하고자 할 때
③ 수출을 하기 위해 건설기계를 선적지로 운행할 때
④ 신개발 건설기계를 시험 운행하고자 할 때

해설 | **임시운행 사유**
• 등록신청을 위해 등록지로 운행
• 신규 등록검사 및 확인검사를 위해 검사장소로 운행
• 수출목적으로 선적지로 운행
• 수출을 하기 위하여 등록말소한 건설기계를 정비, 점검하기 위하여 운행
• 신개발 건설기계의 시험목적의 운행
• 판매 및 전시를 위하여 일시적인 운행

20 그림의 도로명판에 대한 설명으로 틀린 것은?

[사임당로 250 ↑ 92 Saimdang-ro]

① '사임당로'의 전체 도로구간 길이는 약 2500m 이다.
② 앞쪽(진행) 방향을 나타내는 도로명판이다.
③ 도로명판이 설치된 위치는 '사임당로' 시작지점으로부터 약 920m 지점이다.
④ 진행방향으로 약 2500m를 직진하면 '사임당로'라는 도로로 진입할 수 있다.

해설 | • 앞쪽(진행) 방향용 도로명판
• '사임당로'의 전체 도로구간 길이는 약 2500m (단위당 10m로 표기함)
• 도로명판이 설치된 곳은 사임당로이며, 사임당로에서 920m 지점이다.

정답 11 ① 12 ① 13 ② 14 ④ 15 ④ 16 ② 17 ④ 18 ① 19 ② 20 ④

21 건설기계관리법상 건설기계 검사의 종류가 아닌 것은?

① 신규 등록검사
② 수시검사
③ 임시검사
④ 구조변경검사

해설 │ 건설기계의 검사: 신규등록검사, 정기검사, 수시검사, 구조변경검사

22 편도 2차로 고속도로에서 건설기계는 몇 차로로 통행하여야 하는가?

① 통행불가
② 갓길
③ 1차로
④ 2차로

해설 │ 편도2차로의 고속도로에서 건설기계는 2차로(갓길쪽)에 통행해야 한다.

23 교차로에 이미 진입한 상태에서 황색등화가 점멸하고 있을 때 운전자의 행동으로 가장 적합한 것은?

① 빨리 좌회전으로 전환하여야 한다.
② 일시 정지하여 녹색신호를 기다린다.
③ 그 자리에 정지하여야 한다.
④ 신속히 교차로 밖으로 진행한다.

해설 │ 교차로에 이미 진입하였을 때 황색등화가 점멸한다면 지체 없이 신속하게 교차로 밖으로 진행해야 한다.

24 건설기계의 등록번호를 부착 또는 봉인하지 아니하거나 등록번호를 새기지 아니한 자에게 부가하는 법규상의 과태료로 옳은 것은?

① 30만 원 이하의 과태료
② 50만 원 이하의 과태료
③ 70만 원 이하의 과태료
④ 100만 원 이하의 과태료

해설 │ 등록번호를 부착 또는 봉인하지 아니하거나 등록 번호를 새기지 않을 경우 100만 원 이하의 과태료이다.

25 폭설로 가시거리가 100미터 이내일 때 건설기계로 도로운행 시 최고속도의 얼마로 감속하여야 하는가?

① 100분의 50을 줄인 속도
② 100분의 20을 줄인 속도
③ 100분의 30을 줄인 속도
④ 100분의 70을 줄인 속도

해설 │ 폭설로 가시거리가 100m 이내일 경우 최고속도의 100분의 50을 줄인 속도로 운행하여야 한다.

26 건설기계의 등록번호를 가리거나 훼손하여 알아보기 곤란하게 한 자에게 부과하는 벌금으로 옳은 것은?

① 200만원 이하
② 300만원 이하
③ 100만원 이하
④ 50만원 이하

해설 │ 등록번호표를 가리거나 훼손하여 알아보기 곤란하게 한 자 또는 그러한 건설기계를 운행한 자: 100만원 이하

27 압력식 라디에이터 캡을 사용하여 얻는 이점은?

① 냉각 팬을 제거할 수 있다.
② 물 펌프의 성능을 향상시킬 수 있다.
③ 냉각수의 비등점을 올릴 수 있다.
④ 라디에이터의 구조를 간단하게 할 수 있다.

해설 │ 압력식 라디에이터 캡은 냉각수의 비등점(끓기 시작하는 온도)을 올려서 냉각범위를 넓히는 장점이 있다. (즉, 100℃에서 끓는 것을 112℃에서 끓게 함)

28 4행정 사이클 기관의 행정 순서로 맞는 것은?

① 압축 → 흡입 → 동력 → 배기
② 압축 → 동력 → 흡입 → 배기
③ 흡입 → 동력 → 압축 → 배기
④ 흡입 → 압축 → 동력 → 배기

해설 │ 4행정 기관의 행정순서는 흡입, 압축, 동력(폭발), 배기이다.

29 오일 팬에 있는 오일을 흡입하여 기관의 각 운동부분에 압송하는 오일펌프로 가장 많이 사용되는 것은?

① 로터리 펌프, 기어 펌프, 베인 펌프
② 기어 펌프, 원심 펌프, 베인 펌프
③ 나사 펌프, 원심 펌프, 기어 펌프
④ 피스톤 펌프, 나사 펌프, 원심 펌프

해설 │ 윤활장치의 오일펌프에서 주로 사용되는 펌프는 기어펌프, 로터(로터리)펌프, 베인펌프, 플런저펌프 등이다. 원심펌프는 사용되지 않는다.

30 디젤 기관 인젝션 펌프에서 딜리버리 밸브의 기능으로 틀린 것은?

① 유량 조정
② 역류 방지
③ 후적 방지
④ 잔압 유지

해설 │ 딜리버리 밸브는 연료의 역류 방지, 노즐에서의 후적 방지, 연료라인의 잔압 유지 기능을 한다.

31 기관의 실린더 수가 많을 때의 장점이 아닌 것은?

① 기관의 진동이 적다.
② 연료 소비가 적고 큰 동력을 얻을 수 있다.
③ 가속이 원활하고 신속하다.
④ 저속 회전이 용이하고 큰 동력을 얻을 수 있다.

해설 │ 기관의 실린더 수가 많으면 연료소비는 많아진다.

정답 21 ③ 22 ④ 23 ④ 24 ④ 25 ① 26 ③ 27 ③ 28 ④ 29 ① 30 ① 31 ②

32 12V의 동일한 용량의 축전지 2개를 직렬로 접속하면?

① 전압이 높아진다.
② 용량이 증가한다.
③ 용량이 감소한다.
④ 저항이 감소한다.

해설 | 동일한 용량의 축전지 2개를 직렬로 접속하면 전압이 2배가 되고, 병렬로 접속하면 용량이 2배가 된다.

33 기동 전동기의 구성품 중 전류를 받아서 자력선을 형성하는 것은?

① 계자 코일
② 슬립링
③ 오버런닝 클러치
④ 브러시

해설 | 계자 코일은 계자 철심에 감겨져 전류가 흐르면 자력선을 형성한다. (이 자력선이 자속이며, 자속으로 전기자에 전기가 발생된다)

34 작동 중인 교류 발전기의 소음발생 원인과 가장 거리가 먼 것은?

① 고정볼트가 풀렸다.
② 축전지가 방전되었다.
③ 베어링이 손상되었다.
④ 벨트장력이 약하다.

해설 | 축전지의 방전은 교류 발전기의 소음발생 원인이 아니다.

35 건설기계에 사용되는 전조등은 고장예방을 위해 접속방법을 어떻게 해야 하는가?

① 좌우를 직렬로 연결한다.
② 병렬 후 직렬로 연결한다.
③ 직렬 후 병렬로 연결한다.
④ 좌우를 병렬로 연결한다.

해설 | 전조등 회로는 한쪽 전조등이 고장나더라도 다른 전조등이 영향을 받지 않도록 병렬로 연결한다. 직렬로 연결할 경우 한쪽 전조등이 고장나거나 끊어지면 다른 쪽 전조등에도 불이 들어오지 않는다.

36 지게차 클러치의 용량은 엔진 회전력의 몇 배이며 이보다 클 때 나타나는 현상은?

① 3.5~4.5배 정도이며 압력판이 엔진 플라이휠에서 분리될 때 엔진이 정지되기 쉽다.
② 3.5~4.5배 정도이며 압력판이 엔진 플라이휠에 접속될 때 엔진이 정지되기 쉽다.
③ 1.5~2.5배 정도이며 클러치가 엔진 플라이휠에서 접속될 때 엔진이 정지되기 쉽다.
④ 1.5~2.5배 정도이며 클러치가 엔진 플라이휠에서 분리될 때 충격이 오기 쉽다.

해설 | 클러치 용량은 엔진 최대 토크의 1.5~2.5배 정도이며, 클러치 용량이 이보다 크면 클러치가 플라이휠에 접속할 때 엔진이 정지하거나 충격이 오기 쉽다.

37 동력전달장치에서 토크컨버터에 대한 설명으로 틀린 것은?

① 일정 이상의 과부하가 걸리면 엔진이 정지한다.
② 부하에 따라 자동적으로 토크가 조절된다.
③ 기계적인 충격을 흡수하여 엔진의 수명을 연장한다.
④ 조작이 용이하고 엔진에 무리가 없다.

해설 | 장비에 부하가 걸릴 때 토크컨버터의 터빈속도는 느려진다.

38 지게차의 자유인상높이(Free lift)는 다음의 어느 것과 관계가 있는가?

① 화물을 높이 들 때 전도를 방지하는 척도이다.
② 포크로 화물을 들고 낮은 공장문을 출입할 수 있는지에 대한 척도이다.
③ 화물을 자체중량보다 더 많이 실을 때 필요한 척도이다.
④ 화물을 어느 정도의 높이까지 적재할 수 있는지에 대한 척도이다.

해설 | 자유인상높이는 마스트의 상승없이 포크가 최저에서 최고 높이까지 올릴 수 있는 높이를 말하는 것으로, 낮은 공장문을 출입할 수 있는지의 여부를 알 수 있다.

39 록킹볼이 불량하면 어떻게 되는가?

① 변속할 때 소리가 난다.
② 변속레버의 유격이 커진다.
③ 기어가 이중으로 물린다.
④ 기어가 빠지기 쉽다.

해설 |
- 록킹볼: 기어가 중립 또는 물림 위치에서 빠지는 것을 방지
- 인터록 장치: 기어가 이중으로 물리는 것을 방지

40 지게차 유압식 브레이크의 주요 부품이 아닌 것은?

① 휠 실린더
② 마스터 실린더
③ 드래그 링크
④ 하이드로 백

해설 | 드래그 링크는 피트먼 암의 회전을 스티어링 암으로 전환하는 조향장치의 구성품이다.
- 마스터 실린더: 제동에 필요한 압력을 발생시키는 장치
- 하이드로 백: 제동의 힘을 증폭시켜주는 장치
- 휠 실린더: 마스터 실린더에서 발생한 압력이 전달되어 최종적으로 제동이 걸리게 함

41 지게차의 주행 방향을 조종하는 구성품은?

① 조향 실린더
② 캠축
③ 틸트 실린더
④ 리프트 실린더

해설 | 주행 방향을 조종하는 장치는 조향장치(조향 실린더)이다.

42 디젤기관의 연료계통에서 연료의 압력이 가장 높은 부분은?

① 인젝션 펌프와 노즐 사이
② 연료필터와 탱크 사이
③ 인젝션 펌프와 탱크 사이
④ 탱크와 공급펌프 사이

해설 | 인젝션 펌프(분사 펌프)는 연료를 압축하여 분사노즐로 압송하므로 인젝션 펌프와 노즐 사이의 압력이 가장 높다.

43 지게차의 조종 레버에 대한 설명으로 틀린 것은?

① 로어링: 짐을 내릴 때 사용
② 리프팅: 짐을 올릴 때 사용
③ 틸팅: 짐을 기울일 때 사용
④ 덤핑: 짐을 옮길 때 사용

해설 | 리프팅(lifting)과 로어링(lowering) – 포크의 상승 / 하강
틸팅(tilting) – 마스트의 전경 / 후경

44 다음 [보기]는 무엇에 대한 설명인가?

| 보기 |
L자형으로 2개이며, 핑거 보드에 체결되어 화물을 받쳐 드는 부분이다. 또한 화물 크기에 따라 포크의 간격을 조정할 수 있게 되어 있다.

① 포크　　　　　　② 리프트 체인
③ 틸트 실린더　　　④ 마스트

해설 | 보기는 포크에 대한 설명이다.

45 지게차가 무부하 상태에서 최대 조향각으로 운행 시 가장 바깥쪽바퀴의 접지자국 중심점이 그리는 원의 반경을 무엇이라고 하는가?

① 윤간거리
② 최소선회 지름
③ 최소회전 반경
④ 최소직각 통로폭

해설 | **최소회전 반경**
무부하 상태에서 최대 조향각으로 운행한 경우, 가장 바깥바퀴 접지자국의 중심점이 그리는 궤적의 반지름(원의 반경)을 말한다.

46 자동변속기가 장착된 건설기계의 모든 변속단에서 출력이 떨어질 경우 점검해야 할 항목으로 거리가 먼 것은?

① 오일 부족
② 추진축의 휨
③ 토크컨버터의 고장
④ 엔진 고장

해설 | 자동변속기의 토크컨버터는 엔진 출력을 변속기에 전달하는 역할을 한다. 이때 토크컨버터를 움직이게 하는 매체는 오일이므로 오일이 부족하거나 토크컨버터가 고장나면 출력이 감소된다.
※ 추진축의 휨은 진동 및 소음 발생의 원인이 되며 출력 감소와는 거리가 멀다.

47 지게차의 체인장력 조정법이 아닌 것은?

① 조정 후 록크 너트를 록크시키지 않는다.
② 좌우 체인이 동시에 평행한가를 확인한다.
③ 포크를 지상에서 10~15cm 올린 후 확인한다.
④ 손으로 체인을 눌러보아 양쪽이 다르면 조정 너트로 조정한다.

해설 | 록크(lock) 너트는 지게차의 체인(chain) 고정용 너트 풀림방지장치로 체인 조정 후 고정시켜야 한다.

48 지게차의 조향 방법으로 맞는 것은?

① 전자 조향
② 4륜 조향
③ 전륜 조향
④ 후륜 조향

해설 | 지게차의 앞바퀴는 구동용으로, 뒷바퀴는 조향용으로 사용한다.

49 유압회로에서 역류를 방지하고 회로 내의 잔류압력을 유지하는 밸브는?

① 릴리프 밸브
② 무부하 밸브
③ 감압 밸브
④ 체크 밸브

해설 | 체크 밸브는 작동유를 한 방향으로만 흐르게 하며, 역으로의 흐름을 방지하고 회로 내의 잔압을 유지시켜 정지되었던 실린더가 빠르게 작동하도록 한다.

50 유압모터의 회전속도가 규정속도보다 느릴 경우의 원인이 아닌 것은?

① 유압펌프의 오일 토출량 과다
② 유압유의 유입량 부족
③ 각 작동부의 마모 또는 파손
④ 오일의 내부 누설

해설 | 유압장치의 속도가 늦어지는 것은 유량이 부족하거나 유압장치의 고장 때문이다. 유압펌프의 토출량 과다는 유압모터의 속도가 늦어지는 원인이 아니다.

51 유압유(작동유)의 주요 기능이 아닌 것은?

① 냉각작용
② 압축작용
③ 윤활작용
④ 동력전달작용

해설 | **유압 작동유의 기능**
• 압력에너지을 동력에너지로 전환
• 기기의 윤활작용 및 냉각작용
• 필요한 요소 사이를 밀봉
• 기기의 부식 방지

정답　42 ①　43 ④　44 ①　45 ③　46 ②　47 ①　48 ④　49 ④　50 ①　51 ②

52 어큐뮬레이터의 용도로 적합하지 않은 것은?

① 유압 에너지의 저장
② 충격 흡수
③ 유량 분배 및 제어
④ 압력 보상

해설 | 어큐뮬레이터(Accumulator)의 용도
• 유압 에너지를 저장 (단시간에 높은 압력이 필요한 경우 사용)
• 서지 압력(충격 압력)의 흡수, 맥동 제거
• 일정한 압력의 유지 및 압력강하에 대한 압력보상
• 비상용 유압원 및 보조유압원

53 유압회로에서 유압유의 점도가 높을 때 발생될 수 있는 현상이 아닌 것은?

① 열 발생의 원인이 될 수 있다.
② 유압이 낮아진다.
③ 동력손실이 커진다.
④ 관내의 마찰손실이 커진다.

해설 | 유압유의 점도가 높다는 것은 꿀과 같이 끈끈한 정도가 더 커지므로 유압이 높아진다. 그러므로 흐름이 더뎌지므로 동력전달 효율이 떨어지고, 마찰 증가 및 열 발생의 원인이 된다.

54 액추에이터의 속도를 서서히 감속시키는 경우나 서서히 증속시키는 경우에 사용되며, 일반적으로 캠(cam)으로 조작되는 밸브는?

① 디셀러레이션 밸브
② 카운터밸런스 밸브
③ 체크 밸브
④ 릴리프 밸브

해설 | 디셀러레이션 밸브(감속밸브)는 유량을 감소시켜 액추에이터의 속도를 서서히 감속시키는 밸브이며, 캠에 의해 조작된다.

55 유압장치의 기본 구성요소가 아닌 것은?

① 유압 실린더
② 유압 펌프
③ 종감속 기어
④ 유압 제어 밸브

해설 | 종감속 기어는 동력전달장치의 구성요소로, 추진축의 회전력을 차축에 전달하는 역할을 한다.

56 지게차의 유압 복동 실린더에 대한 설명으로 틀린 것은?

① 수축은 자중이나 스프링에 의해서 이루어진다.
② 더블 로드형이 있다.
③ 피스톤의 양방향으로 유압을 받아 늘어난다.
④ 싱글 로드형이 있다.

해설 | ①은 단동 실린더에 대한 설명이다.

57 다음 유압기호에서 "A" 부분이 나타내는 것은?

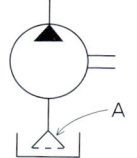

① 가변용량 유압모터
② 스트레이너
③ 가변용량 유압펌프
④ 오일 냉각기

해설 | 스트레이너: 펌프에 유입되는 오일 중 굵은 입자를 걸러내는 필터

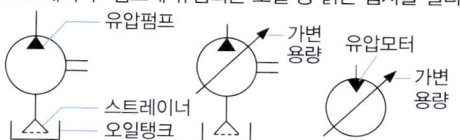

58 유압실린더 등이 중력에 의한 자유 낙하를 방지하기 위해 배압을 유지하는 압력제어 밸브는?

① 시퀀스 밸브
② 언로드 밸브
③ 카운터밸런스 밸브
④ 감압 밸브

해설 | 카운터밸런스 밸브: 실린더가 세로로 세워진 장치에서 실린더 로드 끝에 하중이 작용할 때 자중의 힘으로 아래로 충격이 줄 수 있으므로 실린더의 빠져나가는 유량을 줄여 천천히 내려가도록 제어한다.

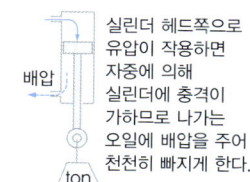

59 일반적인 유압펌프에 대한 설명으로 틀린 것은?

① 오일을 흡입하여 컨트롤 밸브로 송유한다.
② 엔진 또는 모터의 동력으로 구동된다.
③ 동력원이 회전하는 동안에는 항상 회전한다.
④ 벨트에 의해서만 구동된다.

해설 | 유압펌프의 구동은 벨트나 기어장치에 의해서 구동된다.

60 리듀싱(감압)밸브에 대한 설명으로 틀린 것은?

① 입구의 주회로에서 출구의 감압회로로 유압유가 흐른다.
② 어떤 부분 회로의 압력을 주회로의 압력보다 저압으로 할 때 사용된다.
③ 상시 폐쇄상태로 되어 있다.
④ 유압장치에서 회로 일부의 압력을 릴리프밸브 설정압력 이하로 하고 싶을 때 사용한다.

해설 | 감압밸브는 유압장치에서 회로 일부의 압력을 릴리프 밸브 설정압력 이하로 압력을 낮출 수 사용한다. 릴리프 밸브 설정압력을 밸브 내의 조절나사 및 디스크로 조절하여 원하는 압력으로 낮춰주는 역할을 한다. ※ 감압밸브는 상시 열림상태이다. (평상시에 열린 상태)

| PART 2 |

CBT 상시대비 핵심모의고사 **08**회

01 기계시설의 안전 유의사항으로 적합하지 않은 것은?

① 회전부분(기어, 벨트, 체인) 등은 위험하므로 반드시 커버를 씌워둔다.
② 발전기, 용접기, 엔진 등 장비는 한곳에 모아서 배치한다.
③ 작업장의 통로는 근로자가 안전하게 이동할 수 있도록 정리정돈을 해준다.
④ 작업장 바닥은 보행에 지장을 주지 않도록 청결하게 유지한다.

해설 | 장비가 많을 경우 충분한 작업 공간 확보, 정비·점검 공간 확보 및 화재 피해 감소 등을 위해 분산 배치하는 것이 좋다.

02 절연용 개인 착용 보호구의 종류가 아닌 것은?

① 절연시트
② 절연 장갑
③ 절연모
④ 절연화

해설 | 절연시트는 전기 작업자가 전기도체, 장치 또는 회로와 우발적 접촉에서 보호하기 위한 휴대용 보호장비이다. 절연시트는 인체 착용 보호구가 아니라, 전기도체나, 장치·회로에 씌우는 용도로 사용된다.

03 연삭기에서 연삭칩의 비산을 막기 위한 안전 방호장치는?

① 양수 조작식 방호장치
② 광전식 안전 방호장치
③ 급정지 장치
④ 안전 덮개

해설 | 비산이란 '흩어 날림'을 말하며 연삭칩의 비산을 막기 위해 연삭기에 안전 덮개를 설치한다.

04 마스트 점검사항으로 가장 적절하지 않은 것은?

① 작동 오일이 흐르는 부위의 피팅, 호스류들의 누유를 점검한다.
② 작업을 하지 않을 때는 포크를 약 30cm 올려놓아야 한다.
③ 볼트 및 클램프류의 풀림 상태를 점검한다.
④ 리프트 실린더의 로드 부위를 깨끗하게 유지한다.

해설 | 작업 중단 또는 주차 시 포크를 지면에 내려놓는다.

05 디젤기관 작동 중 검은 매연이 심하게 배출될 때 점검할 사항으로 거리가 가장 먼 것은?

① 분사펌프 점검
② 연료라인에 공기혼입 여부 점검
③ 분사시기 점검
④ 에어클리너의 막힘 점검

해설 | **검은 매연 배출 원인**
• 공기 부족(에어클리너의 막힘): 공기량이 규정보다 적으면 모든 연료를 태울 수 없어 불완전 연소 발생
• 연료 공급 불량(분사펌프의 점검): 연료 분사량이 너무 많으면 과도하게 많은 연료 비율로 인해 불완전 연소 발생
• 분사시기 불량: 연료 분사 타이밍이 나쁘면 타이밍이 너무 빨라지거나 늦어 지더라도 불완전한 연소가 발생
※ 알아두기) 매연이 흰색일 경우 엔진오일이 연소실에 누설되어 연소됨
※ 연료라인에 공기가 혼입되면 연료 공급이 원활하지 않을 수 있다.

06 지게차를 이용한 작업 중에 위쪽으로부터 떨어지는 화물에 의한 위험을 방지하기 위하여 조종수의 머리 위쪽에 설치하는 덮개는?

① 리프트 실린더
② 핑거보드
③ 백레스트
④ 헤드가드

해설 | 헤드가드(Head guard)는 지게차를 사용한 화물 운반 시 운전자 위쪽으로부터 화물의 낙하에 의한 운전자 위험방지를 위해 머리 위에 설치하는 덮개를 말한다.

07 경고표지로 사용되지 않는 것은?

① 낙하물경고
② 인화성물질경고
③ 차량통행경고
④ 고압전기경고

해설 | 차량통행은 경고가 아니라 금지표지에 해당한다.

08 가압식 라디에이터 캡의 장점으로 틀린 것은?

① 방열기를 작게 할 수 있다.
② 냉각장치의 효율을 높일 수 있다.
③ 냉각수의 순환 속도가 빠르다.
④ 냉각수의 비등점을 높일 수 있다.

해설 | 냉각수의 순환속도는 워터펌프에 관한 사항이다.
※ 가압식 라디에이터 캡의 장점에 대한 설명은 이론을 참조할 것

09 수동변속기가 장착된 지게차에서 클러치가 미끄러지는 원인으로 맞는 것은?

① 클러치 압력판 스프링이 약해졌다.
② 클러치 페달의 유격이 크다.
③ 릴리스 레버가 마멸되었다.
④ 클러치 베어링이 마멸되었다.

해설 | **클러치가 미끄러지는 원인**
• 클러치 페달의 자유 간극(유격)이 작을 때
• 클러치 디스크의 마멸
• 클러치 디스크에 오일이 묻음
• 플라이 휠 및 압력판의 손상
• 클러치 스프링의 장력이 약해짐 등

10 건설기계 보관 장소에서 금속화재가 발생했다. 금속화재에 대한 설명으로 가장 적절한 것은?

① 포 소화기로 소화하는 것이 가장 좋다.
② 금속나트륨은 A급 화재로 A급 소화기로만 소화하여야 한다.
③ 물로 소화하는 것이 가장 좋다.
④ 질식소화법이 가장 좋고 건조된 모래(건조사) 등을 이용한다.

해설 | 금속화재는 D급 화재로 리튬이나 나트륨, 칼륨 등 반응성이 가연성 금속에서 발생하는 화재이다. 물이나 포 소화기로 소화가 불가능하며, 마른 모래나 팽창질석을 이용한다.

정답 01 ② 02 ① 03 ④ 04 ② 05 ② 06 ④ 07 ③ 08 ③ 09 ① 10 ④

11 드릴 작업 시 안전수칙으로 가장 적절하지 않은 것은?

① 장갑이 드릴에 말리지 않도록 장갑을 반드시 벗는다.
② 드릴을 끼운 후 척 키는 그대로 둔다.
③ 일감은 견고하게 고정시켜 손으로 잡고 구멍을 뚫지 않도록 주의한다.
④ 칩을 제거할 때는 작동을 중지시키고 솔로 제거한다.

해설 | 척 키(chuck key)는 드릴머신의 조에 드릴 비트를 끼운 후 단단히 고정하기 위한 용도로 사용한다. 드릴을 끼운 후 척 키는 제거해야 한다.

12 지게차에서 리프트 실린더의 상승력이 부족한 원인과 거리가 가장 먼 것은?

① 오일 필터의 막힘
② 리프트 실린더에서 유압유 누출
③ 유압펌프의 불량
④ 틸트 로크 밸브의 밀착 불량

해설 | 리프트 실린더의 상승력이 부족한 주요 원인에는 유압이 발생되지 않거나 낮을 경우(①, ③)나 유압유 부족 및 누출 등이 있다. 틸트 로크 밸브(Tilt lock valve)는 마스트를 기울일 때 갑자기 엔진 시동이 정지되면 작동하여 그 상태를 유지시키는 역할을 한다. 즉, 틸트 로크 밸브는 마스트와 관련이 있다.

13 기관에 있는 팬벨트의 장력이 약할 때 생기는 현상으로 맞는 것은?

① 발전기 출력이 저하될 수 있다.
② 물 펌프 베어링이 조기에 손상된다.
③ 엔진이 과냉된다.
④ 엔진이 부조를 일으킨다.

해설 | 발전기와 물펌프는 크랭크축의 회전이 팬벨트를 통해 회전하므로 ①이 가장 적합하다.

14 흔들리는 화물을 운송 시 주의사항으로 거리가 가장 먼 것은?

① 흔들리는 화물을 운송할 때에는 사람이 흔들지 않게 잡고 운행한다.
② 매달린 화물의 고정 수단은 뜻하지 않게 움직이거나 풀리지 않도록 한다.
③ 화물이 흔들리는 상태에 따라 주행속도와 방법을 조절한다.
④ 화물을 매단 상태에서의 경사 주행은 하지 않는다.

해설 | 사람이 화물을 잡고 운행하는 행위는 하지 않는다.

15 유압장치에서 압력 제어밸브가 아닌 것은?

① 언로드 밸브
② 시퀀스 밸브
③ 체크 밸브
④ 릴리프 밸브

해설 | 체크 밸브는 방향제어밸브에 해당한다.

16 기관에 사용되는 피스톤링의 구비조건이 아닌 것은?

① 장시간 사용 시에도 링 자체나 실린더 마멸이 적을 것
② 고온에서도 탄성을 유지할 것
③ 실린더 벽에 동일한 압력을 가하지 말 것
④ 열팽창률이 적을 것

해설 | 피스톤링은 실린더 벽에 압력을 일정하게 가해야 한다.

17 지게차의 조향장치 특징에 관한 설명으로 틀린 것은?

① 회전반경이 되도록 커야 한다.
② 조향조작이 경쾌하고 자유로워야 한다.
③ 타이어 및 조향장치의 내구성이 커야 한다.
④ 노면으로부터 충격이나 원심력 등의 영향이 적어야 한다.

해설 | 회전반경이란 핸들을 최대한 회전시켰을 때 가장 바깥쪽 바퀴의 중심점이 그리는 궤적의 반지름을 말한다. 회전반경이 작을수록 좁은 구역에서도 회전이 가능하므로 회전반경은 작게 설계하는 것이 좋다.

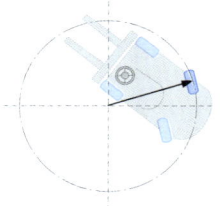

18 토크컨버터의 구성품 중 오일의 흐름 방향을 바꾸어 터빈 러너의 회전력을 증대시키는 것은?

① 펌프 임펠러
② 스테이터
③ 터빈 러너
④ 가이드링

해설 | 스테이터는 오일의 흐름 방향을 바꾸어 터빈 러너의 회전력(토크)를 증대시킨다.

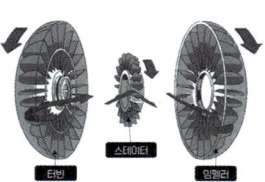

19 기관에 사용되는 윤활유 사용 방법으로 옳은 것은?

① 계절과 윤활유 SAE 번호는 관계가 없다.
② SAE 번호는 일정하다.
③ 겨울은 여름보다 SAE 번호가 큰 윤활유를 사용한다.
④ 여름은 겨울보다 SAE 번호가 큰 윤활유를 사용한다.

해설 | 윤활유의 SAE 번호가 클수록 점도(끈끈한 정도)가 높다. 즉, 여름에는 온도가 높으므로 점도가 높은 것이 좋고, 겨울에는 온도가 낮으므로 점도가 낮은 것이 좋다.

20 디젤기관 연료여과기에 설치된 오버플로우 밸브(Overflow Valve)의 기능이 아닌 것은?

① 여과기 각 부분 보호
② 연료공급펌프의 소음발생 억제
③ 인젝터의 연료분사시기 제어
④ 운전 중 공기 배출 작용

해설 | 오버플로우 밸브는 여과기 상단에 설치되어 여과기 내부의 압력이 과도하게 상승하는 것을 방지하기 위해 일부 연료를 탱크로 리턴시킨다. 즉, 일정한 압력을 유지하여 여과기를 보호 및 공기 배출, 연료공급펌프의 소음발생을 억제시킨다.

21 기관의 에어클리너에 대한 설명으로 틀린 것은?

① 흡기계통에서 발생하는 흡기 소음을 줄여주는 역할을 한다.
② 에어클리너는 연소실에 부착되어 있다.
③ 실린더 내에 흡입되는 공기 중에 포함된 먼지를 걸러준다.
④ 에어클리너는 공기 흡입구에 부착되어 있다.

해설 | 에어클리너는 흡기계통의 공기 흡입구에 설치된다.

22 기관에서 밸브 스템 엔드와 로커암(태핏) 사이의 간극은?

① 캠 간극
② 밸브 간극
③ 스템 간극
④ 로커암 간극

해설 | 밸브 간극

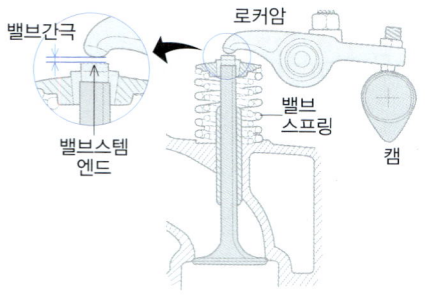

23 기관의 라디에이터에 연결된 보조탱크의 역할에 대한 설명으로 틀린 것은?

① 냉각수 온도를 적절하게 조절한다.
② 오버플로(overflow) 되어도 증기만 방출된다.
③ 장기간 냉각수 보충이 필요 없다.
④ 냉각수의 체적팽창을 흡수한다.

해설 | 라디에이터에 연결된 보조탱크는 냉각수 온도에 따라 라디에이터의 냉각수량을 조절한다. (라디에이터의 냉각수 온도가 높으면 증가된 체적분의 냉각수가 오버플로되어 보조탱크로 방출된다)
※ 보조탱크로 냉각수 온도를 조절하는 역할을 하지 않는다..

24 전기회로의 안전사항으로 가장 적절하지 않은 것은?

① 모든 계기는 사용 시 최대 측정 범위를 초과하지 않도록 해야 한다.
② 전기장치는 반드시 접지하여야 한다.
③ 퓨즈는 용량이 맞는 것을 사용한다.
④ 전선의 접속은 접촉저항이 크게 하는 것이 좋다.

해설 | 접촉저항이란 서로 접하고 있는 두 도체의 접촉면을 통하여 전류가 흐를 때, 그 접촉면에 생기는 전기저항을 말한다. 저항은 작을수록 좋다.

25 직류 발전기와 비교한 교류 발전기의 특징으로 틀린 것은?

① 전류 조정기만 있으면 된다.
② 브러시의 수명이 길다.
③ 저속 시에도 충전이 가능하다.
④ 소형이며 경량이다.

해설 | 교류발전기는 다이오드가 전류조정기와 컷아웃 릴레이의 역할을 대신한다.

26 엔진의 회전이 기동전동기에 전달되지 않도록 하는 장치는?

① 전자석 스위치
② 브러시
③ 오버런닝 클러치
④ 전기자

해설 | 기동전동기의 피니언과 플라이휠의 링기어는 항상 맞물려 있어 시동 시 기동전동기의 토크회전력을 플라이휠을 통해 엔진(크랭크축)에 전달하는 역할을 하지만 반대로 오버런닝 클러치는 크랭크축의 회전력이 기동전동기에 전달되지 않도록 한다. (역으로 회전력이 전달하면 기동전동기가 파손될 우려가 있음)

27 시동전류의 공급과 기관이 정지된 상태에서 각종 전기장치에 전류를 보내는 것은?

① 축전지
② 시동모터
③ 콘덴서
④ 발전기

해설 | 축전지(배터리)의 역할
• 초기 시동에 필요한 기동전동기와 점화장치, 연료펌프 등에 전원을 공급
• 에어컨과 같이 전기적 요구가 발전기 출력보다 많을 경우 일시적으로 전류를 공급
• 전기계통의 전압 안정장치 역할

28 축전지 설명 중 틀린 것은?

① 단자의 기둥은 양극이 음극보다 굵다.
② 양극판이 음극판보다 1당 더 적다.
③ 격리판은 다공성이며, 전도성인 물질로 만든다.
④ 일반적으로 12V 축전지의 셀은 6개로 구성되어 있다.

해설 | 축전지의 격리판은 양극판과 음극판을 전기적으로 격리시켜 극판의 단락을 방지하여야 하기 때문에 비전도성의 물질로 만든다.

29 조향핸들의 조작이 무거운 원인으로 거리가 먼 것은?

① 앞바퀴 휠 얼라이먼트 조절 불량 시
② 조향 기어 백래시가 작을 때
③ 타이어 공기압이 과다 주입되었을 때
④ 유압 계통 내에 공기가 혼입되었을 때

해설 | 휠 얼라이먼트(앞바퀴 정렬)가 불량하면 타이어 편마모, 직진성 등 조향성이 불량해지며 조향핸들 조작이 무거워지는 것과는 거리가 멀다.

30 수동변속기 지게차의 동력 전달 순서는?

① 엔진 → 변속기 → 클러치 → 차축 → 앞바퀴
② 엔진 → 변속기 → 차축 → 클러치 → 앞바퀴
③ 엔진 → 클러치 → 차축 → 변속기 → 앞바퀴
④ 엔진 → 클러치 → 변속기 → 차축 → 앞바퀴

해설 | 수동변속기 지게차의 동력전달순서
엔진 → 클러치 → 변속기 → 종감속기어 및 차동장치 → 앞구동축 → 앞바퀴

31 일반적인 오일탱크의 구성품이 아닌 것은?

① 스트레이너
② 유압 실린더
③ 배플 플레이트
④ 드레인 플러그

해설 | 오일탱크의 구성품
• 스트레이너: 오일탱크 내 굵은 입자의 불순물을 제거
• 배플 플레이트(Baffle Plate): 오일탱크 내 오일의 출렁임을 방지하는 격판
• 드레인 플러그: 오일 배출구

정답 | 22 ② 23 ① 24 ④ 25 ① 26 ③ 27 ① 28 ③ 29 ① 30 ④ 31 ②

32 타이어의 트레드에 대한 설명으로 틀린 것은?

① 트레드가 마모되면 지면과 접촉면적이 크게 됨으로써 마찰력이 증대되어 제동성능은 좋아진다.
② 타이어의 공기압이 높으면 트레드의 양단부보다 중앙부의 마모가 크다.
③ 트레드가 마모되면 열의 발산이 불량하게 된다.
④ 트레드가 마모되면 구동력과 선회능력이 저하된다.

해설 | 타이어의 트레드가 마모되면 제동력이 떨어지므로 제동거리가 길어진다.

33 내연기관을 사용하는 지게차의 구동과 관련한 설명으로 옳은 것은?

① 앞바퀴로 구동한다.
② 뒷바퀴로 구동한다.
③ 복륜식은 앞바퀴 좌·우 각각 1개인 구동륜을 말한다.
④ 기동성 위주로 사용되는 지게차는 복륜식 타이어를 사용한다.

해설 | 지게차는 앞바퀴로 구동하고, 뒷바퀴로 조향한다. 복륜식은 앞바퀴 좌·우 각각 2개인 구동륜으로 무거운 화물을 충분히 지탱하기 위해 사용한다. 가볍고 기동성 위주로 사용되는 지게차는 단동륜 타이어를 사용한다.

34 지게차 저압 타이어에 "9.00-20-14PR"로 표시된 경우 '20'이 의미하는 것은?

① 타이어 외경
② 타이어 내경
③ 타이어 폭
④ 타이어 높이

해설 | 저압 타이어 표시: 타이어 폭 – 타이어 내경 – 플라이 수
9.00 – 20 – 14PR
플라이 수
타이어 내경
타이어 폭

35 지게차 포크의 수직면으로부터 포크 위에 놓인 화물의 무게중심까지의 거리를 무엇이라고 하는가?

① 자유인상높이
② 하중중심
③ 전장
④ 마스트 최대 높이

해설 | 하중중심은 지게차 수직면으로부터 포크 위에 올려진 화물의 무게중심까지의 거리를 말한다.

36 건설기계안전기준에 관한 규칙상 카운터밸런스 지게차의 전경각은 몇 도 이하인가? (단, 특수한 구조 또는 안전경보장치 등을 설치한 경우는 제외)

① 12도 이하
② 8도 이하
③ 6도 이하
④ 10도 이하

해설 | 전경각 및 후경각

	전경각	후경각
카운터밸런스형 지게차	6도 이하	12도 이하
사이드포크형 지게차	5도 이하	5도 이하

37 리프트 실린더의 주 역할은?

① 마스트를 하강 이동시킨다.
② 마스트를 틸트 시킨다.
③ 포크를 앞·뒤로 기울게 한다.
④ 포크를 상승·하강시킨다.

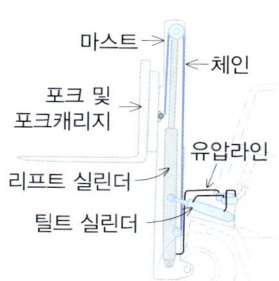

해설 | 리프트 실린더는 포크를 상승 또는 하강시킨다.

38 지게차의 축간거리를 표시한 것은?

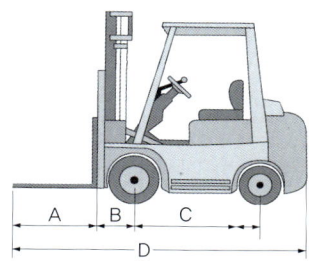

① A
② B
③ C
④ D

해설 | 지게차의 축간거리(윤간거리)는 전륜 구동축 중심에서 후륜 구동축 중심까지의 수평거리이다. (앞바퀴의 중심에서 뒷바퀴의 중심까지의 거리)
※ D: 전장

39 마스트가 3단으로 늘어나며 천장이 높은 장소 및 출입구가 제한되어 있는 장소에서 짐을 적재하는데 가장 적절한 것은?

① 트리플 스테이지 마스트
② 로드 스태빌라이저
③ 로테이팅 포크
④ 스키드 포크

해설 | 트리플 스테이지 마스트는 3단계 마스트를 의미한다. 마스트를 3단계로 확장시키며 높은 곳에 짐을 적재하는데 유용하다.

40 유압장치의 기본 구성요소가 아닌 것은?

① 유압 펌프
② 유압 제어 밸브
③ 종감속 기어
④ 유압 실린더

해설 | 종감속기어: 엔진의 동력을 변속기를 거쳐 바퀴에 전달되기 전에 마지막(終)으로 속도를 줄이는(減速) 기어이다. (피니언 기어의 빠른 회전을 링기어에서 감속)

41 기어 펌프에 대한 설명으로 틀린 것은?

① 소형이며 구조가 간단하다.
② 다른 펌프에 비해 흡입력이 매우 나쁘다.
③ 초고압에는 사용이 곤란하다.
④ 플런저 펌프에 비해 효율이 낮다.

해설 | **기어 펌프의 특징**
• 기어의 맞물림을 이용하여 흡입력이 크다.
• 고점도 액체의 이송에 적합하다.
• 토출량이 일정하며, 소음 및 맥동이 적다.
• 플런저 펌프(피스톤 펌프)가 효율이 가장 좋다.

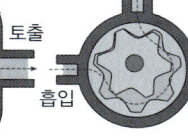

42 유압모터의 대한 설명으로 **틀린** 것은?

① 관성력이 크다.
② 구조가 간단하다.
③ 무단변속이 가능하다.
④ 자동 원격조작이 가능하다.

해설 | 관성력이란 작동을 멈추어도 계속 회전하려는 힘을 말하며, 작동이 멈추면 즉각적으로 회전도 멈추어야 한다.

43 직선 왕복운동을 하는 유압 액추에이터는?

① 유압 모터
② 유압 펌프
③ 스태핑 모터
④ 유압 실린더

해설 | 액추에이터란: 외부로부터 전기나 유압 등의 에너지를 공급받아 동력을 생산하는 최종 작동기기를 말한다. 유압 액추에이터에는 유압 실린더(직선왕복운동), 유압 모터(회전운동)가 있으며, 전기 액추에이터에서는 모터가 해당된다.
※ 유압 펌프: 유압을 발생하는 장치이다.
※ 스태핑 모터: 전기 모터의 한 종류로 정밀한 각도로 회전하고 정지할 수 있다.

44 건설기계 유압기기에서 유압유의 구비조건으로 가장 적절하지 **않은** 것은?

① 인화점 및 발화점이 매우 낮아야 한다.
② 비중이 적당하고 비압축성이어야 한다.
③ 적당한 점도와 유동성이 있어야 한다.
④ 열 방출이 잘 되어야 한다.

해설 | 인화점 및 발화점이 낮다는 것은 인화(발화)하는 온도가 낮다는 의미이다. 이는 낮은 온도에서도 쉽게 불이 붙는 것을 말하므로 적절한 조건이 아니다.

45 소유자의 신청이나 시·도지사의 직권으로 건설기계의 등록을 말소할 수 있는 사유에 **해당하지 않는** 것은?

① 건설기계를 장기간 운행하지 않게 된 경우
② 건설기계를 폐기한 경우
③ 건설기계를 교육 연구 목적으로 사용하는 경우
④ 건설기계를 수출하는 경우

해설 | **등록의 말소 사유**
• 거짓 그 밖의 부정한 방법으로 등록을 한 경우
• 건설기계가 사용할 수 없게 되거나 멸실된 경우
• 건설기계의 차대가 등록 시의 차대와 다른 경우
• 건설기계안전기준에 적합하지 아니하게 된 경우
• 정기검사를 받지 아니한 경우
• 건설기계의 수출 · 도난 · 폐기한 경우
• 건설기계를 제작 · 판매자에게 반품한 경우
• 건설기계를 교육 · 연구목적으로 사용하는 경우

46 유압장치의 일상 점검 항목이 **아닌** 것은?

① 오일의 변질상태 점검
② 오일의 누유 여부 점검
③ 오일의 양 점검
④ 오일탱크의 내부 점검

해설 | 일상 점검이므로 오일 상태나 양에 대해 점검하며, 오일탱크 내부 점검은 해당되지 않는다.

47 다음 유압기호가 나타내는 것은?

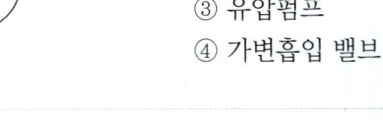

① 가변유압모터
② 가변토출 밸브
③ 유압펌프
④ 가변흡입 밸브

해설 |

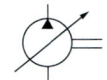 [정용량형 유압펌프] 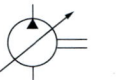 [가변용량형 유압펌프] 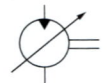 [가변용량형 유압모터]

48 작동유 온도가 과열되었을 때 유압계통에 미치는 영향으로 **틀린** 것은?

① 온도변화에 의해 유압기기가 열변형 되기 쉽다.
② 오일의 점도 저하에 의해 누유 되기 쉽다.
③ 유압펌프의 효율이 높아진다.
④ 오일의 열화를 촉진한다.

해설 | 작동유 온도가 과열되면 열화가 촉진되어 유압유의 성분이 변한다. 이로 인해 점도가 저하되어 누유되기 쉽고 유압펌프 효율의 저하된다.

49 지게차에 설치된 유압밸브 중 작업장치의 속도를 제어하기 위해 사용되는 밸브가 **아닌** 것은?

① 분류 밸브
② 릴리프 밸브
③ 고정형 교축밸브
④ 가변형 교축밸브

해설 | **유압제어밸브의 분류**
• 압력 제어: 릴리프밸브, 감압밸브, 시퀀스밸브, 언로드 밸브, 카운터밸런스 밸브 등
• 유량 제어(속도 제어): 교축밸브, 분류밸브, 집류밸브, 스톱밸브 등
• 방향 제어: 체크밸브(역지밸브), 셔틀밸브, 감속밸브 등

50 그림과 같은 유압기호에 해당하는 밸브는?

① 체크 밸브
② 릴리프 밸브
③ 리듀싱 밸브
④ 카운터밸런스 밸브

해설 | 설정압력 이하일 때는 별도의 작동을 하지 않지만 설정압력 이상일 때 밸브가 열려 오일탱크로 흐르게 한다. (유압기호는 릴리프 밸브와 감압밸브는 필수로 암기한다)

[설정압력 이하]   [설정압력 이상]   ←오일탱크

51 건설기계관리법령상 건설기계를 신규로 등록할 때 실시하는 검사는?

① 예비검사
② 구조변경검사
③ 신규 등록검사
④ 정기검사

해설 | 건설기계를 신규로 등록할 때 실시하는 검사는 신규 등록검사이다.

정답 42 ① 43 ④ 44 ① 45 ① 46 ④ 47 ① 48 ③ 49 ② 50 ② 51 ③

52 유압 작동기의 방향을 전환시키는 밸브에 사용되는 형식 중 원통형 슬리브 면에 내접하여 축 방향으로 이동하면서 유로를 개폐하는 형식은?

① 베인 형식
② 포핏 형식
③ 스풀 형식
④ 카운터 밸런스 형식

해설 | 스풀(spool) 형식은 밸브 보디에 있는 3개의 홈이 있어 축 방향으로 이동에 따라 밸브 보디의 오일 통로가 개폐된다.

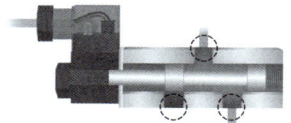

53 건설기계관리법령상 건설기계조종사면허의 반납 사유로 거리가 가장 먼 것은? (단, 면허 소지자의 본인 의사에 따른 반납은 제외)

① 주소를 이전했을 때
② 면허가 취소된 때
③ 면허의 효력이 정지된 때
④ 면허증 재교부를 받은 후 잃어버린 면허증을 발견한 때

해설 | 다음의 사유가 발생한 날부터 10일 이내에 시장·군수·구청장에게 면허증을 반납해야 한다. - 면허의 취소 / 면허의 효력 정지 / 면허증의 재교부 후 잃어버린 면허증을 찾은 경우

54 건설기계조종사면허가 효력정지처분을 받은 후 건설기계를 계속하여 조종한 자에 대한 벌칙은?

① 2백만원 이하의 벌금
② 1년 이하의 징역 또는 1천만원 이하의 벌금
③ 1백만원 이하의 벌금
④ 2년 이하의 징역 또는 2천만원 이하의 벌금

해설 | 건설기계조종사면허가 취소되거나 효력정지처분을 받은 후에도 건설기계를 계속하여 조종할 경우 1년 이하의 징역 또는 1천만원 이하의 벌금에 처한다.

55 등록이전신고는 어느 경우에 하는가?

① 건설기계등록지가 다른 시·도로 변경되었을 때
② 건설기계소재지에 변동이 있을 때
③ 건설기계등록사항을 변경하고자 할 때
④ 건설기계소유권을 이전하고자 할 때

해설 | 건설기계 등록지가 다른 시·도로 변경되었을 때 변경된 곳의 시·도 지사에게 등록이전 신고를 한다.

56 건설기계관리법상 건설기계 정기검사를 연기할 수 있는 사유에 해당하지 않는 것은? (단, 특별한 사유로 검사신청기간 내에 검사를 신청할 수 없는 경우는 제외)

① 건설 현장에 투입하여 작업이 계속 있을 때
② 건설기계를 도난당했을 때
③ 건설기계의 사고가 발생했을 때
④ 1월 이상에 걸친 정비를 하고 있을 때

해설 | 천재지변, 건설기계의 도난, 사고 발생, 압류, 1월 이상에 걸친 정비 그 밖의 부득이한 사유로 검사신청기간 내에 검사를 신청할 수 없는 경우에 정기검사를 연기할 수 있다.

57 교통정리가 행하여지고 있지 않은 교차로에서 우선순위가 같은 차량이 동시에 교차로에 진입한 때의 우선순위로 맞는 것은?

① 소형 차량이 우선한다.
② 우측도로의 차가 우선한다.
③ 좌측도로의 차가 우선한다.
④ 대형차량이 우선한다.

해설 | 교통정리가 행하여지고 있지 않은 교차로에서 우선순위가 같은 차량간에는 우측도로의 차가 우선한다.

58 도로교통법령상 주차를 금지하는 곳으로 가장 적절하지 않은 것은?

① 다리 위
② 터널 안
③ 상가 앞 도로의 5m 이내인 곳
④ 도로공사 구역의 양쪽 가장자리로부터 5m 이내인 곳

해설 | 도로교통법령상 상가 앞 도로가 반드시 주차를 금지하는 장소가 아니다.

59 그림과 같은 「도로명판」에 대한 설명으로 틀린 것은?

중앙로 200m
Jungang-ro

① '예고용' 도로명판이다.
② '중앙로'의 전체 도로구간 길이는 200m이다.
③ '중앙로'는 왕복 2차로 이상, 8차로 미만의 도로이다.
④ '중앙로'는 현재 위치에서 앞쪽 진행방향으로 약 200m 지점에서 진입할 수 있는 도로이다.

해설 | 그림은 예고용 도로명판으로 앞쪽 진행방향 200m 지점에서 중앙로에 진입할 수 있다는 의미이다.
※ 대로(8차로 이상), 로(2~7차로), 길(2차로 미만)

60 교통사고 사상자가 발생하였을 때, 도로교통법령상 운전자가 즉시 취하여야 할 조치사항 중 가장 적절한 것은?

① 즉시 정차 - 신고 - 위해 방지
② 즉시 정차 - 위해 방지 - 증인 확보
③ 증인 확보 - 정차 - 사상자 구호
④ 즉시 정차 - 사상자 구호 - 신고

해설 | 교통사고 사상자 발생 시 운전자의 대응
즉시 정차 - 사상자 구호 - 신고 및 위해 방지

| PART 2 |

CBT 상시대비 핵심모의고사 **09**회

01 드릴(Drill)을 사용하여 작업할 때 착용을 금지하는 것은?

① 안전화
② 장갑
③ 작업모
④ 작업복

해설 | 드릴 작업을 할 때 장갑이 드릴 날에 말려 들어갈 위험이 있으므로 장갑을 벗고 작업하는 것이 좋다.

02 소화작업의 기본 요소가 아닌 것은?

① 연료를 기화시킨다.
② 산소를 차단한다.
③ 점화원을 제거한다.
④ 가연물질을 제거한다.

해설 | 소화 작업의 기본 요소는 연소의 3요소(가연물, 산소, 점화원)를 차단하는 것이다.

03 작업장의 안전사항 중 틀린 것은?

① 기름 묻은 걸레는 한쪽으로 쌓아둔다.
② 작업이 끝나면 사용 공구를 정리정돈 한다.
③ 무거운 구조물은 인력으로 무리하게 이동하지 않는다.
④ 작업장 내 안전수칙을 부착하여 사고를 예방한다.

해설 | 기름 묻은 걸레는 화재 예방을 위해 전용 금속 용기에 보관한다.

04 수공구 보관 및 사용 방법으로 틀린 것은?

① 해머 작업시 몸의 자세를 안정되게 한다.
② 담금질한 것은 함부로 두들겨서는 안 된다.
③ 공구는 적당한 습기가 있는 곳에 보관한다.
④ 파손, 마모된 것은 사용하지 않는다.

해설 | 수공구는 부식 방지를 위해 건조한 곳에 보관해야 한다.

05 가동하고 있는 엔진에서 화재가 발생하였다. 불을 끄기 위한 조치 방법으로 올바른 것은?

① 원인분석을 하고, 모래를 뿌린다.
② 포말소화기를 사용 후, 엔진 시동스위치를 끈다.
③ 엔진 시동스위치를 끄고, ABC 소화기를 사용한다.
④ 엔진을 급가속하여 팬의 강한 바람을 일으켜 불을 끈다.

해설 | 화재 발생 시 가장 먼저 엔진 작동을 멈추고, 유류 전용 소화기인 ABC 소화기 또는 이산화탄소 소화기를 사용한다.

06 다음 중 금지표지에 해당하지 않는 것은?

① 보행금지
② 출입금지
③ 화기금지
④ 보안경 착용 금지

해설 | 보안경 착용은 지시표지에 해당하며, 보안경 착용을 금지하는 것은 없다.

07 기계작업 중 사고 발생 시 취해야 하는 행동의 순서로 옳은 것은?

① 구조 – 운전 정지 – 2차 사고 방지 – 응급처치
② 운전 정지 – 구조 – 응급처치 – 2차 사고방지
③ 운전 정지 – 응급처치 – 구조 – 2차 사고방지
④ 구조 – 2차 사고 방지 – 운전 정지 – 응급처치

08 엔진오일의 소비량이 많아지는 가장 직접적인 원인은?

① 피스톤링과 실린더의 간극이 과대한 경우
② 오일펌프 기어가 과대 마모된 경우
③ 배기밸브 간극이 너무 작은 경우
④ 윤활유의 압력이 너무 낮은 경우

해설 | 엔진오일의 소모는 주로 연소와 누설이며, 피스톤 링과 실린더의 간극이 크면 엔진오일이 연소실로 올라와 연소하기 쉬워진다.

09 작업장에서 용접작업의 유해광선으로 눈에 이상이 생겼을 때 적절한 조치로 옳은 것은?

① 손으로 비빈 후 과산화수소로 치료한다.
② 냉수로 씻어 낸 냉수포를 얹거나 병원에서 치료한다.
③ 알코올로 씻는다.
④ 뜨거운 물로 씻는다.

해설 | 용접 작업 중 유해광선으로 눈이 충혈된 경우 냉수포를 얹은 후 병원 진료를 받는다.

10 타이어의 트레드에 대한 설명으로 틀린 것은?

① 타이어 공기압이 높으면 타이어 중앙부의 마모가 크다.
② 트레드가 마모되면 열 발산이 불량하게 된다.
③ 트레드가 마모되면 선회 능력과 구동력이 저하된다.
④ 트레드가 마모되면 지면과 접촉하는 면적이 커져 마찰력이 증대되어 제동성능이 좋아진다.

해설 | 트레드란 노면과 직접 접촉하는 부분에 새겨진 무늬를 말한다. 트레트가 마모되면 제동할 때 노면과 마찰력이 감소하여 제동 성능이 저하된다.
※ 트레드의 역할: 선회 성능과 구동력 향상, 미끄러짐 방지, 제동성능 향상 등

82

정답 01 ② 02 ① 03 ① 04 ③ 05 ③ 06 ④ 07 ② 08 ① 09 ② 10 ④

11 작업 전 지게차의 난기운전 및 점검사항으로 틀린 것은?

① 엔진 시동 후 5분간 저속 운전을 실시한다.
② 시동 후 작동유의 유온이 정상 범위 내에 도달하도록 고속으로 전후진 주행을 2~3회 실시한다.
③ 틸트 레버를 사용하여 전행정으로 전후 경사운동을 2~3회 실시한다.
④ 리프트 레버를 사용하여 전행정으로 상승·하강운동을 2~3회 실시한다.

해설 │ 시동 후 작동유의 유온이 정상 작동 범위 내에 도달하도록 저속으로 전후진 주행을 2~3회 실시해야 한다.

12 지게차 계기판 온도계의 눈금이 표시하는 것은 무엇인가?

① 배기가스의 온도
② 유압작동유의 온도
③ 엔진오일의 온도
④ 냉각수의 온도

해설 │ 지게차 계기판의 온도계는 냉각수의 온도를 표시한다.

13 한 팔을 수평으로 뻗고 엄지손가락을 위로 향하게 하는 신호는?

① 정지
② 주행속도 올리기
③ 포크 올리기
④ 마스트 올리기

해설 │ 한 팔을 수평으로 뻗고 엄지손가락을 위로 향하게 하는 신호는 포크 올리기이다.

14 지게차의 안전수칙으로 틀린 것은?

① 옥내 주행시 전조등을 켜고 작업한다.
② 출입구 통과 시 시야 확보를 위하여 얼굴을 지게차 밖으로 내밀고 통과한다.
③ 주정차 시 주차 브레이크를 고정한다.
④ 부득이 포크를 올려 출입하는 경우 출입구 높이에 주의한다.

해설 │ 출입구를 통과할 때에는 신체의 일부를 지게차 밖으로 내밀지 말아야한다. 화물이 운전 시야를 가린다면 보조자의 수신호를 확인하는 등의 다른 적절한 조치를 취해야 한다.

15 지게차의 포크를 하강시키는 방법으로 옳은 것은?

① 가속 페달을 밟고, 리프트 레버를 앞으로 민다.
② 가속 페달을 밟고, 리프트 레버를 뒤로 당긴다.
③ 가속 페달을 밟지 않고, 리프트 레버를 앞으로 민다.
④ 가속 페달을 밟지 않고, 리프트 레버를 뒤로 당긴다.

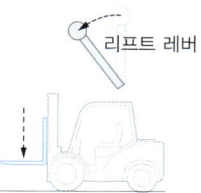
리프트 레버

해설 │ 리프트 실린더는 단동형으로 하강할 경우 화물의 무게나 포크 자중에 의해 내려오므로 가속 페달을 밟을 필요가 없으며, 리프트 레버를 앞으로 밀면 지게차 포크가 하강한다.

16 주차 및 정차가 금지되어 있지 않은 장소는?

① 횡단보도
② 교차로
③ 건널목
④ 경사로의 정상부근

해설 │ 주정차 금지 장소로는 교차로 횡단보도, 건널목이나 보도와 차도가 구분된 도로의 보도 등이 있다.

17 교차로 진입 방법에 대한 설명으로 맞는 것은?

① 좌회전차는 미리 도로의 중앙선을 따라서 행하며 진입한다.
② 교차로 중심 바깥쪽으로 좌회전한다.
③ 우회전차는 차로에 관계없이 우회전할 수 있다.
④ 좌우회전시에는 경음기를 사용하여 주위에 주의 신호를 한다.

해설 │
• 교차로 중심 안쪽으로 좌회전한다.
• 우회전하려는 경우 미리 우측 가장자리에서 서행하며 일시정지한 후 주의를 살펴보고 우회전해야 한다.
• 운전자는 정당한 사유 없이 경음기를 연속적으로 사용할 수 없다.

18 주행 중 진로를 변경하고자 할 때 운전자가 지켜야 할 사항으로 틀린 것은?

① 후사경 등으로 주위의 교통 상황을 확인한다.
② 진로를 변경할 때에는 뒤차에 주의할 필요가 없다.
③ 신호를 실시하여 뒤차에 알린다.
④ 뒤차와 충돌을 피할 수 있는 거리를 확보할 수 없을 때에는 진로를 변경하지 않는다.

해설 │ 진로를 변경할 경우 다른 차량과의 사고 및 진로방해 방지를 위해 뒤차 및 옆차의 통행에 충분한 주의를 기울여야 한다.

19 건설기계의 등록번호표를 부착 또는 봉인하지 아니한 건설기계를 운행한 자에게 부과되는 과태료로 옳은 것은?

① 300만원 이하의 과태료
② 50만원 이하의 과태료
③ 100만원 이하의 과태료
④ 30만원 이하의 과태료

해설 │ 과태료 비교
• 등록번호표를 부착·봉인하지 않음(또는 등록번호를 새기지 않음): 100만원 이하
• 등록번호표를 부착하지 아니하거나 봉인하지 아니한 건설기계를 운행: 300만원 이하

20 건설기계를 운전하여 교차로에서 녹색신호에 우회전을 하려고 할 때 지켜야 할 사항으로 옳은 것은?

① 우회전신호를 행하면서 빠르게 우회전한다.
② 신호를 하고 우회전하며, 속도를 빨리하며 진행한다.
③ 보행자가 없더라도 반드시 일시정지해야 하며, 보행자가 있을 때에는 보행자의 통행을 방해하지 않도록 하여 우회전한다.
④ 보행자 신호가 빨간색일 경우 서행하며 우회전한다.

해설 │ ② 녹색신호에 행하면서 서행으로 주행해야 한다.
④ 우회전은 지정된 곳에서만 행할 수 있으며, 일시정지한 후 보행자의 통행을 방해하지 않도록 하여 우회전한다.

21 도로교통법상 안전표지의 종류가 아닌 것은?

① 주의표지
② 규제표지
③ 위험표지
④ 보조표지

해설 │ 안전표지(5종): 주의·규제·지시·보조·노면표시

정답 11 ② 12 ④ 13 ③ 14 ② 15 ③ 16 ④ 17 ① 18 ② 19 ① 20 ③ 21 ③

22 고의로 경상 1명의 인명피해를 입힌 건설기계 조종사에 대한 면허의 취소, 정지처분 기준으로 맞는 것은?

① 면허효력정지 45일
② 면허효력정지 30일
③ 면허효력정지 90일
④ 면허 취소

해설 | 고의로 인명피해(사망, 중상, 경상 등)를 입힌 때 → 면허 취소
• 사망 1명마다 (일반 사고) → 면허효력정지 45일
• 중상 1명마다 (일반 사고) → 면허효력정지 15일
• 경상 1명마다 (일반 사고) → 면허효력정지 5일

23 다음 중 도로교통법상 반드시 서행하여야 하는 장소로 맞는 것은?

① 교통정리가 행하여지고 있는 교차로
② 도로가 구부러진 부근
③ 비탈길의 오르막
④ 교통이 빈번한 터널 내

해설 | 서행하여야 할 장소
도로가 구부러진 부근, 교통정리를 하고 있지 아니하는 교차로, 비탈길의 고갯마루 부근, 가파른 비탈길의 내리막 등

24 건설기계 등록번호표를 가리거나 훼손하여 알아보기 곤란하게 한 자 또는 그러한 건설기계를 운행한 자에게 부과하는 과태료로 옳은 것은?

① 50만 원 이하
② 100만 원 이하
③ 300만 원 이하
④ 1000만 원 이하

해설 | 100만 원 이하의 과태료
① 등록번호의 새김명령을 위반한 자
② 등록번호표를 부착·봉인하지 아니하거나 등록번호를 새기지 아니한 자
③ 등록번호표를 부착 및 봉인하지 아니한 건설기계를 운행한 자
④ 등록번호표를 가리거나 훼손하여 알아보기 곤란하게 한 자 또는 그러한 건설기계를 운행한 자

25 정기검사에 불합격한 건설기계의 정비 명령 기간으로 옳은 것은?

① 1개월 이내
② 3개월 이내
③ 4개월 이내
④ 6개월 이내

해설 | 시·도지사는 검사에 불합격된 건설기계에 대하여는 1개월 이내의 기간을 정하여 해당 건설기계의 소유자에게 검사를 완료한 날부터 10일 이내에 정비 명령을 해야 한다. 이 경우 검사대행자를 지정한 경우에는 검사대행자에게 그 사실을 통지해야 한다.

26 디젤기관의 배출물로 규제대상에 해당하는 것은?

① 일산화탄소
② 매연
③ 탄화수소
④ 공기 과잉률

해설 | 디젤기관은 매연과 질소산화물의 배출이 두드러지며, 일산화탄소, 탄화수소의 배출량이 적다.
※ 공기과잉률: 실제 운전에서 흡입된 공기량을 이론상 완전 연소에 필요한 공기량으로 나눈 값을 말하며, 1에 가까울수록 좋다.

27 기관의 부품 중 밀봉작용과 냉각작용을 하는 것은?

① 베어링
② 피스톤 핀
③ 피스톤 링
④ 크랭크 축

해설 | 피스톤링의 3대 작용: 밀봉, 냉각, 오일 제거

28 기관에서 엔진오일이 연소실로 올라오는 이유는?

① 피스톤 링 마모
② 피스톤 핀 마모
③ 커넥팅 로드 마모
④ 크랭크축 마모

해설 | 실린더 벽이나 피스톤 및 피스톤 링의 마모로 실린더와 피스톤의 간극이 넓어지면 그 사이로 오일이 올라온다.

29 엔진오일이 많이 소비되는 원인이 아닌 것은?

① 피스톤링의 마모가 심할 때
② 실린더의 마모가 심할 때
③ 기관의 압축 압력이 높을 때
④ 밸브가이드의 마모가 심할 때

해설 | 엔진오일 소비의 주 원인은 연소와 누설이다.
즉 실린더, 피스톤링, 밸브가이드 마모 등에 의한 누설이 발생한다. 기관의 압축압력이 높다는 것은 누설되지 않는 것을 의미한다.

30 건설기계의 정비명령을 이행하지 아니한 자에 대한 벌칙은?

① 50만원 이하의 벌금
② 30만원 이하의 과태료
③ 100만원 이하의 벌금
④ 1000만원 이하의 벌금

해설 | 건설기계의 정비명령을 이행하지 않을 시 벌칙은 1년 이하의 징역 또는 1000만원 이하의 벌금이다.

31 디젤기관에서 예열 플러그가 단선되는 원인에 해당하지 않는 것은?

① 너무 짧은 예열 시간
② 규정 이상의 과대 전류 흐름
③ 기관의 과열 상태에서 잦은 예열
④ 예열플러그를 설치할 때 조임 불량

해설 | ② ③ ④ 이외에 예열 플러그 단선 원인으로는 규정 용량 이상의 퓨즈 사용 등이 있다.

32 엔진오일이 공급되는 부분이 아닌 것은?

① 습식 공기청정기
② 크랭크축 저널 베어링 부위
③ 피스톤링 부위
④ 차동기어장치

해설 | 차동기어장치에는 엔진오일이 아니라 기어오일을 주입해야 한다.

정답 22 ④ 23 ② 24 ② 25 ① 26 ② 27 ③ 28 ① 29 ③ 30 ④ 31 ① 32 ④

33 과급기 케이스 내부에 설치되며, 공기의 속도에너지를 압력에너지로 바꾸는 장치는?

① 디퓨저 ② 터빈
③ 인터쿨러 ④ 임펠러

해설 | 디퓨저는 과급기 케이스 내부에 설치되며 공기의 속도에너지를 압력에너지로 바꾸는 장치이다.

34 압력식 라디에이터 캡에 대한 설명으로 옳은 것은?

① 냉각장치의 내부 압력이 규정보다 낮을 때 공기 밸브가 열린다.
② 냉각장치의 내부 압력이 부압이 되면 진공밸브가 열린다.
③ 냉각장치의 내부 압력이 규정보다 높을 때 진공 밸브가 열린다.
④ 냉각장치의 내부 압력이 부압이 되면 공기밸브가 열린다.

해설 | 라디에이터 압력식 캡에는 압력밸브와 진공밸브가 있으며, 냉각장치의 내부압력이 규정보다 높을 때 압력밸브가 열리고, 냉각장치의 내부 압력이 부압이 되면 진공밸브가 열린다.

35 디젤기관 분사펌프의 플런저와 배럴 사이의 윤활은 무엇으로 하는가?

① 엔진오일 ② 경유
③ 그리스 ④ 유압유

해설 | 디젤기관 분사펌프의 플런저와 배럴 사이의 윤활은 연료 자체인 경유로 해야 한다.

36 기동 전동기의 피니언을 플라이휠 링기어에 물려 기관을 크랭킹시킬 수 있는 점화 스위치의 위치는?

① ON 위치 ② ACC 위치
③ ST 위치 ④ OFF 위치

해설 |
• ACC(액세서리) 모드: 시동을 걸지 않고 오디오, 시거잭 등에 전원을 공급
• ON 모드: 대부분의 전기장치에 전원 공급
• ST(start) 모드: 기동전동기에 의한 시동모드
※ 기동 전동기 축에 결합된 피니언기어는 플라이휠 링기어에 맞물려 기관을 크랭킹한다.

37 12V 축전지 4개를 병렬로 연결할 때의 전압으로 옳은 것은?

① 12V ② 24V
③ 36V ④ 48V

해설 | 연결에 따른 전압 구분

구분	전압	용량
직렬	4배	동일
병렬	동일	4배

38 실드빔 형식의 전조등의 교체방법은?

① 렌즈를 교환한다.
② 전구를 교환한다.
③ 반사경을 교환한다.
④ 전조등을 교환한다.

해설 | 실드빔형 전조등은 전구, 렌즈, 반사경이 일체형이므로 전체를 교환해야 한다.

39 기동 전동기의 구성품이 아닌 것은?

① 전기자
② 브러시
③ 스테이터 코일
④ 구동 피니언

해설 | 스테이터 코일은 교류발전기의 구성품이다.

40 지게차의 종감속장치에서 열이 발생하였다면 그 원인으로 옳지 않을 것은?

① 윤활유의 부족
② 오일의 오염
③ 종감속기어의 접촉 상태 불량
④ 종감속기 플랜지부의 과도한 조임

해설 | 종감속장치는 엔진의 동력이 최종적으로 바퀴에 전달되기 위해 종감속기어로 통해 엔진 회전력을 감속시키는 부분을 말한다. 플랜지는 종감속기어를 감싸는 부품이므로 내부에 오일이 차 있어 윤활작용을 한다. 발열과 플랜지와는 무관하다.

41 토크컨버터가 설치된 지게차의 출발 방법으로 옳은 것은?

① 저·고속 레버를 저속 위치로 하고 클러치 페달을 밟는다.
② 저·고속 레버를 저속 위치로 하고 브레이크 페달을 밟는다.
③ 클러치 페달을 조작할 필요 없이 가속페달을 서서히 밟는다.
④ 클러치 페달에서 서서히 발을 떼면서 가속 페달을 밟는다.

해설 | 토크컨버터는 수동변속기 지게차와 달리 클러치 페달을 조작할 필요없이 가속 페달을 서서히 밟는다.

42 타이어에서 트레드 패턴과 관련이 없는 것은?

① 타이어의 배수 효과
② 구동력 및 견인력
③ 제동력
④ 편평률

해설 | 트레드 패턴은 지면에 접지하며, 일정한 무늬로 파인 부분을 말한다.
※ 배수 효과: 우천 시 트레드 홈 사이로 물이 빠져나가는 것
※ 편평률: 타이어의 편평한 정도를 나타내며, 낮을수록 접지 면적이 커져 구동력과 접지력이 좋아진다.

43 지게차의 작업 조종 레버에 해당하지 않는 것은?

① 변속 레버
② 틸트 레버
③ 리프트 레버
④ 포크 간격 레버

해설 | 변속 레버는 지게차의 주행에 관련된 레버이다.

정답 | 33 ① 34 ② 35 ② 36 ③ 37 ① 38 ④ 39 ③ 40 ④ 41 ③ 42 ④ 43 ①

44 기계식 변속기가 장착된 건설기계 장비에서 클러치 사용 방법으로 옳은 것은?

① 클러치 페달에 항상 발을 올려 놓는다.
② 저속 운전시에만 발을 올려 놓는다.
③ 클러치페달은 변속 시에 밟는다.
④ 클러치페달은 커브길에서만 밟는다.

해설 | 클러치페달은 변속 및 시동 시 안전을 위해 밟는다.

45 타이어식 건설기계에서 바퀴 정렬의 역할과 거리가 먼 것은?

① 브레이크의 수명을 길게 한다.
② 타이어마모를 최소로 한다.
③ 방향 안정성을 준다.
④ 조향핸들의 조작을 작은 힘으로 쉽게 할 수 있다.

해설 | 바퀴 정렬(휠 얼라인먼트)은 토인, 캠버, 캐스터, 킹핀 경사각이 있으며, 브레이크 수명과는 무관하다.

46 작업 전 지게차의 워밍업 운전 및 점검 사항으로 틀린 것은?

① 틸트 레버를 사용하여 전 행정으로 전후 경사운동 2~3회 실시
② 리프트 레버를 사용하여 상승, 하강 운동을 전 행정으로 2~3회 실시
③ 시동 후 작동유의 유온을 정상 범위 내에 도달하도록 고속으로 전 후진 주행을 2~3회 실시
④ 엔진 작동 후 5분간 저속 운전 실시

해설 | 워밍업은 달리기를 할 때 가볍게 몸을 풀어주는 것과 같다. 차가운 엔진을 정상작동 온도 범위에 도달하도록 하거나, 유압라인 내의 굳어진 오일을 풀어주는 것을 말한다. 워밍업 시 고속회전하면 윤활작용이 충분히 않으므로 기기 수명을 단축시킨다.

47 유압 펌프의 작동유 유출 여부 점검방법에 해당하지 않는 것은?

① 작동유 유출점검은 운전자가 관심을 가지고 점검하여야 한다.
② 하우징에 균열이 발생되면 패킹을 교환한다.
③ 정상작동 온도로 난기운전을 실시하여 점검하는 것이 좋다.
④ 고정 볼트가 풀린 경우에는 추가 조임을 한다.

해설 | 패킹은 주로 펌프 하우징과 파이프와 같은 부품 사이의 오일 유출 방지 역할을 하며, 하우징 자체가 균열되면 교체해야 한다.

48 유압장치에서 피스톤 로드에 있는 먼지 또는 오염물질 등이 실린더 내로 혼입되는 것을 방지하는 것은?

① 필터
② 더스트 실(dust seal)
③ 밸브
④ 실린더 커버(cylinder cover)

해설 | 더스트 실(dust seal)은 피스톤 로드 외부의 더스트(dust, 먼지)나 오염물질 등이 실린더 내부로의 침입을 방지하기 위해 사용하는 패킹의 일종이다.

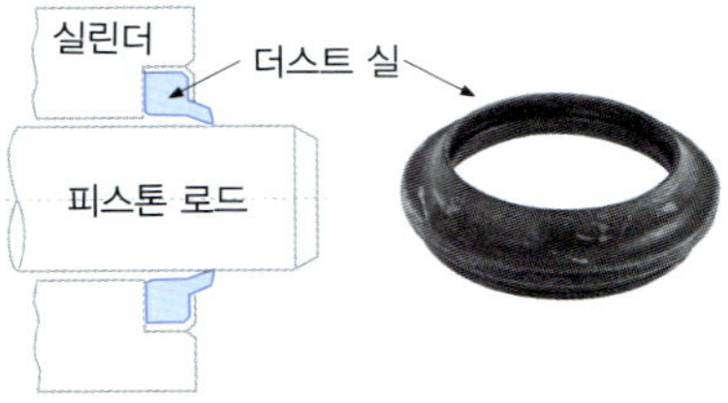

49 작동유 온도 상승 시 유압계통에 미치는 영향으로 틀린 것은?

① 열화를 촉진한다.
② 점도저하에 의해 누유되기 쉽다.
③ 유압펌프의 효율은 좋아진다.
④ 온도변화에 의해 유압기기가 열 변형되기 쉽다.

해설 | 유압유의 온도가 과도하게 상승되면 산화 및 열화로 수명이 짧아지며, 점도 저하로 인한 누유와 펌프효율의 저하 등이 생긴다.

50 다음은 유압기기 점검 중 이상 발견 시 조치 사항이다. ( ) 안의 내용을 순서대로 나열한 것은?

┌ 보기 ┐
작동유가 누출되는 상태라면 이음부를 더 조여주거나 부품을 (   )하는 등 응급조치를 하는 것이 당연하지만, 그 원인을 조사하여 재발을 방지하고 고장이 더 확대되지 않도록 유압기기 전체를 (   ) 하는 일도 필요하다.

① 교체, 재점검
② 플러싱, 교환
③ 세척, 교환
④ 재점검, 교환

해설 | 작동유가 누출될 경우 이음부 점검 및 부품 교체가 당연하지만, 재발 방지를 위해 유압장치 전체를 재점검하는 것도 필요하다.

51 유압모터의 특징과 거리가 먼 것은?

① 소형으로 강력한 힘을 낼 수 있다.
② 과부하에 대해 안전하다.
③ 정회전, 역회전 변화가 불가능하다.
④ 무단 변속이 용이하다.

해설 | 유압모터는 정회전과 역회전이 자유롭다.

52 유압장치에 사용되는 유압기기에 대한 설명으로 틀린 것은?

① 유압펌프 – 오일의 압송
② 실린더 – 직선왕복 운동
③ 축압기 – 오일 누출 방지
④ 유압모터 – 무한 회전운동

해설 | 축압기는 압력에너지 저장, 맥동압력 감소, 압력 보상 등의 역할을 한다.
※ 오일 누출 방지는 오일실(seal)의 역할이다.

53 그림과 같은 실린더의 명칭은?

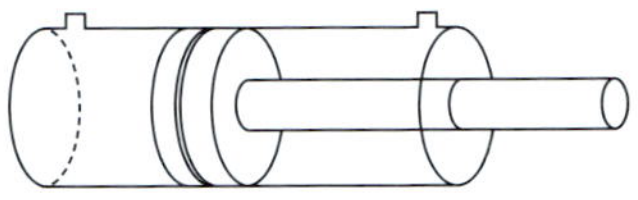

① 단동 실린더   ② 단동 다단 실린더
③ 복동 다단 실린더   ④ 복동 실린더

해설 | 유압 연결부가 2개이므로 복동 실린더이다.

정답 44 ③ 45 ① 46 ③ 47 ② 48 ② 49 ③ 50 ① 51 ③ 52 ③ 53 ④

54 작동유 탱크의 역할이 아닌 것은?

① 유온을 적정하게 유지
② 유압을 적정하게 유지
③ 작동유의 저장
④ 오일 내 이물질의 침전 작용

해설 | 유압을 유지하는 것은 릴리프 밸브의 역할에 해당한다.

55 회로 내 유체의 흐르는 방향을 조절하는데 쓰이는 밸브는?

① 압력제어밸브
② 유량제어밸브
③ 방향제어밸브
④ 유압 액추에이터

해설 | 3대 제어밸브
• 압력제어밸브: 일의 크기(힘)를 결정
• 유량제어밸브: 액추에이터의 운동 속도 조절
• 방향제어밸브: 유체의 흐름 방향 조절

56 지게차 포크의 수직면으로부터 포크 위에 놓인 화물의 무게중심까지의 거리를 무엇이라고 하는가?

① 자유인상높이
② 하중중심
③ 전장
④ 마스트 최대 높이

해설 | 하중중심: 포크의 수직면으로부터 포크 위에 놓인 화물의 무게중심까지의 거리

57 건설기계의 등록신청은 누구에게 하는가?

① 건설기계 작업현장 관할 시·도지사
② 국토해양부장관
③ 건설기계 소유자의 주소지 또는 사용본거지 관할 시·도지사
④ 국무총리실

해설 | 건설기계 등록신청은 소유자의 주소지 또는 건설기계 사용본거지를 관할하는 시·도지사에게 한다.

58 지게차의 운전장치 조작에 대한 설명으로 틀린 것은?

① 전·후진레버를 앞으로 밀면 전진한다.
② 틸트 레버를 앞으로 밀면 마스트가 뒤로 기운다.
③ 리프트레버를 뒤로 당기면 포크가 상승한다.
④ 전후진레버를 뒤로 당기면 후진한다.

해설 | 틸트 레버를 앞으로 밀면 마스트를 앞으로 기운다.

59 지게차 작업 도중 엔진이 정지되었을 때 틸트레버를 밀어도 마스트가 경사되지 않도록 하는 것은?

① 벨 크랭크 기구
② 리프트 밸브
③ 체크 밸브
④ 틸트 록 밸브

해설 | 틸트 록 밸브는 엔진 정지 시 마스트 실린더의 유압을 차단시켜 레버를 작동시켜도 마스트가 경사되지 않도록 한다.

60 기계식 변속기가 설치된 건설기계에서 클러치판의 비틀림 코일스프링의 역할은?

① 클러치 작동 시 충격을 흡수한다.
② 클러치판이 플라이휠에 밀착이 잘 되게 한다.
③ 클러치의 회전력을 증가시킨다.
④ 클러치 압력판의 마멸을 방지한다.

해설 | 비틀림 코일 스프링(토션 스프링)은 클러치 작동 시 충격을 흡수한다.

정답 54 ② 55 ③ 56 ② 57 ③ 58 ② 59 ④ 60 ①

| PART 2 |

CBT 상시대비 핵심모의고사 **10**회

01 조종사를 보호하기 위해 설치한 지게차의 안전장치로 가장 거리가 먼 것은?

① 아웃트리거　　　　② 안전벨트
③ 백레스트　　　　　④ 헤드가드

해설 | 조종사를 보호하기 위한 지게차의 안전장치는 안전벨트, 백레스트, 헤드가드 등이 있다.
※ 아웃트리거는 건설장비의 전도(넘어짐)를 방지하기 위한 보조 지지대를 말한다.

02 건설기계 또는 산업현장 관련 작업장에서 해머 작업 시 안전사항으로 가장 적절한 것은?

① 반드시 면장갑을 착용한다.
② 해머의 본래 사용목적 이외의 용도로 사용해도 된다.
③ 타격을 하기 전에 주위 상황을 점검하고 시작한다.
④ 큰 힘이 필요할 때는 파이프를 연결하여 사용한다.

해설 | ① 해머작업 시 맨 손으로 작업한다.
④ 작업 중 파이프 등의 연결대가 빠질 수 있으므로 매우 위험하다.

03 지게차로 화물이 적재된 팔레트를 싣거나 이동하기 위해 마스트를 뒤로 기울일 때 화물이 마스트 방향으로 떨어지는 것을 방지하기 위해 설치하는 짐받이 틀은?

① 백레스트　　　　　② 방향지시등
③ 포크　　　　　　　④ 스캐리파이어

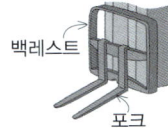
백레스트
포크

해설 | 백레스트(backrest)는 포크 위에 올려진 화물이 마스트 후방으로 낙하하는 것을 방지하기 위한 짐받이 틀을 말한다.

04 산업안전보건법령상에서 제시한 안전표지의 구성요소가 아닌 것은?

① 재질　　　　　　　② 모양
③ 색채　　　　　　　④ 내용

해설 | 산업안전보건법령상 산업안전표지는 모양, 색채, 내용으로 구성된다.

05 무부하 상태의 지게차가 최저속도로 최소의 회전을 할 때 지게차의 가장 바깥 부분이 그리는 원의 반경은?

① 최소 회전반경
② 최소 직각 통로폭
③ 최대 회전반경
④ 윤간거리

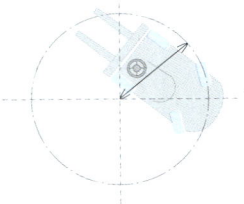

해설 | 회전반경이란 핸들을 최대한 회전시켰을 때 가장 바깥쪽 바퀴의 중심점이 그리는 궤적의 반지름을 말하며, 회전반경이 작을수록 좁은 지역에서도 회전이 가능하므로 작을수록 좋다.

06 안전장치 선정 시 고려사항에 해당되지 않는 것은?

① 위험부분에는 안전 방호장치가 설치되어 있을 것
② 작업하기에 불편하지 않는 구조일 것
③ 안전장치 기능 제거가 용이할 것
④ 강도나 기능 면에서 신뢰도가 클 것

해설 | 안전장치의 기능을 쉽게 제거하지 못하도록 하여야 한다.

07 지게차의 규격표시 방법으로 옳은 것은?

① 지게차의 최대 적재중량(ton)
② 지게차의 원동기 출력(ps)
③ 지게차의 총 중량(ton)
④ 지게차의 자체 중량(ton)

해설 | 지게차 규격은 최대 적재중량(t)으로 표시한다. 적재중량은 안전하게 들어올릴 수 있는 하중을 의미한다.

08 건설기계 관련 작업장에서 유류화재가 발생했다. 화재의 분류에서 유류 화재는?

① A급 화재　　　　　② B급 화재
③ C급 화재　　　　　④ D급 화재

해설 | 화재의 분류에서 유류화재는 B급 화재이다.
※ A급(일반가연성화재), C급(전기화재), D급(금속화재)

09 건설기계 관련 작업 현장에서 유류화재 시 소화용으로 거리가 가장 먼 것은?

① 물
② B급 화재용 소화기
③ 포(포말) 소화기
④ 이산화탄소 소화기

해설 | 유류화재(B급화재)를 진화할 때는 분말 소화기, 포말 소화기, 탄산가스 소화기가 적당하며, 물을 뿌리면 유증기로 인해 불길이 확산되므로 사용해서는 안 된다.

10 기관 과열의 주요 원인이 아닌 것은?

① 라디에이터 코어의 막힘
② 냉각장치 내부의 물때 과다
③ 냉각수의 부족
④ 엔진 오일량 과다

해설 | **기관 과열의 원인**
• 라디에이터 코어 막힘　　• 수온조절기가 닫힌 채로 고장
• 냉각장치에 물때가 끼었을 때　• 팬 벨트가 느슨할 때
• 냉각수의 부족 등

정답　01 ①　02 ③　03 ①　04 ①　05 ①　06 ③　07 ①　08 ②　09 ①　10 ④

11 교류발전기에서 전류가 발생되는 곳은?

① 스테이터 코일 ② 계자 코일
③ 로터 코일 ④ 전기자 코일

해설 | 교류발전기에서 로터 코일이 자화되어 발생된 자속을 스테이터에서 끊어 전류가 발생된다.

12 건설기계 조종수가 안전 점검 및 확인을 위한 스패너 작업 시 안전 및 주의사항으로 틀린 것은?

① 장시간 보관할 때에는 방청제를 바르고 건조한 곳에 보관한다.
② 녹이 생긴 볼트나 너트에는 윤활제를 사용한다.
③ 힘겨울 때는 파이프 등의 연장대를 끼워서 사용한다.
④ 볼트 크기에 알맞은 치수의 스패너를 사용한다.

해설 | 파이프 등을 끼워서 사용할 때 규정값 이상의 힘이 작용되어 볼트가 부러질 염려가 있으며, 또는 파이프가 스패너에서 이탈하여 사고위험이 있다.

13 벨트를 취급할 때 안전에 대한 주의사항으로 틀린 것은?

① 벨트의 적당한 장력을 유지하도록 한다.
② 벨트의 회전을 정지시킬 때 손으로 잡아 정지시킨다.
③ 벨트에 기름이 묻지 않도록 한다.
④ 벨트 교환 시 회전이 완전히 멈춘 상태에서 한다.

해설 | 벨트의 회전을 정지시키려면 스스로 정지하도록 하여야 하며, 강제로 정지시키지 않아야 한다.

14 안전 작업 사항에 대한 설명으로 잘못된 것은?

① 엔진에서 배출되는 일산화탄소에 대비한 환기장치를 설치한다.
② 주요 장비 등 조작자를 지정하여 아무나 조작하지 않도록 한다.
③ 전기장치는 접지를 하고 이동식 전기기구는 방호장치를 설치한다.
④ 담뱃불은 발화력이 약하므로 제한 장소 없이 흡연해도 무방하다.

15 지게차 작업 중 유압장치에 문제가 발생되어 유압실린더를 점검 및 정비할 때 주의사항이 아닌 것은?

① 분해 조립할 때 금속 해머로 타격한다.
② 정비지침서를 참고하여 분해 조립을 한다.
③ 피스톤 로드에 손상 여부를 확인하고 이상이 있으면 수리 또는 교체한다.
④ 분해 전 내부의 오일을 제거한다.

해설 | 유압실린더를 분해·조립할 때 금속 해머로 타격하면 유압실린더가 손상될 수 있으므로 고무 또는 플라스틱 해머를 이용한다.

16 지게차로 화물을 운반할 때 가장 적절한 포크의 높이는?

① 지면으로부터 20~30cm 정도 높이를 유지한다.
② 지면으로부터 100cm 이상 높이를 유지한다.
③ 지면으로부터 60~80cm 정도 높이를 유지한다.
④ 운전자의 시야를 가리지 않는 높이로 유지한다.

해설 | 화물을 운반할 때 포크의 높이는 20~30cm의 높이를 유지한다.

17 도로교통법상 횡단보도로부터 몇 m 이내인 곳에 정차 및 주차를 해서는 안 되는가?

① 10m ② 15m
③ 20m ④ 30m

해설 | 횡단보도로부터 10m 이내는 주차 및 정차 금지 장소이다.

18 자동변속기가 장착된 지게차를 주차할 때 주의사항으로 틀린 것은?

① 주차브레이크 레버를 당겨 놓는다.
② 전·후진 레버의 위치는 중립에 놓는다.
③ 주 브레이크를 제동시켜 놓는다.
④ 포크를 지면에 내려놓는다.

해설 | 주 브레이크는 지게차 운행 중 멈추기 위한 제동장치이며, 지게차 주차와는 무관하다. 지게차를 주차하려면 주차브레이크 레버를 당겨둔다.

19 디젤엔진에서 연료를 고압으로 연소실에 분사하는 것은?

① 프라이밍 펌프 ② 인젝션 펌프
③ 분사노즐(인젝터) ④ 조속기

해설 | 분사노즐(인젝터)를 통해 고압의 연료를 연소실에 분사한다.

20 디젤기관에서 과급기를 사용하는 이유로 틀린 것은?

① 냉각효율 증대 ② 체적효율 증대
③ 출력 증대 ④ 회전력 증대

해설 | 과급기 사용 이유: 과급에 의한 충진효율 증가 및 출력 증가(회전력 증대, 연비 감소 효과)

21 기관의 오일레벨 게이지에 대한 설명으로 틀린 것은?

① 윤활유 육안 검사 시에도 활용된다.
② 기관의 오일 팬에 있는 오일을 점검하는 것이다.
③ 윤활유 레벨을 점검할 때 사용한다.
④ 반드시 기관 작동 중에 점검해야 한다.

해설 | 오일레벨 게이지(deep stick)는 엔진 하단부에 위치한 오일팬의 오일량을 점검한다. 엔진 정지 및 엔진이 식힌 후 게이지를 꺼내 육안으로 오일량 및 색상을 점검할 수 있다.

22 디젤기관에서 연료계통의 공기빼기 순서로 옳은 것은?

① 연료여과기 → 분사펌프 → 공급펌프
② 공급펌프 → 연료여과기 → 분사펌프
③ 분사펌프 → 연료여과기 → 공급펌프
④ 공급펌프 → 분사노즐 → 분사펌프

해설 | 디젤기관 연료계통의 공기빼기는 연료가 공급되는 순서 즉, (연료탱크) → 공급펌프 → 연료여과기 → 분사펌프 → (연료파이프) → (인젝터) 순으로 한다.

정답 11 ① 12 ③ 13 ② 14 ④ 15 ① 16 ① 17 ① 18 ③ 19 ③ 20 ① 21 ④ 22 ②

23 다음 중 건설기계 구조변경검사신청서를 <u>어디에</u> 제출하는가?

① 자동차 검사소
② 건설기계 정비업소
③ 건설기계 검사대행자
④ 건설기계 폐기업소

해설 │ 건설기계의 구조변경검사는 개조한 날로부터 20일 이내에 시 · 도지사 또는 건설기계 검사대행자에게 신청한다.

24 기관의 윤활방식 중 주로 4행정 사이클 기관에서 많이 사용되고 있는 윤활방식은?

① 혼합식, 압력식, 원심식
② 비산식, 압송식, 비산 압송식
③ 혼용식, 압력식, 중력식
④ 원심식, 비산식, 비산 압송식

해설 │ 기관 윤활방식: 비산식, 압송식, 혼합한 비산 압송식
• 비산식: 크랭크축에 설치된 주걱모양(스푼)의 디퍼가 회전하며 오일탱크의 오일을 위로 퍼올리며 윤활
• 압송식: 크랭크축에 의해 작동하는 오일펌프에서 오일을 강제로 윤활부로 보냄
• 비산 압송식: 비산식과 압송식을 혼용함

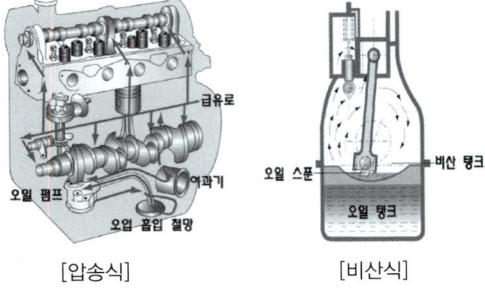

[압송식]　　　　[비산식]

25 건설기계에 사용하는 교류발전기의 특징으로 <u>틀린</u> 것은?

① 저속 시에도 충전이 가능하다.
② 전류조정기를 사용한다.
③ 다이오드 사용으로 정류 특성이 좋다.
④ 소형 경량이다.

해설 │ 교류발전기는 다이오드가 전류조정기(직류발전기에만 사용)의 역할을 대신한다.

26 지게차에서 일반적으로 캐리지에 설치되는 2개의 L자형 작업장치는?

① 포크
② 차축
③ 평형추
④ 마스트

포크캐리지

포크

해설 │ 문제는 포크(쇠스랑)에 대한 설명이다.

27 유압펌프의 소음발생 원인으로 <u>틀린</u> 것은?

① 펌프축의 센터와 원동기축의 센터가 일치한다.
② 펌프의 회전이 너무 빠르다.
③ 펌프 상부커버의 고정 볼트가 헐겁다.
④ 펌프 흡입관부에서 공기가 혼입된다.

해설 │ 축의 센터가 일치할 경우 회전저항이 없어 회전이 원활하므로 소음이 없다.

28 축전지에서 음극판이 한 장 더 많은 이유로 옳은 것은?

① 가격이 저렴하기 때문에
② 양극판보다 황산에 조금 더 강하기 때문에
③ 양극판보다 화학 작용이 활성적이지 못하기 때문에
④ 양극판과 음극판의 단락을 방지하기 위해

해설 │ 양극판이 음극판보다 작용이 활발하여 쉽게 파손되므로 화학적인 평형을 고려하여 음극판을 한 장 더 많이 둔다.

29 할로겐 전조등에 대한 장점으로 <u>틀린</u> 것은?

① 필라멘트 아래에 차광판이 있어서 차축 방향으로 반사하는 빛을 없애는 구조로 되어있다.
② 할로겐 사이클로 흑화현상이 있어 수명을 다하면 밝기가 변한다.
③ 색 온도가 높아 밝은 백색 빛을 얻을 수 있다.
④ 전구의 효율이 높아 밝고 환하다.

해설 │ 할로겐 사이클이란 할로겐 가스가 유리 구 안의 표면과 필라멘트 사이에 지속적으로 순환하는 것을 말하며, 이러한 순환은 전구의 수명을 연장하고 유리 구 표면에 생기는 검은 점(흑화 현상)을 예방한다.

30 영구자석의 자력에 의하여 발생한 맴돌이 전류와 영구자석의 상호작용에 의하여 바늘이 돌아가는 계기는?

① 유압계
② 전류계
③ 속도계
④ 연료계

해설 │ 지문은 전류계에 대한 설명으로 가동코일에 전류가 흐르면, 코일은 자석의 자기장 속에서 힘을 받아 바늘과 함께 오른쪽으로 회전한다. 이때에 가동 코일 위에 붙어 있는 나선형 용수철의 탄력성 때문에 코일은 계속 회전하지 못하고 전류의 세기에 비례하는 각도 만큼만 회전하게 된다.

31 지게차의 브레이크 페달을 밟았을 때 한쪽으로 쏠리는 원인과 거리가 가장 먼 것은?

① 엔진의 출력이 부족할 때
② 한쪽 라이닝에 오일이 묻었을 때
③ 타이어 공기압이 평형하지 않을 때
④ 앞바퀴 정렬이 불량할 때

해설 │ 엔진출력이 부족한 것과 브레이크를 밟았을 때 한쪽으로 쏠리는 원인과는 관계가 없다.

32 지게차의 탑재된 화물이 운행 또는 하역 중 미끄러져 떨어지지 않도록 화물 상부를 지지할 수 있는 클램프가 있는 것은?

① 스키드 포크
② 힌지 버킷
③ 트리플 스테이지 마스트
④ 하이 마스트

해설 │ 문제는 스키드 포크에 대한 설명이다.

90

정답 23 ③　24 ②　25 ②　26 ①　27 ①　28 ③　29 ②　30 ②　31 ①　32 ①

33 지게차에서 리프트 체인의 길이는 무엇으로 조정하는가?

① 마스트 실린더 로드 길이를 이용하여
② 리프트 실린더 조정 로드를 이용하여
③ 핑거보드의 롤러 위치를 이용하여
④ 체인 연결부를 탈거하여 조정

해설 | 리프트 체인은 포크의 좌우 수평 조정 및 리프트 실린더와 함께 포크의 상하 작용을 도와준다.
리프트 체인의 한쪽은 마스터 스트랩에 고정되고, 다른 한쪽은 핑거보드에 고정되어 있다. 리프트 체인의 길이는 핑거보드 롤러의 위치로 조정한다.

34 지게차의 마스트를 앞·뒤로 기울이기 위해 조작하는 것은?

① 조향 핸들
② 리프트 레버
③ 주차 레버
④ 틸트 레버

해설 | • 리프트 레버: 포크를 상승·하강 시킨다.
• 틸트 레버: 지게차의 마스트를 앞뒤로 기울이는 것을 '틸트(tilt)'라고 하며, 틸트 레버를 통해 틸트 실린더로 조정한다.

35 건설기계안전기준규칙상 일반적인 사이드포크형 지게차의 마스트 전경각 기준은?

① 5도 이하
② 10도 이하
③ 12도 이하
④ 15도 이하

해설 | 사이드포크형의 전·후경각: 5° 이하

36 다음 빈 칸에 대한 용어는?

[보기]
건설기계안전기준규칙상 '마스트의 (　　　)'이란 지게차의 기준무부하 상태에서 지게차의 마스트를 쇠스랑(포크)쪽으로 가장 기울인 경우 마스트가 수직면에 대하여 이루는 기울기를 말한다.

① 면적
② 제동능력
③ 전경각
④ 최소파단하중비

해설 | • 마스트 전경각: 기준무부하 상태에서 지게차의 마스트를 쇠스랑 쪽으로 가장 기울인 경우 마스트가 수직면에 대하여 이루는 기울기
• 마스트 후경각: 기준무부하 상태에서 지게차의 마스트를 조종실 쪽으로 가장 기울인 경우 마스트가 수직면에 대하여 이루는 기울기

37 지게차의 상부에 설치된 압착판으로 화물을 위에서 포크 쪽으로 눌러 안전하게 운반할 수 있도록 설치된 작업장치는?

① 하이 마스트
② 고저수위 조절장치
③ 로드 스테빌라이저
④ 평형 클러치

해설 | 로드 스테빌라이저 → 동영상 참조

38 유압모터의 장점이 아닌 것은?

① 속도나 방향의 제어가 용이하다.
② 소형·경량으로서 큰 출력을 낼 수 있다.
③ 변속·역전의 제어도 용이하다.
④ 공기와 먼지 등이 침투하여도 성능에는 영향이 없다.

해설 | 물, 공기, 먼지는 작동유의 성능에 큰 영향을 미친다. 작동유의 산화는 점도 및 성능에 영향을 미친다.

39 건설기계 유압기기에서 유압유 온도를 알맞게 유지하기 위해 오일을 냉각하는 부품은?

① 방향 제어 밸브
② 유압 밸브
③ 오일 쿨러
④ 어큐뮬레이터

해설 | 유압유 온도의 적정 사용온도는 약 40~60°C로, 오일온도가 기준 온도보다 높을 경우 오일쿨러로 냉각시키고, 낮을 경우 오일히터로 오일을 히팅시킨다.

40 건설기계 유압기기 부속장치인 축압기의 주요 기능으로 틀린 것은?

① 장치 내의 맥동 감쇄
② 장치 내의 충격 흡수
③ 유체의 유속 증가 및 제어
④ 압력 보상

해설 | **축압기(어큐뮬레이터)의 기능**
• 펌프의 고장, 정전, 누유 등으로 인한 압력 보상
• 회로내의 압력저하 현상 방지 등의 긴급시에 압력원으로 사용
• 펌프에서 발생하는 맥동 흡수, 충격 압력이나 진동 소음 발생 등을 흡수

41 유압기기의 고정부위에서 누유를 방지하는 것으로 가장 적합한 것은?

① O-링
② U-패킹
③ L-패킹
④ V-패킹

해설 | O-링은 단면이 동그란 링을 말하며 관과 관 사이와 같은 고정된 부품 사이에 설치하여 유체의 누설을 방지한다. 패킹은 실린더와 같이 왕복운동하는 장치의 유체 기밀 부품으로 사용된다.

O-링

42 리듀싱(감압) 밸브에 대한 설명으로 틀린 것은?

① 유압장치에서 회로 일부의 압력을 릴리프밸브 설정 압력 이하로 하고 싶을 때 사용한다.
② 상시 폐쇄상태로 되어있다.
③ 출구의 압력이 감압 밸브의 설정 압력보다 높아지면 밸브가 작동하여 유로를 닫는다.
④ 입구의 주 회로에서 출구의 감압회로로 유압유가 흐른다.

해설 | 감압밸브는 평상 시에는 열린 상태로 되어 있으나 출구 압력이 감압밸브의 설정압력보다 높으면 유로를 닫아 압력을 감소시키는 역할을 한다.

정답 33 ③　34 ④　35 ①　36 ③　37 ③　38 ④　39 ③　40 ③　41 ①　42 ②

43 지게차로 들어 올릴 화물의 너비에 따라 포크의 좌·우 간격을 조정하는 장치는?

① 포크 틸트 간격 조정장치
② 포크 간격 조정장치
③ 포크 리프트 상·하 간격 조정레버
④ 브레이크

실린더

해설 | 문제는 포크 간격 조정장치(Fork positioner)를 설명한 것이다.

44 2개 이상의 분기회로를 갖는 회로 내에서 작동순서를 회로의 압력 등에 의하여 제어하는 밸브는?

① 시퀀스 밸브
② 서보 밸브
③ 체크 밸브
④ 릴리프 밸브

해설 | 분기회로란 주회로에서 분리된 별도의 회로로, 시퀀스 회로는 2개 이상의 실린더(액추에이터)가 별도로 작동하도록 한다. 예를 들어, 공작물을 고정시키고 드릴로 뚫는 작업이 있을 때 첫번째로 공작물을 고정시킨 후 드릴로 뚫도록 실린더가 작동하도록 한다.

45 다음 유압기호가 나타내는 것은?

① 축압기
② 전동기
③ 유압 펌프
④ 유압 모터

해설 | 유압기호는 유압펌프를 의미한다.

축압기 전동기 유압모터

46 건설기계관리법령상 건설기계 소유자가 건설기계를 등록하려면 건설기계등록신청서를 누구에게 제출하여야 하는가?

① 소유자 주소지의 검사대행자
② 소유자 주소지의 경찰서장
③ 소유자 주소지의 안전관리원
④ 소유자 주소지의 시·도지사

해설 | 건설기계 소유자가 건설기계를 등록하려면 건설기계 소유자의 주소지 또는 건설기계의 사용 본거지를 관할하는 특별시장·광역시장 또는 시·도 지사에게 신청한다.

47 건설기계관리법령상 건설기계 검사의 종류가 아닌 것은?

① 감항검사
② 수시검사
③ 정기검사
④ 신규 등록검사

해설 | 건설기계관리법령상 건설기계의 검사는 신규 등록검사, 정기검사, 구조변경검사, 수시검사가 있다. ※ 감항검사이란 안전성을 검사하는 것을 말하는 것으로 주로 항공기에 사용한다.

48 건설기계관리법령상 건설기계등록번호표의 번호표 색상이 흰색 바탕에 검은색 문자인 경우는?

① 장기 대여사업용
② 영업용
③ 자가용
④ 단기 대여사업용

해설 | • 비사업용(관용 또는 자가용) : 흰색 바탕에 검은색 문자
• 대여사업용 : 주황색 바탕에 검은색 문자

49 고의로 경상 2명의 인명피해를 입힌 건설기계를 조종한 자에 대한 면허의 취소·정지처분 내용으로 옳은 것은?

① 면허취소
② 면허효력 정지 20일
③ 면허효력 정지 30일
④ 면허효력 정지 60일

해설 | 피해의 경중, 피해 인원에 관계없이 건설기계 조종 중 고의로 피해를 입혔을 때 면허취소에 해당한다.

50 건설기계관리법령상 건설기계의 구조 변경범위에 속하지 않는 것은?

① 조종장치의 형식 변경
② 건설기계의 길이, 너비, 높이 변경
③ 수상작업용 건설기계 선체의 형식 변경
④ 작업장치 중 가공작업을 수반하지 않고 작업장치를 부착할 경우의 형식 변경

해설 | 가공작업을 수반하지 아니하고 작업장치를 선택부착하는 경우에는 작업장치의 형식변경으로 보지 아니한다.

51 건설기계 소유자가 건설기계의 등록 전 일시적으로 운행을 할 수 없는 경우는?

① 신규등록검사 및 확인검사를 받기 위해 검사장소로 운행하는 경우
② 간단한 작업을 위하여 건설기계를 일시적으로 운행하는 경우
③ 등록신청을 하기 위하여 건설기계를 등록지로 운행하는 경우
④ 신개발 건설기계의 성능, 연구의 목적으로 운행하는 경우

해설 | 간단한 작업을 위하여 건설기계를 일시적으로 운행하는 경우는 임시운행 사유가 되지 않는다.

52 지게차의 분류 중 카운터웨이터가 없고 마스트가 앞·뒤로 움직여 화물을 적재할 수 있는 형식은?

① 카운터형
② 리치형
③ 웨이터형
④ 밸런스형

전후 이동
아웃트리거

해설 | 리치(Reach)형 지게차
카운터웨이터가 없는 대신 앞바퀴가 차체 전방으로 튀어나온 형태이며, 아웃트리거 안으로 포크가 전후로 움직이며 화물을 적재한다.

92

정답 43 ② 44 ① 45 ③ 46 ④ 47 ① 48 ③ 49 ① 50 ④ 51 ② 52 ②

53 도로교통법령상 승차인원, 적재중량에 관하여 대통령령으로 정하는 운행상의 안전기준을 넘어서 운행하고자 하는 경우 누구에게 허가를 받아야 하는가?

① 국회의원
② 출발지를 관할하는 경찰서장
③ 절대 운행 불가
④ 시·도지사

해설 │ 안전기준을 초과하여 승차 또는 적재하는 경우 출발지를 관할하는 경찰서장의 허가를 받아야 한다.

54 교통정리를 하고 있지 아니하고 양보를 표시하는 안전표지가 설치되어 있는 교차로 진입 시의 운전 방법으로 옳은 것은?

① 일지 정지 또는 양보한다.
② 경음기를 울린다.
③ 수신호를 한다.
④ 차폭등을 켠다.

해설 │ 교통정리를 하고 있지 아니하고 양보를 표시하는 안전표지가 설치되어 있는 교차로로 진입할 때 일시 정지 또는 양보한다.

55 지게차의 포크에 버킷을 끼워 흘러내리기 쉬운 물건이나 흐트러진 물건을 운반 또는 트럭에 상차하는데 쓰는 작업장치는?

① 로드 스태빌라이저
② 사이드 시프트 클램프
③ 로테이팅 포크
④ 힌지드 버킷

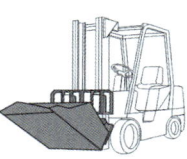

해설 │ 힌지드 버킷(Hinged Bucket)
※ 버킷(bucket): '양동이, 들통 등'을 의미

56 도로교통법령상 주차를 금지하는 곳으로 가장 적절하지 않은 것은?

① 도로공사 구역의 양쪽 가장자리로부터 5m 이내인 곳
② 터널 안
③ 다리 위
④ 상가 앞 도로의 5m 이내인 곳

해설 │ 주차금지의 장소
1. 터널 안 및 다리 위
2. 다음 각 목의 곳으로부터 5미터 이내인 곳
  가. 도로공사를 하고 있는 경우에는 그 공사 구역의 양쪽 가장자리
  나. 다중이용업소의 영업장이 속한 건축물로 소방본부장의 요청에 의하여 시·도경찰청장이 지정한 곳
3. 시·도경찰청장이 도로에서의 위험을 방지하고 교통의 안전과 원활한 소통을 확보하기 위하여 필요하다고 인정하여 지정한 곳

57 다음 [보기]의 ( )안에 들어갈 알맞은 것은?

보기
눈이 20mm 미만 쌓인 경우는 최고속도의 ( )을 줄인 속도로 운행하여야 한다.

① 100분의 20   ② 100분의 20
③ 100분의 30   ④ 100분의 40

해설 │ 최고속도의 20/100을 줄인 속도로 운행하는 경우
• 비가 내려 노면이 젖어 있는 때
• 눈이 20mm 미만 쌓인 때

58 차량이 남쪽에서부터 북쪽 방향으로 진행 중일 때, 다음과 같은 「3방향 도로명표지」에 대한 설명으로 틀린 것은?

① 차량을 우회전하는 경우 '새문안길'로 진입할 수 있다.
② 연신내역 방향으로 가려는 경우 차량을 직진한다.
③ 차량을 우회전하는 경우 '새문안길' 도로구간의 시작지점에 진입할 수 있다.
④ 차량을 좌회전하는 경우 '충정로' 도로구간의 시작지점에 진입할 수 있다.

해설 │ 도로구간의 시작지점과 끝지점은 "서쪽에서 동쪽, 남쪽에서 북쪽 방향으로 설정되므로, 차량을 좌회전하는 경우 '충정로' 도로구간의 끝지점에 진입한다.

59 다음 교통안전 표지에 대한 설명으로 맞는 것은?

① 최고 중량 제한표지
② 최고 시속 30km 속도 제한표지
③ 최저 시속 30km 속도 제한표지
④ 차간거리 최저 30m 제한표지

해설 │ 숫자 아래에 언더바(-)가 있으면 최저 속도를 의미한다.

60 도로교통법상 최고 속도의 100분의 50으로 감속 운행하도록 제한한 경우가 아닌 것은?

① 폭우·폭설·안개 등으로 가시거리가 100m 이내인 경우
② 눈이 20mm 이상 쌓인 경우
③ 노면이 얼어붙은 경우
④ 비가 내려 노면이 젖어 있는 경우

해설 │ 이상기후 시 감속 정도

운행 속도	기후 상태
최고속도의 20/100을 줄인 속도	• 비가 내려 노면이 젖어 있는 때 • 눈이 20mm 미만 쌓인 때
최고속도의 50/100을 줄인 속도	• 노면이 얼어붙은 경우 • 폭우·폭설·안개 등으로 가시거리가 100m 이내일 때 • 눈이 20mm 이상 쌓인 때

정답 53 ② 54 ① 55 ④ 56 ④ 57 ① 58 ④ 59 ③ 60 ④

| PART 2 |

CBT 상시대비 핵심모의고사 11회

01 유압장치의 일일 점검사항이 아닌 것은?

① 필터의 오염 여부점검
② 호스의 손상 여부 점검
③ 탱크의 오일량 점검
④ 이음부분의 누유점검

해설 │ 유압장치 필터의 오염 여부 점검 및 교환은 보통 매 500시간마다 실시하는 주기적인 교환 항목이다.

02 방진마스크를 착용해야 하는 작업장은?

① 산소가 결핍되기 쉬운 작업장
② 소음이 심한 작업장
③ 분진이 많은 작업장
④ 온도가 낮은 작업장

해설 │ 방진마스크는 분진이 많은 작업장에서 착용한다.

03 추락 위험이 있는 장소에서 작업할 경우 안전관리상 어떻게 하는 것이 가장 적절한가?

① 안전띠 또는 로프를 사용한다.
② 고정식 사다리를 사용한다.
③ 일반 공구를 사용한다.
④ 이동식 사다리를 사용한다.

해설 │ 추락 위험이 있는 장소에서는 고정식 사다리 또는 높은 곳에서는 작업을 위해 임시로 설치하는 임시가설물인 비계를 사용해야 한다.

04 작업 시 일반적인 안전에 대한 설명으로 틀린 것은?

① 장비는 사용 전에 점검한다.
② 장비 사용법은 사전에 숙지한다.
③ 장비는 취급자가 아니어도 사용한다.
④ 회전하는 물체에 손을 대지 않는다.

해설 │ 장비는 안전상 취급 가능한 자만 사용해야 한다.

05 드릴 작업 시 금지사항으로 잘못된 것은?

① 작업 중 칩 제거를 금한다.
② 작업 중 보안경 착용을 금한다.
③ 균열이 있는 드릴은 사용을 금한다.
④ 작업 중 면장갑 착용을 금한다.

해설 │ 드릴 작업 시 드릴 칩이나 작업물이 튈 수 있으므로 눈을 보호하기 위해 보안경을 착용한다.

06 토크렌치의 사용법으로 가장 올바른 것은?

① 렌치 끝을 한 손으로 잡고 돌리면서 눈은 게이지 눈금을 확인한다.
② 렌치 끝을 양손으로 잡고 돌리면서 눈은 게이지 눈금을 확인한다.
③ 왼손은 렌치 끝을 잡고 돌리고 오른손은 지지점을 누르고 게이지 눈금을 확인한다.
④ 오른손은 렌치 끝을 잡고 돌리고 왼손은 지지점을 누르고 게이지 눈금을 확인한다.

해설 │ 토크렌치는 볼트나 너트를 규정토크로 조일 때 사용한다. 토크렌치 사용 시 몸쪽으로 당기면서 작업해야 하며, 오른손으로 렌치를 잡고 왼손은 지지점을 누르고 작업한다.

07 다음 그림과 같은 안전 표지판이 나타내는 것은?

① 인화성물질 경고
② 구급용구
③ 폭발물 경고
④ 낙하물 경고

해설 │ 그림은 인화성물질 경고를 나타낸다. (※ 폭발물 경고와 혼동되지 않도록 유의할 것)

08 무거운 짐을 옮길 경우에 대한 설명으로 옳지 않는 것은?

① 인력으로 어려울 경우 장비를 활용한다.
② 무거운 짐을 들고 놓을 때에는 척추를 올리는 자세가 안전하다.
③ 체인블록을 이용한다.
④ 협동 작업을 할 때에는 타인과의 균형에 신경을 써야 한다.

해설 │ 무거운 짐을 옮길 때에는 척추를 바로 세우고 낮은 자세로 옮기는 것이 안전하다.

09 다음 중금속 화재에 해당하는 것은?

① A급 화재
② B급 화재
③ C급 화재
④ D급 화재

해설 │ • A급 화재: 일반 가연물 화재
• B급 화재: 유류 화재
• C급 화재: 전기 화재

10 인력으로 운반 작업을 하는 경우에 대한 설명으로 옳지 않는 것은?

① 공동운반 시에는 서로 협조를 하여 작업한다.
② LPG 봄베는 굴려서 운반한다.
④ 긴 물건은 앞쪽을 위로 올려 운반한다.
④ 무리한 몸가짐으로 물건을 들지 않는다.

해설 │ LPG 봄베는 가스 누설 또는 폭발의 위험이 있기 때문에 굴려서 운반하지 않는다.

94

정답 01 ① 02 ③ 03 ② 04 ③ 05 ② 06 ④ 07 ① 08 ② 09 ④ 10 ②

11 지게차의 운전을 종료했을 때 취해야 할 안전사항이 아닌 것은?

① 각종 레버를 중립에 둔다.
② 연료를 빼낸다.
③ 주차 브레이크를 작동시킨다.
④ 전원 스위치를 차단한다.

해설 | 운전 종료 후 연료를 빼낼 필요는 없으며 다음 작업을 위해 보충하는 것이 좋다.

12 MF(Maintenance Free) 축전지에 대한 설명으로 옳지 않는 것은?

① 격자의 재질은 납과 칼슘합금이다.
② 증류수는 매 15일마다 보충한다.
③ 밀봉 촉매 마개를 사용한다.
④ 무보수용 배터리이다.

해설 | MF 축전지는 증류수(전해액)의 보충이 필요 없는 무보수용 배터리이다.

13 정기검사대상 건설기계의 정기검사 신청기간으로 맞는 것은?

① 건설기계의 정기검사 유효기간 만료일 전후 45일 이내에 신청한다.
② 건설기계의 정기검사 유효기간 만료일 전 90일 이내에 신청한다.
③ 건설기계의 정기검사 유효기간 만료일 전후 30일 이내에 신청한다.
④ 건설기계의 정기검사 유효기간 만료일 후 60일 이내에 신청한다.

해설 | 건설기계의 정기검사는 유효기간 만료일 전·후 30일 이내에 신청하여야 한다.

14 지게차의 작업안전에 대한 설명으로 옳지 않은 것은?

① 고소 작업을 위해 포크에 사람을 태운다.
② 포크 끝단으로 물건을 적재하지 않는다.
③ 작업 전 점검을 실시한다.
④ 주차 시 포크는 지면에 완전히 닿도록 한다.

해설 | 포크를 포함한 지게차에 작업자 1인 외 다른 사람을 탑승시키지 않는다.
※ 고소작업(高所作業): 높은 장소에서의 작업

15 운전 중 좁은 장소에서 지게차 방향을 전환할 때 주의할 점으로 옳은 것은?

① 뒷바퀴 회전에 주의하여 방향을 전환한다.
② 포크 높이를 높게 하여 방향을 전환한다.
③ 앞바퀴 회전에 주의하여 방향을 전환한다.
④ 포크를 땅에 닿게 내리고 방향을 전환한다.

해설 | 지게차는 뒷바퀴로 조향이 이뤄지므로, 뒷바퀴 회전에 주의하여 방향전환 해야 한다.

16 혈중 알코올 농도가 0.1%일 때의 처벌 기준은?

① 면허취소　　　　② 면허효력정지 60일
③ 면허효력정지 90일　④ 면허효력정지 100일

해설 | 혈중 알코올 농도 0.08% 이상이면 면허가 취소된다.

17 긴급자동차의 종류에 해당하지 않는 것은?

① 어린이 통학 전용버스
② 수사기관의 자동차 중 범죄 수사를 위하여 사용되는 자동차
③ 혈액공급차량
④ 국군 및 주한 국제연합군용의 긴급자동차에 의하여 유도되는 국군 및 주한 국제연합군의 자동차

해설 | 어린이 통학 전용버스는 긴급자동차에 해당하지 않는다.

18 현장에 경찰공무원이 없는 장소에서 인명피해와 물건의 손괴를 입힌 교통사고가 발생하였을 때 가장 먼저 취할 조치는?

① 손괴한 물건 및 손괴 정도를 파악한다.
② 즉시 피해자 가족에게 알리고 합의한다.
③ 즉시 사상자를 구호하고, 경찰공무원에게 신고한다.
④ 승무원에게 사상자를 알리게 하고 회사에 알린다

해설 | 교통사고 발생 시 가장 먼저 사상자를 구호해야 한다.

19 도로교통법상 반드시 서행해야 할 장소는?

① 안전지대 우측
② 교통정리가 행해지고 있는 교차로
③ 교통정리가 행해지고 있는 횡단보도
④ 비탈길의 고갯마루 부근

해설 | 서행해야 하는 장소
- 교통정리를 하고 있지 아니하는 교차로
- 도로가 구부러진 부근
- 비탈길의 고갯마루 부근
- 가파른 비탈길의 내리막

20 경찰청장이 원활한 소통을 위해 특히 필요하다고 지정한 곳 이외의 고속도로에서 건설기계의 최고 속도는?

① 매시 70km　　② 매시 80km
③ 매시 90km　　④ 매시 100km

해설 | 고속도로에서 건설기계의 최고 속도는 매시 80km이며, 경찰청장이 원활한 소통을 위해 특히 필요하다고 지정한 곳은 매시 90km이다.

21 정기검사에서 불합격한 건설기계의 정비명령에 관한 설명으로 틀린 것은?

① 불합격한 건설기계에 대해서 검사를 완료한 날부터 10일 이내에 정비명령을 하여야 한다.
② 정비명령을 따르지 아니하면 해당 건설기계의 등록번호표는 영치될 수 있다.
③ 정비를 마친 건설기계는 다시 검사를 받을 필요 없이 운행이 가능하다.
④ 정비명령을 받은 건설기계소유자는 지정된 기간 내에 정비를 해야 한다.

해설 | 정기검사에서 불합격하여 정비명령을 받을 경우 정비를 하더라도 지정된 기간 내에 다시 검사신청을 해야 운행이 가능하다.

22 건설기계조종사 면허를 받은 자는 면허가 취소되거나 면허의 효력이 정지된 경우 그 사유가 발생한 날로부터 며칠 이내에 주소지를 관할하는 시장·군수 또는 구청장에게 면허증을 반납해야 하는가?

① 7일 　　　　　　② 10일
③ 20일 　　　　　　④ 30일

해설 | 면허증은 10일 이내에 주소지를 관할하는 시장·군수 또는 구청장에게 반납해야 하고, 등록번호판은 10일 이내에 등록지를 관할하는 시·도지사에게 반납해야 한다.

23 소형 또는 대형건설기계조종사 면허증 발급 신청 시 구비서류가 아닌 것은?

① 소형건설기계조종 교육이수증(소형면허 신청 시)
② 국가기술자격증 정보(대형면허 신청 시)
③ 주민등록등본
④ 신체검사서

해설 | 건설기계조종사 면허증을 발급받으려는 경우 신청서와 함께 구비서류인 ① ② ④를 포함하여 6개월 이내에 촬영한 사진 2매, 건설기계조종사 면허증(건설기계조종사면허를 받은 자가 면허의 종류를 추가하고자 하는 경우)을 제출해야 한다.

24 화물을 적재하고 주행할 때 포크와 지면과의 간격으로 가장 적당한 것은?

① 10cm 이하 　　　　② 80~85cm
③ 50~55cm 　　　　④ 20~30cm

해설 | 지게차로 화물을 적재하고 주행 시 포크의 높이는 지면으로부터 20~30cm를 유지한다.

25 건설기계의 좌석안전띠는 속도가 최소 몇 km/h 이상일 때 설치해야 하는가?

① 10km/h 　　　　② 30km/h
③ 40km/h 　　　　④ 50km/h

해설 | 건설기계의 좌석안전띠는 속도가 30km/h 이상일 때 설치해야 한다.

26 기관에 사용되는 오일 여과기의 점검사항으로 틀린 것은?

① 여과기가 막히면 유압이 높아진다.
② 엘리먼트 청소는 압축 공기를 사용한다.
③ 여과 능력이 불량하면 부품의 마모가 빠르다.
④ 작업 조건이 나쁘면 교환 시기를 빨리 한다.

해설 | 오일 여과기의 엘리먼트에 이물질이 쌓이면 교환해야 한다. 흡기구는 컴프레셔의 압축공기를 이용하여 이물질을 제거한다.

27 기관을 시동하기 전에 점검할 사항과 가장 관계가 먼 것은?

① 연료의 량 　　　　② 유압유의 량
③ 냉각수의 온도 　　④ 축전지의 충전상태

해설 | 냉각수의 온도는 기관 작동 중 계기판의 온도 게이지를 통해 점검한다.

28 축전지와 전동기를 동력원으로 하는 지게차는?

① 전동 지게차
② 휘발유 지게차
③ 하이브리드 지게차
④ 내연기관 지게차

해설 | 축전지와 전동기를 동력원으로 하는 지게차는 전동 지게차이다.

29 기관에서 압축가스가 누설되어 압축 압력이 저하될 수 있는 원인에 해당하는 것은?

① 냉각팬의 벨트 유격 과대
② 워터펌프 불량
③ 매니폴드 개스킷 불량
④ 실린더 헤드 개스킷 불량

해설 | 실린더 헤드 개스킷 불량에 따른 결과
고온·고압의 연소가스 누설 및 압축압력 저하, 워터재킷(실린더 블록의 냉각수가 흐르는 통로)의 냉각수 유입 등

30 냉각장치의 라디에이터 압력식 캡에 설치되어 있는 밸브는?

① 진공 밸브와 체크 밸브
② 압력 밸브와 진공 밸브
③ 압력 밸브와 스로틀 밸브
④ 릴리프 밸브와 감압 밸브

압력 밸브　진공 밸브

라디에이터 압력식 캡

해설 | 라디에이터 압력식 캡은 냉각수의 비등점(끓는점)을 높여주는 역할을 하는 것으로 압력 밸브와 진공 밸브가 설치되어 있다.

31 지게차 작업장치의 리프트 레버를 조종하는데 리프트 실린더가 작동하지 않는 원인은?

① 포크로 가벼운 짐을 들었을 때
② 포크가 휘었을 때
③ 유압유가 적거나 없을 때
④ 엔진 오일이 적거나 없을 때

해설 | 리프트 실린더가 작동하지 않을 때는 여러 가지 원인 중 보기에서 찾으면 유압유가 적거나 없을 때이다. ④의 경우는 엔진 부품의 작동 불량, 손상, 고착, 소음 등의 원인이 된다.

32 엔진의 윤활유에 대한 설명으로 틀린 것은?

① 점도지수가 높은 것이 좋다.
② 인화점 및 발화점이 높아야 한다.
③ 응고점이 높은 것이 좋다.
④ 적당한 점도가 있어야 한다.

해설 | 엔진의 윤활유는 응고점이 낮아야 저온에서도 쉽게 응고되지 않는다.

정답 ▶ 22 ② 　23 ③ 　24 ④ 　25 ② 　26 ② 　27 ③ 　28 ① 　29 ④ 　30 ② 　31 ③ 　32 ③

33 디젤기관에 과급기를 장착하는 이유는?

① 기관의 출력을 향상시키기 위해
② 기관의 냉각 효율을 높이기 위해
③ 배기소음을 줄이기 위해
④ 기관의 압축압력을 낮추기 위해

해설 | 과급기(터보차저)는 배기가스의 힘으로 엔진에 흡입되는 공기를 압축하는 장치이다. 압축된 공기를 실린더로 주입시켜 엔진의 흡입 효율을 높임으로써 출력과 토크를 증대시켜준다.

34 4행정 사이클 디젤기관의 크랭크축이 3,000rpm으로 회전할 때 캠축의 회전수는?

① 1,500rpm
② 2,000rpm
③ 3,000rpm
④ 4,000rpm

해설 | 크랭크축과 캠축의 회전비는 2:1 이므로 크랭크축이 3,000rpm으로 회전할 때 캠축의 회전수는 1500rpm이다.

35 전기장치의 배선작업 시작 전 제일 먼저 조치하여야 할 사항은?

① 배터리 비중을 측정한다.
② 점화 스위치를 켠다.
③ 배터리 접지선을 제거한다.
④ 고압케이블을 제거한다.

해설 | 대부분 전기장치 정비 전에 가장 먼저 축전지의 접지선(-선)을 제거한다.

36 건설기계에 주로 사용되는 기동 전동기의 종류는?

① 직류분권 전동기
② 직류직권 전동기
③ 직류복권 전동기
④ 교류 전동기

해설 | 기동 전동기는 회전시 큰 토크(힘)를 요구하므로 전기자 코일과 계자 코일이 직렬로 연결된 직류직권식을 사용한다.

37 축전지 내부의 충·방전 작용으로 옳은 것은?

① 화학 작용
② 자기 작용
③ 물리 작용
④ 발열 작용

해설 | 축전지는 음극재와 양극재 사이를 이동하는 화학 작용에 의해 충전 또는 방전된다.

38 시동전류의 공급과 기관이 정지된 상태에서 각종 전기장치에 전류를 보내는 것은?

① 콘덴서
② 시동모터
③ 축전지
④ 발전기

해설 | **축전지(배터리)의 역할**
- 초기 시동에 필요한 기동전동기와 점화장치, 연료펌프 등에 전원을 공급
- 에어컨과 같이 전기적 요구가 발전기 출력보다 많을 경우 일시적으로 전류를 공급
- 전기계통의 전압 안정장치 역할

39 전압(Voltage)에 대한 설명으로 옳은 것은?

① 자유전자가 도선을 통하여 흐르는 것을 말한다.
② 전기적인 높이, 즉 전기적인 압력을 말한다.
③ 물질에 전류가 흐를 수 있는 정도를 나타낸다.
④ 도체의 저항에 의해 발생하는 열을 나타낸다.

해설 | 전압이란 두 점 간의 전위차로 발생하는 전기적 압력을 말하며 전류를 흐르게 하는 힘이다.

40 기관에 사용되는 시동모터가 회전이 안 되거나 회전력이 약한 원인이 아닌 것은?

① 시동 스위치의 접촉이 불량하다.
② 배터리 단자와 터미널의 접촉이 나쁘다.
③ 브러시가 정류자에 잘 밀착되어 있다.
④ 축전지 전압이 낮다.

해설 | 기동 전동기가 회전이 되지 않거나 회전력이 약한 원인 중 하나는 브러시 마모의 정도가 심할 경우 정류자와의 밀착이 떨어져 전류의 공급이 불량해지게 때문이므로 ③번은 정상상태이다.

41 타이어에서 고무로 피복된 코드를 여러 겹으로 겹친 층에 해당하며, 타이어 골격을 이루는 부분은?

① 카커스(Carcass)
② 트레드(Tread)
③ 숄더(Should)
④ 비드(Bead)

해설 | 카커스는 고무로 피복된 코드를 여러 겹으로 겹친 층으로 타이어의 골격을 이루는 부분이다.

42 지게차의 브레이크를 연속적으로 사용 시 마찰열의 축적으로 드럼과 라이닝이 과열되어 제동력이 감소하는 현상은?

① 하이드로플래닝 현상
② 채터링 현상
③ 페이드 현상
④ 노킹 현상

해설 |
- **하이드로플래닝 현상**(수막현상): 자동차가 주행 중 물에 젖은 노면을 고속으로 지날 때 갑자기 접지력을 상실하는 현상
- **노킹 현상**: 이상 연소(엔진 과열 등의 원인으로 점화시기보다 빠른 시점에서 폭발)로 인해 비정상적으로 높은 압력이 발생하며, 피스톤이 실린더를 때리는 현상

43 동력전달장치에서 슬립 이음의 역할은?

① 길이 변화가 가능하다.
② 각도 변화가 가능하다.
③ 각도 및 길이 변화가 가능하다.
④ 구동력을 증가시킨다.

해설 |
- 슬립 이음: 길이 변화가 가능하다.
- 자재 이음: 각도 변화가 가능하다.

정답 33 ① 34 ① 35 ③ 36 ② 37 ① 38 ③ 39 ② 40 ③ 41 ① 42 ③ 43 ①

44 차동기어장치에서 피니언 기어와 링 기어의 틈새를 무엇이라고 하는가?

① 런아웃
② 백래시
③ 베이퍼록
④ 스프레드

해설 | 백래시(backlash)란 기어와 기어 사이의 틈새로 기어의 원활한 회전을 위해 필요하다.

45 브레이크 드럼이 갖추어야 하는 조건으로 틀린 것은?

① 내마멸성이 커야 한다.
② 정적·동적 평형이 좋아야 한다.
③ 재질이 단단하고 무거워야 한다.
④ 열의 발산이 잘 되어야 한다.

해설 | 브레이크 드럼의 재질은 단단하고 가벼워야 한다.

46 클러치에 대한 설명으로 틀린 것은?

① 클러치 페달을 밟으면 동력이 차단된다.
② 클러치 페달을 떼면 동력이 전달된다.
③ 클러치 페달을 밟으면 플라이휠과 클러치판이 붙는다.
④ 클러치 페달을 떼면 압력판과 클러치판이 붙는다.

해설 | 클러치 페달을 밟으면 플라이휠과 클러치판이 떨어져 동력이 차단된다.

47 유압 작동유의 점도가 너무 높을 때 발생되는 현상으로 옳은 것은?

① 동력손실 증가
② 내부 누설 증가
③ 펌프효율 증가
④ 마찰 마모 감소

해설 | 점도의 영향

점도가 높을 때	• 온도가 낮을 때 물엿처럼 끈끈해진다. • 유압이 높아진다. • 관내의 마찰 손실이 커진다. • 동력손실이 커진다. • 열 발생의 원인이 된다.
점도가 낮을 때	• 온도가 높을 때 물처럼 흐름의 저항이 없다. • 유압이 낮아진다. • 펌프효율이 떨어진다. • 실린더 및 컨트롤 밸브에서 누출이 발생한다.

48 지게차에 화물을 적재하고 주행할 때의 주의사항으로 틀린 것은?

① 포크나 카운터 웨이트 등에 사람을 태우고 주행해서는 안 된다.
② 전방시야가 확보되지 않을 때는 후진으로 진행하면서 경적을 울리며 천천히 주행한다.
③ 험한 땅, 좁은 통로, 고갯길 등에서는 급발진, 급제동, 급선회 하지 않는다.
④ 급한 고갯길을 내려갈 때는 변속레버를 중립에 두거나 엔진을 끄고 타력으로 내려간다.

해설 | 급한 고갯길(내리막길)을 내려갈 때에는 저속 기어로 변경하여 엔진 부하가 걸리도록 하여 속도를 낮추는 방법이 좋다(엔진 브레이크). 이때 변속레버를 중립에 두면 엔진 브레이크를 사용할 수 없다. 또한, 대부분의 브레이크는 엔진에서 발생된 진공을 이용하여 제동이 걸리는 구조이므로 엔진을 끄면 제동이 잘 걸리지 않아 매우 위험하다.

49 유압 모터의 회전속도가 규정 속도보다 느릴 경우의 원인에 해당하지 않는 것은?

① 각 작동부의 마모 또는 파손
② 유압펌프의 오일 토출량 과다
③ 유압유의 유입량 부족
④ 오일의 내부누설

해설 | 유압펌프의 토출량은 모터의 회전에 비례하여 빨라진다.

50 공동 현상이라고도 하며, 소음과 진동이 발생하고 양정과 효율이 저하되는 현상은?

① 캐비테이션
② 스트로크
③ 제로랩
④ 오버랩

해설 | **공동 현상(캐비테이션, 空洞)**
유체의 압력이 급격하게 변화하여 상대적으로 압력이 낮은 곳에 빈 구멍이 생기는 현상을 말한다. 이 때 공동이 높은 압력을 받아 무너지면서 강한 충격이 발생한다.
※ 스트로크(stroke, 행정): 엔진의 피스톤이 실린더의 상부(상사점)에서 하부(하사점)까지 이동한 거리
※ 오버랩(overlap): 엔진의 실린더에서 흡입밸브와 배기밸브가 동시에 열려있는 구간

51 작동유의 열화 상태를 확인하는 방법으로 적합하지 않는 것은?

① 점도 상태로 확인
② 오일을 가열한 후 냉각되는 시간으로 확인
③ 냄새로 확인
④ 색깔이나 침전물의 유무 확인

해설 | 작동유의 열화: 작동유 자체의 내부 변화 즉 화학적 변화에 의한 산화, 그리고 외부로부터의 오염 등에 의해 오일 성분이 변하는 현상을 말한다. 작동유의 열화 상태는 냄새, 점도, 색깔, 침전물의 유무 등으로 판정한다.

52 건설기계관리법령상 건설기계를 도로에 계속하여 방치하거나 정당한 사유 없이 타인의 토지에 방치한 자에 대한 벌칙은?

① 100만 원 이하의 벌금
② 200만 원 이하의 벌금
③ 1년 이하의 징역 또는 1천만 원 이하의 벌금
④ 2년 이하의 징역 또는 1천만 원 이하의 벌금

해설 | 건설기계를 도로에 계속하여 방치하거나 정당한 사유 없이 타인의 토지에 방치하면 1년 이하의 징역 또는 1천만 원 이하의 벌금에 처한다.
※ 건설기계조종사 면허를 받지 아니하고 건설기계를 조종한 경우에도 1년 이하의 징역 또는 1천만 원 이하의 벌금

53 기관에 사용되는 오일 여과기의 점검사항으로 틀린 것은?

① 여과기가 막히면 유압이 높아진다.
② 엘리먼트 청소는 압축 공기를 사용한다.
③ 여과 능력이 불량하면 부품의 마모가 빠르다.
④ 작업 조건이 나쁘면 교환 시기를 빨리 한다.

해설 | 오일 필터(오일 여과기)는 오염 시 교체해야 하며, 압축 공기를 이용하여 엘리먼트 청소를 하는 것은 흡기 장치에 해당한다.

정답 44 ② 45 ③ 46 ③ 47 ① 48 ④ 49 ② 50 ① 51 ② 52 ③ 53 ②

54 최고속도의 100분의 50을 줄인 속도로 운행하여야 할 경우가 아닌 것은?

① 눈이 20mm이상 쌓인 때
② 폭우, 폭설, 안개 등으로 가시거리가 100m이내 인 때
③ 노면이 얼어붙은 때
④ 비가 내려 노면에 습기가 있을 때

해설 | 최고속도의 100분의 50을 줄인 속도로 운행하여야 할 경우
• 폭우/폭설/안개로 인해 가시거리가 100m 이하인 경우
• 노면이 얼어붙은 경우
• 눈이 20mm 이상 쌓인 경우
• 짙은 안개로 시정거리 100m 이하
※ ④의 경우 100분의 20으로 감속 운행해야 한다.

55 지게차 작업장치의 부품이 아닌 것은?

① 배플 플레이트
② 리프트 체인
③ 백 레스트
④ 핑거 보드

해설 | 배플 플레이트는 오일탱크 내에 리턴되는 오일과 공급되는 오일을 분리하는 격판으로, 리턴되는 오일에 의한 출렁임으로 인해 기포가 발생되는 것을 방지시킨다.

56 4행정 기관에서 크랭크축 기어와 캠 축 기어와의 지름비와 회전비는 얼마인가?

① 2:1 및 1:2
② 2:1 및 2:1
③ 1:2 및 2:1
④ 1:2 및 1:2

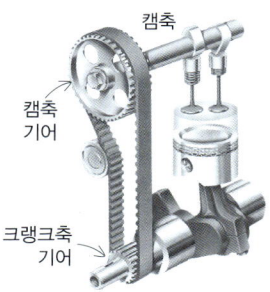

해설 | 그림과 같이 크랭크축 기어보다 캠축 기어가 더 크므로 지름 비율은 1:2가 된다. 그러므로 캠축 기어가 2바퀴 회전하는 동안 크랭크축 기어는 1바퀴 회전하므로 회전비는 2:1 이다.

57 엔진오일의 교환 방법으로 옳지 않은 것은?

① 오일 레벨 게이지의 'F'에 가깝게 오일을 주입한다.
② 엔진오일은 순정품으로 교환한다.
③ 가혹한 조건에서 지속적으로 운전하였을 경우 교환 주기를 조금 앞당긴다.
④ 규정된 엔진오일보다는 플러싱 오일로 교체하여 사용한다.

해설 | 플러싱(Flushing)이란 엔진 내부의 슬러지(찌꺼기)를 제거·세척하는 작업을 말하며, 이때 플러싱 전용 오일을 이용해야 한다. 세척 후 플러싱 오일은 반드시 제거해야 하고 엔진오일로 교체해야 한다.

58 공유압 기호 중 그림이 나타내는 것은?

① 공기압 동력원
② 유압 동력원
③ 원동기
④ 전동기

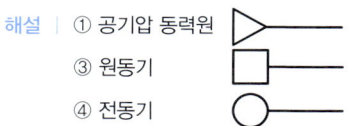

해설 | ① 공기압 동력원
③ 원동기
④ 전동기

59 기관에서 압축가스가 누설되어 압축압력이 저하될 수 있는 원인에 해당하는 것은?

① 냉각팬의 벨트 유격 과대
② 워터펌프의 불량
③ 배기 매니폴더 개스킷의 불량
④ 실린더 헤드 개스킷의 불량

해설 | 엔진 압축압력이 낮다는 것은 실린더 내부의 압력이 낮다는 의미한다. 이는 기밀(누설)과 관련이 있다. 여러 원인 중 보기에서 그 원인을 찾으면 ④ 실린더 헤드와 실린더 블록 사이의 누설일 가능성이 크다. (실린더 헤드 개스킷은 실린더 헤드와 실린더 블록 사이의 누설을 방지하기 위한 부품이다)

60 퓨즈에 대한 설명으로 틀린 것은?

① 퓨즈는 철사로 대용하여도 된다.
② 퓨즈는 스타팅 모터의 회로에는 쓰이지 않는다.
③ 퓨즈는 회로에 흐르는 전류 크기에 따르는 용량의 것을 쓴다.
④ 퓨즈는 표면이 산화되면 끊어지기 쉽다.

해설 | 퓨즈는 과전류로 인한 기기의 파손 및 화재를 방지하기 위한 역할을 하며 철사 등으로 대용해서는 안된다.

| PART 2 |

CBT 상시대비 핵심모의고사 12회

01 감전되거나 전기화상을 입을 위험이 있는 작업에서 제일 먼저 작업자가 구비해야 할 것은?

① 구급 용구
② 구명구
③ 보호구
④ 신호기

해설 | 감전되거나 전기화상을 입을 위험이 있는 경우 절연용 보호구를 착용한다.

02 동력전달장치의 안전수칙으로 틀린 것은?

① 동력전달을 빨리 하기 위해서 벨트를 회전하는 풀리에 걸어 작동시킨다.
② 회전하고있는 벨트나 기어에 불필요한 점검을 하지 않는다.
③ 기어가 회전하고 있는 곳을 커버로 잘 덮어 위험을 방지한다.
④ 동력압축기나 절단기를 운전할 때 위험을 방지하기 위한 안전장치를 한다.

해설 | 작업의 안전을 위해 벨트를 풀리에 걸 때에는 반드시 정지된 상태에서 해야 한다.

03 운반작업을 하는 작업장의 통로에서 통과 우선순위로 옳은 것은?

① 짐차 – 빈차 – 사람
② 빈차 – 짐차 – 사람
③ 사람 – 짐차 – 빈차
④ 사람 – 빈차 – 짐차

해설 | 작업장 통로에서 통과 우선순위는 '짐차 – 빈 차 – 사람' 순이다.

04 반드시 보호 안경을 끼고 작업해야 하는 때가 아닌 것은?

① 차체에서 변속기를 분리할 때
② 산소용접을 할 때
③ 그라인더를 사용할 때
④ 정밀한 조종 작업을 할 때

해설 | 변속기 작업 및 그라인더 작업 시에는 일반 보안경을 착용해야 한다. 산소용접 시에는 차광용 보안경을 착용해야 한다.

05 차체에 드릴 작업 시 주의사항으로 틀린 것은?

① 작업 시 내부의 파이프는 관통시킨다.
② 작업 시 내부에 배선이 없는지 확인한다.
③ 작업 후에는 내부에서 드릴 날 끝으로 인해 손상된 부품이 없는지 확인한다.
④ 작업 후에는 반드시 녹의 발생을 방지하기 위해 드릴 구멍에 페인트칠을 해야 한다.

해설 | 차체에 드릴 작업 시 내부의 파이프를 관통시켜서는 안 된다.

06 일반 공구의 안전한 사용법으로 적절하지 않은 것은?

① 언제나 깨끗한 상태로 보관한다.
② 엔진의 헤드 볼트 작업에는 소켓 렌치를 사용한다.
③ 조정렌치의 조정조에 잡아당기는 힘이 가해져야 한다.
④ 파이프렌치에는 연장대를 끼워서 사용하지 않는다.

해설 | 조정렌치를 사용하는 경우 조정 조에 힘을 가하면 조(jaw)와 볼트/너트 물림이 헐거워지기 쉬우므로 고정 조(jaw)에 잡아당기는 힘이 가해지도록 한다.

07 기계가공 중 기계에서 이상한 소리가 날 때 조치하여야 할 사항으로 가장 적합한 것은?

① 가공을 계속하여 작업을 완료한 후 점검한다.
② 기계 가공 중에 손으로 점검한다.
③ 속도를 낮추어 계속 작업한다.
④ 즉시 기계를 멈추고 점검한다.

해설 | 기기 작동에 문제가 발생하면 즉시 전원을 차단시켜 멈춘다.

08 기관 가동 시 화재가 발생하였다. 다음 중 소화 작업으로 가장 안전한 방법은?

① 기관을 가속하여 팬의 바람으로 끈다.
② 물을 붓는다.
③ 자연적으로 모두 연소 될 때까지 기다린다.
④ 점화원을 차단한 후 소화기를 사용한다.

해설 | 화재 발생 시 빠른 소화를 위해 가장 먼저 연소의 3요소인 가연물, 점화원, 공기를 차단한 후 소화기를 사용한다.

09 기관에 장착된 상태의 팬벨트 장력 점검방법으로 적절한 것은?

① 벨트 길이 측정 게이지로 측정
② 벨트의 중심을 엄지손가락으로 눌러서 점검
③ 엔진을 가동하여 점검
④ 발전기의 고정 볼트를 느슨하게 하여 점검

해설 | 팬벨트 장력은 엄지손가락으로 약 10kgf 힘으로 눌렀을 때 처짐량이 12~20mm이어야 한다.
※ 장력이 너무 세면 베어링이 조기 마모되며, 너무 약하면 물 펌프나 발전기의 회전속도가 느려 엔진 과열 또는 충전 불량이 발생한다.

10 지게차 조종석 계기판에 없는 것은?

① 총주행거리계　　② 연료계
③ 냉각수 온도계　　④ 오일압력계

해설 | 일반 차량과 달리 지게차는 총주행거리계가 없고, 대신 아워미터계가 있다.

100

정답　01 ③　02 ①　03 ①　04 ④　05 ①　06 ③　07 ④　08 ④　09 ②　10 ①

11 건설기계를 조종하여 고의로 2명에게 경상의 인명피해를 입힐 경우 면허의 취소·정지처분 내용으로 맞는 것은?

① 면허효력 정지 20일
② 면허효력 정지 60일
③ 면허 취소
④ 면허효력 정지 30일

해설 | 피해 인원 및 피해의 경중에 관계없이 고의로 인명 피해를 입힌 경우에는 면허취소사유에 해당한다.

12 지게차 주차 시 취해야 할 안전조치로 틀린 것은?

① 포크를 지면에서 20cm 정도 높이에 고정시킨다.
② 엔진을 정지시키고 주차 브레이크를 잡아당겨 주차 상태를 유지한다.
③ 포크의 선단이 지면에 닿도록 마스트의 전방을 약간 경사시킨다.
④ 시동 스위치의 키를 빼내어 보관한다.

해설 | 지게차 주차 시 포크는 지면에 완전히 닿도록 내리고 작업 및 운반시에만 올린다. (포크를 올려두고 주차하면 작업자가 포크에 의해 넘어지거나 다칠 우려가 있다.)

13 지게차 운전 시 유의사항으로 틀린 것은?

① 지게차 주행 시 포크 높이를 20~30cm로 조절한다.
② 포크의 간격은 화물에 맞게 수시로 조정한다.
③ 시야 확보를 위해 뒤에 사람을 탑승시킨다.
④ 적재물의 높이가 높아 전방 시야가 가릴 때에는 후진하여 주행한다.

해설 | 지게차 작업 시 조종자 1인 외 사람을 탑승시키면 안된다.

14 지게차 운행전 작업안전을 위한 점검사항으로 틀린 것은?

① 시동 전에 전후진 레버를 중립에 놓는다.
② 화물 이동을 위해 마스트를 앞으로 기울인다.
③ 방향지시등과 같은 신호장치의 작동상태를 점검한다.
④ 작업장의 노면 상태를 확인한다.

해설 | 화물의 낙하를 방지하기 위해 마스트를 뒤로 기울이고(4~6°) 주행한다.

15 지게차 작업 시 안전사항으로 틀린 것은?

① 화물의 바로 앞에 도달하면 안전한 속도로 감속한다.
② 포크의 간격은 팔레트 폭의 1/2 이상 3/4 이하 정도로 유지하여 적재한다.
③ 포크 삽입 시에는 작업 속도를 높이기 위해 가속페달을 밟는다.
④ 화물이 불안정할 경우 슬링와이어나 로프 등을 사용하여 지게차와 결착한다.

해설 | 포크 삽입 시에는 삽입할 위치를 확인한 후 천천히 삽입해야 한다.

16 술에 취한 상태의 기준은 혈중 알코올 농도가 최소 몇 % 이상인 경우인가?

① 0.03   ② 0.05   ③ 0.25   ④ 1.00

해설 | 술에 취한 상태의 기준은 혈중 알코올 농도는 0.03%이다.

17 긴급 자동차의 우선통행에 관한 설명으로 틀린 것은?

① 긴급 용무임을 표시할 때는 제한속도 준수 및 앞지르기 금지, 끼어들기 금지 의무 등의 적용은 받지 않는다.
② 긴급 용무중일 때에만 우선통행 특례의 적용을 받는다.
③ 우선특례의 적용을 받으려면 경광등을 켜고 경음기를 울려야 한다.
④ 소방자동차, 구급 자동차는 항상 우선권과 특례의 적용을 받는다.

해설 | 긴급 자동차란 그 본래의 긴급한 용도로 사용되고 있는 자동차를 말하며, 우선권과 특례의 적용을 받는다.
※ 특례: 속도제한, 앞지르기 금지, 끼어들기 금지, 신호 위반, 횡단금지 등이 가능함

18 교통사고 사상자가 발생하였을 경우 도로교통법상 운전자가 즉시 취해야하는 조치로 옳은 것은?

① 즉시 정차 - 사상자 구호 - 신고
② 즉시 정차 - 신고 - 사상자 구호
③ 증인 확보 - 정차 - 사상자 구호
④ 즉시 정차 - 위해 방지 - 신고

해설 | 교통사고 발생 시에는 즉시 차를 정차하고 사상자를 구호하는 등 필요한 조치를 한 뒤 경찰관서에 신고한다. ※ 위해(危害): 위험과 재해를 말함

19 승차 또는 적재의 방법과 제한에서 운행상의 안전기준을 넘어서 승차 및 적재가 가능한 경우는?

① 도착지를 관할하는 경찰서장의 허가를 받은 때
② 출발지를 관할하는 경찰서장의 허가를 받은 때
③ 관할 시·군수의 허가를 받은 때
④ 동·읍·면장의 허가를 받은 때

해설 | 승차인원, 적재중량 및 적재용량이 초과할 경우 출발지를 관할하는 경찰서장의 허가를 받아야 한다.

20 야간에 도로에서 차를 운행하는 경우 등화방법으로 틀린 것은?

① 견인되는 차 - 미등 차폭등 및 번호등
② 원동기장치자전거 - 전조등 및 미등
③ 자동차 - 자동차 안전기준에서 정하는 전조등, 차폭등, 미등
④ 자동차등 외의 모든 차 - 시·도경찰청장이 정하여 고시하는 등화

해설 | 야간 운행 시 자동차의 등화는 자동차 안전기준에서 정하는 전조등, 차폭등, 미등, 번호등과 실내조명등이다.

21 시·도지사의 직권 또는 소유자의 신청에 의한 등록 말소 사유에 해당하지 않는 것은?

① 건설기계를 교육, 연구 목적으로 사용하는 경우
② 건설기계를 폐기하는 경우
③ 거짓 그밖의 부정한 방법으로 등록을 한 경우
④ 건설기계를 장기간 사용하지 않는 경우

해설 | 건설기계를 장기간 사용하지 않는 경우는 등록 말소 사유에 해당하지 않는다.
① ② ③ 이외에도 등록 말소 사유에는 건설기계를 수출하는 경우, 건설기계를 도난당한 경우 등이 있다.

정답 11 ③ 12 ① 13 ③ 14 ② 15 ③ 16 ① 17 ④ 18 ① 19 ② 20 ③ 21 ④

22 건설기계등록사항에 변경이 있을 때, 소유자는 건설기계 등록사항변경신고서를 누구에게 제출해야 하는가?

① 관할검사소장
② 고용노동부장관
③ 행정안전부장관
④ 시·도지사

해설 | 건설기계 등록에 관한 신청 및 변경은 시·도지사에게 한다.

---

23 지게차의 제원에 대한 설명으로 틀린 것은?

① 전경각: 마스트의 수직위치에서 앞으로 기울인 경우의 최대 경사각을 말하며 5~6° 범위이다.
② 최대 올림높이: 마스트를 수직으로 하고 기준하중의중심에 최대하중을 적재한 상태에서 포크를 최고위치로 올렸을 때 지면에서 포크의 윗면까지 높이
③ 기준 부하상태: 기준하중의 중심에 최대하중을 적재하고 마스트를 수직으로 하여 포크를 지상 300mm까지 올린 상태
④ 최소회전 반경: 무부하 상태에서 최대 조향각으로서 행한 경우 차체의 가장 안부분이 그리는 원의 반지름

해설 | 최소회전 반경은 무부하 상태에서 최대 조향각으로 서행으로 회전할 때 차체의 가장 바깥쪽 바퀴의 접지면이 그리는 궤적의 반지름이다.

---

24 건설기계조종사 면허가 취소 또는 정지된 상태에서 건설기계를 조종한 자에 대한 처벌기준은?

① 100만 원 이하의 벌금
② 300만 원 이하의 벌금
③ 1년 이하의 징역 또는 1,000만 원 이하의 벌금
④ 2년 이하의 징역 또는 2,000만 원 이하의 벌금

해설 | 건설기계 무면허 운전에 대한 처벌은 1년 이하의 징역 또는 1,000만 원 이하의 벌금이다.

---

25 오일게이지를 이용하여 엔진 오일량을 점검할 때 가장 적합한 것은?

① Low 표시에 있어야 한다.
② Low와 Full 표시 사이에서 Low에 가까이 있으면 좋다.
③ Low와 Full 표시 사이에서 Full에 가까이 있으면 좋다.
④ Full 표시 이상이 되어야 한다.

해설 | 오일게이지(딥스틱) 끝의 Low와 Full 표시 사이에서 Full에 가까이 있으면 좋다.

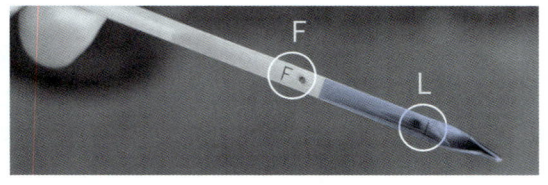

---

26 에어클리너가 막혔을 경우 발생하는 현상으로 옳은 것은?

① 배기색은 검은색이며, 출력은 저하된다.
② 배기색은 흰색이며, 출력은 저하된다.
③ 배기색은 청백색이며, 출력은 커진다.
④ 배기색은 무색이며, 출력은 무관하다.

해설 | 에어클리너(공기청정기)가 막히면 공기가 부족해지므로 불완전 연소에 의해 배기색은 검은색이 되고 출력은 저하된다.

---

27 주차 및 정차금지 장소는 건널목의 가장자리로부터 몇 미터 이내인 곳인가?

① 10m
② 40m
③ 50m
④ 30m

해설 | 건널목의 가장자리 또는 횡단보도로부터 10m 이내는 주차 및 정차 금지 장소이다.

---

28 과급기 케이스 내부에 설치되며, 공기의 속도에너지를 압력에너지로 바꾸는 장치는?

① 임펠러
② 디퓨저
③ 터빈
④ 디플렉터

해설 | 배기가스가 터빈을 회전시키면 터빈에 연결된 컴프레서가 회전하면 흡입공기가 디퓨저에 부딪혀 압력에너지로 변경한다. 공기가 압축되어 흡기관으로 배출된다.

---

29 피스톤링의 3대 작용이 아닌 것은?

① 열전도
② 기밀 유지
③ 오일 제어
④ 응력 분산

해설 | 피스톤링의 3대 작용: 열전도(냉각), 밀봉(기밀 유지), 오일제어
※ 응력 분산작용은 엔진오일의 역할에 해당한다.

---

30 엔진오일 여과기가 막히는 것을 대비해서 설치하는 것은?

① 체크 밸브(Check Valve)
② 바이패스 밸브(Bypass Valve)
③ 오일 디퍼(Oil Dipper)
④ 오일 팬(Oil Pan)

해설 | 엔진오일 여과기(filter)가 막혔을 때 여과기에 바이패스 밸브를 병렬로 설치하여 이 밸브를 통해 엔진오일이 윤활부로 공급될 수 있도록 한다.

---

31 다음 중 커먼레일 디젤기관의 연료장치 구성품이 아닌 것은?

① 분사펌프
② 커먼레일
③ 고압펌프
④ 인젝터

해설 | 분사펌프는 기계식 디젤기관의 연료장치 구성품이다.
기계식 디젤기관과 커먼레일 디젤기관의 차이: 기계식 디젤기관은 캠에 의해 분사펌프가 구동하여 고압을 만든 후 실린더로 분사하지만, 커먼레일 디젤기관은 고압펌프를 통해 연료를 항상 고압상태로 만든 후 실린더로 분사하는 방식이다.

---

32 오토 사이클 기관에 비해 디젤 사이클 기관의 장점이 아닌 것은?

① 운전이 정숙하다.
② 연료소비율이 낮다.
③ 열효율이 높다.
④ 화재의 위험이 적다.

해설 | ②~④는 디젤기관의 특징에 해당하며, 운전의 정숙은 가솔린 기관의 장점이다.
오토(otto) 사이클 기관은 가솔린 기관을 의미한다.

정답 22 ④ 23 ④ 24 ③ 25 ③ 26 ① 27 ① 28 ② 29 ④ 30 ② 31 ① 32 ①

33 발전기는 어떤 축에 의해 구동되는가?

① 크랭크축
② 캠축
③ 추진축
④ 변속기 입력축

해설 | 발전기는 크랭크축의 회전력에 의해 구동된다.

34 디젤기관에서 인젝터 간 연료 분사량이 일정하지 않을 때 나타나는 현상은?

① 연료 분사량에 관계없이 기관은 일정하게 회전한다.
② 연료소비에는 관계가 있으나 기관 회전에 영향은 미치지 않는다.
③ 연소 폭발음의 차이가 있으며 기관은 부조를 하게 된다.
④ 출력은 일정하나 기관은 부조를 하게 된다.

해설 | 각 실린더 간의 연료분사량이 일정하지 않으면 실린더 간의 폭발에 차이가 있으며 엔진이 부조하게 된다. (RPM이 일정하지 않고 불안전하게 움직이면서 엔진이 떨리는 현상)

35 솜, 양모, 펄프 등 가벼우면서 부피가 큰 화물의 운반에 적합한 지게차는?

① 사이드 클램프
② 로드 스태빌라이저
③ 힌지드 포크
④ 힌지드 버킷

해설 | 사이드 클램프는 포크가 없어 가볍고, 좌·우에 클램프가 설치되어 솜, 양모, 펄프 등 부피가 큰 화물을 운반하는 데 활용된다.

36 수동식 변속기가 장착된 장비에서 클러치 페달에 유격을 두는 이유는?

① 클러치 용량을 크게 하기 위해
② 클러치의 미끄럼을 방지하기 위해
③ 엔진 출력을 증가시키기 위해
④ 제동 성능을 증가시키기 위해

해설 | 자유간극은 '유격'이라고 말하는데 이것은 페달을 밟은 후부터 실제로 클러치에 힘이 작용할 때까지 페달이 움직인 거리를 말한다. 자유간극은 변속 기어의 물림을 쉽게 하고 클러치의 미끄럼을 방지하며 클러치 페이싱의 마모를 줄여주는 역할을 한다.

37 납산축전지를 오랫동안 방전상태로 두면 사용하지 못하게 되는 원인은?

① 극판이 영구 황산납이 되기 때문이다.
② 극판에 산화납이 형성되기 때문이다.
③ 극판에 수소가 형성되기 때문이다.
④ 극판에 녹이 슬기 때문이다.

해설 | 납산축전지는 완전 방전되면 양극판, 음극판 모두 황산납이 되며, 오랫동안 방치하면 극판이 영구 황산납이 되어 축전지를 사용하지 못하게 된다.

38 다음의 교통안전 표지는 무엇을 의미하는가?

① 차 높이 제한 표지
② 차 폭 제한 표지
③ 차 적재량 제한 표지
④ 차 중량 제한 표지

해설 | 차 중량 제한 표지이다.

39 야간 운행을 위한 조명등으로 알맞은 것은?

① 안개등
② 전조등
③ 방향등
④ 후진등

해설 | 지문은 전조등에 대한 설명이다.

40 건설기계 장비에서 주로 사용하는 발전기로 옳은 것은?

① 단상 교류발전기
② 2상 교류발전기
③ 직류발전기
④ 3상 교류발전기

해설 | 건설기계 장비를 포함한 대부분의 차량에 사용하는 발전기는 3상 교류발전기이다.

41 변속기의 필요성과 관계가 먼 것은?

① 시동 시 장비를 무부하 상태로 한다.
② 기관의 회전력을 증대시킨다.
③ 장비의 후진 시 필요하다.
④ 환향을 빠르게 한다.

해설 | 변속기의 필요성: 변속기는 회전력 변화, 후진, 무부하 상태로 하기 위해 필요하다.
※ 환향: 방향을 바꿈

42 수동변속기가 장착된 건설기계에서 기어에 이상음이 발생하는 이유가 아닌 것은?

① 웜과 웜기어의 마모
② 변속기의 오일 부족
③ 변속기 베어링의 마모
④ 기어 백래시의 과다

해설 | 웜과 웜기어는 조향기어의 종류에 해당하며, 수동변속기와는 관련이 없다.

43 타이어식 건설기계의 휠 얼라인먼트에서 토인의 필요성이 아닌 것은?

① 조향바퀴에 방향성을 준다.
② 타이어의 이상 마멸을 방지한다.
③ 조향바퀴를 평행하게 회전시킨다.
④ 바퀴가 옆방향으로 미끄러지는 것을 방지한다.

해설 | 조향바퀴에 방향성을 주는 휠 얼라인먼트(바퀴 정렬)의 요소는 캐스터이다.

44 타이어식 건설기계에서 전후 주행이 되지 않을 때 점검해야 할 곳으로 옳지 않는 것은?

① 타이로드 엔드를 점검한다.
② 변속장치를 점검한다.
③ 유니버설 조인트를 점검한다.
④ 주차 브레이크 잠김 여부를 점검한다.

해설 | 타이로드 엔드는 조향핸들의 조작력을 바퀴에 전달하는 조향장치의 구성품이다.

45 지게차의 리프트 체인에 주유하는 가장 적합한 오일은?

① 자동변속기 오일
② 작동유
③ 엔진 오일
④ 솔벤트

해설 | 리프트 체인에는 엔진오일을 주유한다.

46 마찰클러치의 구성품이 아닌 것은?

① 오버러닝 클러치
② 압력판
③ 릴리스 베어링
④ 클러치판

해설 | 오버러닝 클러치는 기동 전동기의 구성품에 해당한다.
②③④ 이외에도 마찰 클러치의 구성품에는 릴리스 레버, 릴리스 포크 등이 있다.

47 일반적으로 건설기계의 유압펌프는 무엇에 의해 구동되는가?

① 엔진의 플라이휠에 의해 구동된다.
② 변속기 P.T.O 장치에 의해 구동된다.
③ 에어컨 컴프레셔에 의해 구동된다.
④ 캠축에 의해 구동된다.

해설 | 건설기계의 유압펌프는 크랭크축에 의해 엔진의 플라이휠과 직결되어 있어 플라이휠에 의해 구동된다.

48 유압장치에서 방향제어 밸브에 대한 설명으로 옳지 않는 것은?

① 유체의 흐름 방향을 변환한다.
② 액추에이터의 속도를 제어한다.
③ 유체의 흐름 방향을 한쪽으로만 허용한다.
④ 유압 실린더나 유압모터의 작동 방향을 바꾸는데 사용된다.

해설 | 액추에이터의 속도를 제어하는 것은 유량제어 밸브이다. 즉, 유량을 조절하여 속도를 제어한다.

49 유압작동유의 구비조건에 해당하지 않는 것은?

① 점도가 적당해야 한다.
② 응고점이 낮아야 한다.
③ 점도지수가 높아야 한다.
④ 압축성이 높아야 한다.

해설 | 유압작동유는 비압축성이어야 한다. 압축성이 있으면 정밀도가 떨어진다.
※ 점도지수가 높다: 온도변화에 따른 점도 변화가 적다.

50 유압 실린더의 지지하는 방식이 아닌 것은?

① 유니언형　　　　　② 트러니언형
③ 푸트형　　　　　　④ 플랜지형

해설 | 유압 실린더의 지지 방식: 푸트형, 플랜지형, 클레비스형, 트러니언형 등

51 그림의 유압 기호는 무엇을 표시하는가?

① 오일 탱크
② 유압실린더 로드
③ 어큐뮬레이터
④ 유압실린더

해설 | 어큐뮬레이터의 유압기호이다.

52 직선왕복운동을 하는 유압기기는?

① 유압모터　　　　　② 유압펌프
③ 유압실린더　　　　④ 축압기

해설 | 유압모터는 회전운동을 하고 유압 실린더는 직선왕복운동을 한다.

53 일반적으로 캠(cam)으로 조작되는 유압 밸브로서 액추에이터의 속도를 서서히 감속시키는 밸브는?

① 카운터 밸런스 밸브(counter balance valve)
② 디셀러레이션 밸브(deceleration valve)
③ 릴리프 밸브(relief valve)
④ 체크 밸브(check valve)

해설 | 디셀러레이션(deceleration)은 '감속'의 의미로, 캠에 의해 유량을 감소시켜 액추에이터의 속도를 서서히 감속시키는 밸브이며, 캠에 의해 조작된다.

정답　44 ①　45 ③　46 ①　47 ①　48 ②　49 ④　50 ①　51 ③　52 ③　53 ②

54 유압모터의 종류가 아닌 것은?

① 베인모터
② 나사모터
③ 플런저모터
④ 기어모터

해설 | 유압모터의 종류에는 베인모터, 기어모터, 피스톤모터(플런저모터)가 있다.

55 파스칼의 원리와 관련된 설명이 아닌 것은?

① 정지 액체에 접하고 있는 면에 가해진 압력은 그 면에 수직으로 작용한다.
② 정지 액체의 한 점에 있어서의 압력의 크기는 전 방향에 대하여 동일하다.
③ 점성이 없는 비압축성 유체에서 압력에너지, 위치에너지, 운동에너지의 합은 일정하다.
④ 밀폐용기 내의 한 부분에 가해진 압력은 액체 내의 여러 부분에 같은 압력으로 전달된다.

해설 | **파스칼의 원리**
밀폐된 용기 속에 있는 비압축성 액체에 압력을 가하면 이 압력은 모든 방향, 모든 면에 동일 한 크기로 작용한다는 원리이다. 즉, 밀폐용기 속 비압축성 액체의 한 점에 압력을 증가시키면, 액체 내의 다른 모든 점의 압력이 그것과 동일한 크기만큼 증가한다. 이는 곧 한 점에 가한 압력이 다른 점에서 동일한 압력으로 나타난다는 것을 의미하니, 압력이 전달되는 것으로 볼 수 있다.
※ ③은 베르누이 법칙에 관한 설명이다.

56 지게차를 주차 시킬 때 포크의 위치로 가장 적합한 것은?

① 지면에서 약간 올려놓는다.
② 지면에 완전히 내린다.
③ 지면에서 30cm 정도 올린다.
④ 지면에서 50cm 정도 올린다.

해설 | 지게차를 주차시킬 때 포크는 지면에 완전히 내려놓는다.

57 지게차에 사용되는 리프트 실린더 및 틸트 실린더의 형식은?

① 틸트 실린더는 복동 방식이고, 리프트 실린더는 단동 방식이다.
② 틸트 실린더는 단동 방식이고, 리프트 실린더는 복동 방식이다.
③ 틸트 실린더와 리프트 실린더 모두 복동 방식이다.
④ 틸트 실린더와 리프트 실린더 모두 단동 방식이다.

해설 | 틸트 실린더는 앞뒤로 움직이므로 복동 방식이며, 리프트 실린더는 위아래로 움직이며, 리프트가 위로 올라갈 때만 유압이 작용하고 아래단동램형이다.

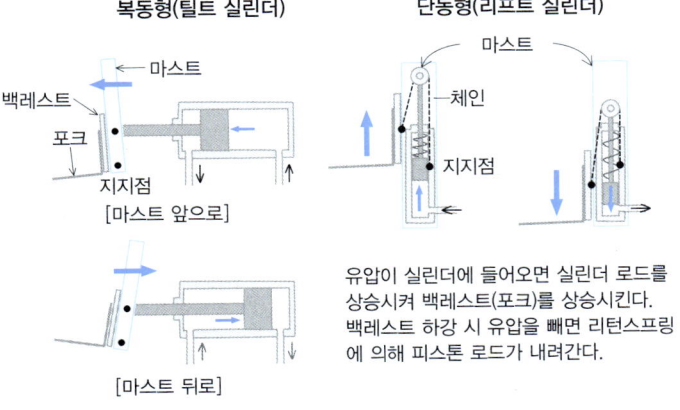

유압이 실린더에 들어오면 실린더 로드를 상승시켜 백레스트(포크)를 상승시킨다.
백레스트 하강 시 유압을 빼면 리턴스프링에 의해 피스톤 로드가 내려간다.

58 지게차로 화물을 싣고 경사지에서 주행할 때 안전상 올바른 운전방법은?

① 포크를 높이 들고 주행한다.
② 내려갈 때에는 저속 후진한다.
③ 내려갈 때에는 변속 레버를 중립에 놓고 주행한다.
④ 내려갈 때에는 시동을 끄고 타력으로 주행한다.

해설 | 경사지에서 화물을 실은 지게차를 내려갈 때 화물의 낙하방지를 위해 화물이 언덕 위쪽을 향하도록 한 상태로 후진 · 저속상태로 한다.
포크는 지면에서 30cm 정도 띄우고 주행하며, 시동을 끄면 제동장치가 제대로 작동하지 못해 위험해질 수 있다.

59 디젤기관을 시동시킨 후 충분한 시간이 지났는데도 냉각수 온도가 정상적으로 상승하지 않을 경우 그 고장의 원인이 될 수 있는 것은?

① 냉각팬 벨트의 헐거움
② 라디에이터 코어 막힘
③ 물 펌프의 고장
④ 수온조절기가 열린 채 고장

해설 | 수온조절기(정온기)가 열린 채로 고장이 나면 과냉의 원인이 되고, 닫힌 채로 고장이 나면 과열의 원인이 된다.

60 차량이 남쪽에서 북쪽으로 진행 중일 때, 다음 표지판에 대한 설명으로 틀린 것은?

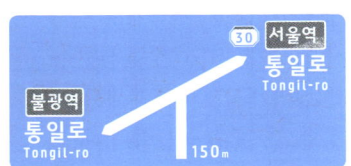

① 차량을 좌회전하는 경우 불광역 쪽 '통일로'의 건물번호가 커진다.
② 차량을 좌회전하는 경우 불광역 쪽 '통일로'의 건물번호가 작아진다.
③ 차량을 좌회전하는 경우 불광역 쪽 '통일로'로 진입할 수 있다.
④ 차량을 우회전하는 경우 서울역 쪽 '통일로'로 진입할 수 있다.

해설 | 도로 구간의 시작지점과 끝지점은 '서쪽에서 동쪽방향, 남쪽에서 북쪽방향'으로 설정되므로, 불광역 쪽에서 서울역 쪽으로 가면서 건물번호는 커지게 된다.
따라서 차량을 좌회전하는 경우 불광역 쪽 '통일로'의 건물번호가 점차적으로 작아지고, 서울역 방향으로 우회전하는 경우 점차적으로 커진다.

| PART 2 |

CBT 상시대비 핵심모의고사 13회

01 내연기관에서 크랭크축을 회전시켜 엔진을 가동시키는 장치는?

① 충전장치　　　　② 점화장치
③ 시동장치　　　　④ 예열장치

해설 | 정지된 내연기관을 가동시키기 위해 한 번의 폭발을 통해 크랭크축을 회전시켜야 한다. 이를 통해 피스톤의 운동 및 점화를 통해 연속적으로 엔진이 구동되므로 초기에 시동장치(기동전동기)를 이용하여 크랭크축을 강제로 회전시켜야 한다.

02 화재 시 소화방법에 대한 설명으로 틀린 것은?

① 기화소화법은 가연물을 기화시키는 것이다.
② 냉각소화법은 열원을 발화온도 이하로 냉각하는 것이다.
③ 제거소화법은 가연물을 제거하는 것이다.
④ 질식소화법은 가연물에 산소공급을 차단하는 것이다.

해설 | 소화법: 냉각소화법, 제거소화법, 질식소화법

03 지게차가 커브를 돌 때 장비의 회전을 원활히 하기 위한 장치로 맞는 것은?

① 유니버셜 조인트　　　② 차동장치
③ 최종감속기어　　　　④ 변속기

해설 | 차동장치는 선회할 때 좌우 바퀴의 구동력을 나눠 분배하여, 좌우의 회전을 다르게 하여 회전을 원활하게 해주는 장치이다.

04 재해 발생 원인으로 가장 높은 비중을 차지하는 것은?

① 사회적 환경요인
② 작업자의 유전적인 요소
③ 불안전한 작업환경
④ 작업자의 불안전한 행동

해설 | 작업자의 불안전한 행동은 가장 직접적이고 높은 비중을 차지한다.

05 응급구호표지의 바탕색으로 맞는 것은?

① 녹색　　② 흰색　　③ 흑색　　④ 노랑색

해설 | 응급구호표지의 바탕색은 녹색, 관련부호는 흰색으로 표시되어있다.

06 전기기기에 의한 감전 사고를 방지하기 위해 필요한 설비로 가장 중요한 것은?

① 접지 설비　　　　② 방폭등 설비
③ 고압계 설비　　　④ 대지 전위 상승 설비

해설 | 감전사고를 막기 위하여 가장 필요한 설비는 접지 설비이다.

07 V벨트나 평면벨트 등에 의해 신체가 말려들거나 마찰위험이 있는 작업장에서의 방호장치로 맞는 것은?

① 접근반응형 방호장치
② 위치제한형 방호장치
③ 덮개형 방호장치
④ 격리형 방호장치

해설 | **방호장치의 종류**

격리형 방호장치	• 차단벽이나 망, 울타리 등을 설치 • 완전차단형: 어떤 방향에서도 작업점까지 신체가 접근할 수 없도록 하는 것 • 덮개형: 벨트 등에 의해 신체가 말려들거나 끼일 위험이 있는 곳을 덮어씌우는 것 • 안전방책(방호망): 울타리를 설치하는 것
위치제한형 방호장치	• 기계의 조작 장치를 위험한 작업점에서 안전거리 이상 떨어지게 하거나 조작장치를 양손으로 동시에 조작하는 것 • 작업자의 신체부위가 위험한계 밖에 있도록 하여 위험단계에 접근을 막는 장치 • 예: 프레스 양수조작식 방호장치
접근 거부형 방호장치	• 작업자의 신체 일부가 접근하지 못하도록 기계적 수단으로 진입을 방지하는 것 • 예: 프레스 수인식, 손쳐내기식 방호장치
접근 반응형 방호장치	• 작업자의 신체부위가 위험한계로 진입할 때 센서등으로 감지하여 장비의 동작을 정지하거나 경보하는 장치 • 예: 프레스 광전자식 방호장치

08 연삭기의 작업에서 안전수칙에 대한 설명으로 틀린 것은?

① 숫돌의 압지는 반드시 제거 후 장착한다.
② 숫돌에 균열이 있는지 반드시 확인한다.
③ 지정된 속도 이내에서 사용하여야 한다.
④ 숫돌 커버는 규정된 치수의 것을 사용한다.

해설 | 숫돌을 연삭기의 주축에 고정할 때 입자 피크 및 요철을 보상하기 위해 플랜지와 연삭숫돌 사이에 플라스틱 압지(壓紙) 또는 고무판을 끼운다.

09 엔진의 피스톤 종류 중 측압을 받지 않는 스커트 부분을 절단한 것은?

① 솔리드 피스톤　　　② 오프셋 피스톤
③ 스플릿 피스톤　　　④ 슬리퍼 피스톤

해설 | 슬리퍼 피스톤은 측압을 받지 않는 스커트부를 잘라내어 피스톤을 가볍게 하고, 실린더 벽과 피스톤 사이에 접촉면을 최소화 한 타입이다.
　• 솔리드 피스톤: 열팽창에 대한 홈이 없고 통형(solid)으로 된 타입이다.
　• 오프셋 피스톤: 피스톤 핀을 중심으로 1.5mm 정도로 오프셋(중심에서 조금 비껴서) 시켜 피스톤의 측압을 감소시킨다.
　• 스플릿 피스톤: 가로홈과 세로홈을 두고 가로홈은 스커트 열 전달 억제 세로홈은 전달에 의한 팽창을 억제시킨다.

10 작업 장치를 갖춘 건설기계의 작업 전 점검사항이다. 틀린 것은?

① 제동장치 및 조종 장치 기능의 이상 유무
② 하역장치 및 유압장치 기능의 이상 유무
③ 유압장치의 과열 이상 유무
④ 전조등, 후미등, 방향지시등 및 경보장치의 이상 유무

해설 | 유압장치의 과열은 작업 중 발생하므로 작업 전 점검사항은 아니다.

정답 01 ③　02 ①　03 ②　04 ④　05 ①　06 ①　07 ③　08 ①　09 ④　10 ③

11 기관에서 상사점과 하사점까지의 거리는?

① 행정 ② 사이클
③ 간극 ④ 소기

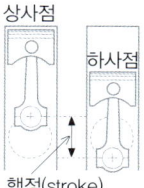

해설 | 행정은 상사점(피스톤이 가장 위에 위치한 지점)에서 하사점(피스톤이 가장 아래에 위치한 지점)까지의 거리를 말한다.

12 수공구 중 드라이버의 길이는 어느 부분을 말하는가?

① 손잡이를 제외한 날부분(샤프트)만의 길이
② 손잡이를 포함한 전체의 길이
③ 날부분(샤프트)을 제외한 손잡이 부분의 길이
④ 날부분(샤프트)의 직경

해설 | 드라이버의 길이는 손잡이 부분을 제외한 날부분(샤프트)의 길이를 말한다.

13 화재의 분류에서 유류 화재에 해당되는 것은?

① A급 화재 ② B급 화재
③ C급 화재 ④ D급 화재

해설 |
• A급 화재: 종이, 목재 등 일반적인 화재
• B급 화재: 유류 화재
• C급 화재: 전기 화재
• D급 화재: 금속 화재

14 세척작업 중 알칼리 세척유가 눈에 튀길 경우 가장 먼저 조치하여야 하는 응급처치는?

① 먼저 수돗물로 씻어낸다.
② 산성 세척유가 눈에 들어가면 병원으로 후송하여 알칼리성으로 중화시킨다.
③ 눈을 크게 뜨고 바람 부는 쪽을 향해 눈물을 흘린다.
④ 알칼리성 세척유가 눈에 들어가면 붕산수를 구입하여 중화시킨다.

해설 | 반드시 손을 대지말고 먼저 흐르는 물에 눈을 씻어낸 후 의사의 치료를 받아야 한다.

15 겨울철에 디젤기관 시동이 잘 안 되는 원인은?

① 엔진오일의 점도가 낮은 것을 사용
② 예열장치 고장
③ 점화코일 고장
④ 4계절용 부동액을 사용

해설 | 예열장치는 온도가 낮을 경우 시동을 용이하게 하기 위하여 실린더 내부를 설치하여 압축공기를 예열하는 장치로 고장이 나면 시동이 잘 걸리지 않는다.

16 다른 유압펌프에 비해 고속·고압이며 효율이 높은 펌프는?

① 베인 펌프 ② 플런저 펌프
③ 기어 펌프 ④ 나사 펌프

해설 | 플런저 펌프(피스톤 펌프)는 압력이 높으며 작동속도가 높아 펌프효율이 좋다.

17 지게차 마스트 작업 시 조종레버가 3개 이상일 경우 좌측으로부터 그 설치 순서가 바르게 나열 된 것은?

① 틸트 레버, 부수장치 레버, 리프트 레버
② 리프트 레버, 부수장치 레버, 틸트레버
③ 리프트 레버, 틸트 레버, 부수장치 레버
④ 틸트 레버, 리프트 레버, 부수장치 레버

해설 | 조종레버는 3개 이상인 경우 좌측으로부터 리프트 레버, 틸트 레버, 부수장치 레버의 순서로 설치되어 있다. 부수장치 레버는 포크 간격을 조절하거나 포크를 아웃트리거의 앞뒤로 이동하는 것을 조종할 때 사용한다.

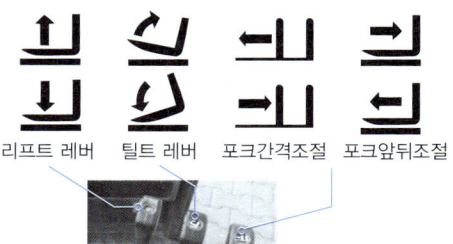

리프트 레버 틸트 레버 포크간격조절 포크앞뒤조절

18 지게차에 대한 설명으로 틀린 것은?

① 연료탱크에 연료가 비어 있으면 연료게이지는 Ⓔ를 가리킨다.
② 오일 압력 경고등은 시동 후 워밍업 되기 전에 점등 되어야 한다.
③ 암페어 메타의 지침은 방전되면 (−)쪽을 가리킨다.
④ 히터 시그널은 연소실 글로우 플러그의 가열상태를 표시한다.

해설 | 오일 압력 경고등은 오일 압력이 부족할 때, 즉 오일량이 부족할 때 점등되며, 워밍업 후에도 점등될 수 있다.

19 볼트나 너트를 죄거나 푸는 데 사용하는 각종 렌치에 대한 설명으로 틀린 것은?

① 조정 렌치: 멍키 렌치라고도 호칭하며 제한된 범위 내에서 어떠한 규격의 볼트나 너트에도 사용할 수 있다.
② 엘(L) 렌치: 6각형 봉을 L자 모양으로 구부려서 만든 렌치이다.
③ 복스 렌치: 연료 파이프 피팅 작업에 사용한다.
④ 소켓 렌치: 다양한 크기의 소켓을 바꾸어가며 작업할 수 있도록 만든 렌치이다.

해설 | 연료 파이프 피팅을 풀고 조일 때는 오픈 엔드 렌치가 적합하다.

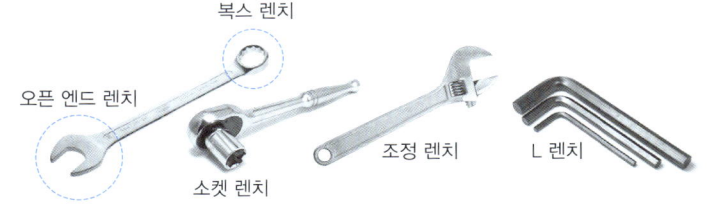

오픈 엔드 렌치 복스 렌치 소켓 렌치 조정 렌치 L 렌치

20 운전 중 축전지 충전 표시등이 점등되면 무엇을 점검하여야 하는가?
(단, 정상인 경우 작동 중에는 점등되지 않는 형식임)

① 충전계통 점검
② 연료수준 표시등 점검
③ 에어클리너 점검
④ 엔진오일 점검

해설 | 충전 표시등에 빨간불이 들어오면 충전이 되지 않고 있음을 나타내는 것으로 충전계통을 점검해야 한다.

정답 | 11 ① 12 ① 13 ② 14 ① 15 ② 16 ② 17 ③ 18 ② 19 ③ 20 ①

21 지게차 작업 장치의 포크가 한쪽이 기울어지는 가장 큰 원인은?

① 한쪽 실린더(cylinder)의 작동유가 부족
② 한쪽 리프트 실린더(lift cylinder)가 마모
③ 한쪽 리프트 체인(chain)이 늘어짐
④ 한쪽 로울러(side roller)가 마모

해설 | 포크가 한쪽으로 기울어지는 가장 큰 원인은 한쪽 리프트 체인이 늘어지는 경우이다.

22 지게차로 화물을 이동시킬 때 주의해야 할 점이 아닌 것은?

① 작업 시 클러치 페달을 밟고 작업한다.
② 포크를 팔레트에 평행하게 넣는다.
③ 포크를 적당한 높이까지 올린다.
④ 적재할 장소에 물건 등이 있는지 확인한다.

해설 | 클러치 페달을 밟으면 동력이 차단된다.

23 디젤기관에서 과급기를 장착하는 목적은?

① 기관의 냉각을 위해서
② 배기 소음을 줄이기 위해서
③ 기관의 유효압력을 낮추기 위해서
④ 기관의 출력을 증대시키기 위해서

해설 | 과급기(터보차저)는 실린더 내에 공기를 압축 공급하는 일종의 공기펌프이며, 기관의 출력을 증대시키기 위해서 사용한다.

24 지게차에 관한 설명으로 틀린 것은?

① 짐을 싣기 위해 마스트를 약간 전경시키고 포크를 끼워 물건을 싣는다.
② 틸트 레버는 앞으로 밀면 마스트가 앞으로 기울고 따라서 포크가 앞으로 기운다.
③ 포크를 상승시킬 때는 리프트 레버를 뒤쪽으로, 하강시킬 때는 앞쪽으로 민다.
④ 목적지에 도착 후 물건을 내리기 위해 틸트 실린더를 후경시켜 전진한다.

해설 | 틸트 실린더를 전경시킬 때는 이동시에 필요하며, 화물 하역 시에는 마스트를 수직으로 또는 앞으로 경사시킨다.

25 정기검사를 받지 아니하고, 정기검사 신청기간 만료일로부터 30일 이내일 때의 과태료는?

① 2만원   ② 5만원   ③ 10만원   ④ 20만원

해설 | 정기검사를 받지 아니하고 정기검사 신청기간 만료일로부터 30일 이내인 경우 과태료는 2만원이다.

26 축전지 충전 방법 중에서 틀린 방법은?

① 정전류 충전법   ② 정전압 충전법
③ 단별전류 충전법   ④ 정저항 충전법

해설 | 축전지의 충전 방법은 정전류, 정전압, 단별전류 충전법이 있다.

27 운전 중 좁은 장소에서 지게차를 방향 전환시킬 때 가장 주의할 점으로 맞는 것은?

① 뒷바퀴 회전에 주의하여 방향 전환한다.
② 포크 높이를 높게 하여 방향 전환한다.
③ 앞바퀴 회전에 주의하여 방향 전환한다.
④ 포크가 땅에 닿게 내리고 방향 전환한다.

해설 | 지게차는 뒷바퀴로 조향하므로 방향전환 시 뒷바퀴의 회전에 주의하여 방향 전환한다.

28 지게차의 축간거리에 대한 설명으로 틀린 것은?

① 일반적으로 mm로 표기한다.
② 지게차의 앞축의 중심부로부터 뒤축의 중심부까지의 수평거리를 말한다.
③ 축간거리가 커질수록 지게차의 회전반경은 작아진다.
④ 축간거리가 커질수록 지게차의 안정도는 향상된다.

해설 | 지게차의 축간거리는 앞축(앞바퀴 중심축)의 중심에서 뒷축의 중심부까지의 거리를 말한다. 축간거리가 커질수록 회전반경이 커지므로 좁은 구간에서의 회전이 원활하지 않는다.

29 건설기계 조종사 면허에 관한 사항으로 틀린 것은?

① 면허를 받고자 하는 자는 국·공립병원, 시·도지사가 지정하는 의료기관의 적성검사에 합격하여야 한다.
② 소형건설기계는 국가에서 지정한 기관에서 교육을 이수 받은 후 조종 가능하다.
③ 특수건설기계 조종은 국토교통부장관이 지정하는 면허를 소지하여야 한다.
④ 운전면허로 조종할 수 있는 건설기계는 없다.

해설 | 덤프트럭, 아스팔트 살포기, 노상 안정기, 콘크리트 믹서 트럭, 3톤 미만 지게차 등은 1종 대형면허로 운전할 수 있다.

30 다음 기초번호판에 대한 설명으로 틀린 것은?

종 로
Jong-ro
2345

① 도로명과 건물번호를 나타낸다.
② 도로의 시작 지점에서 끝 지점 방향으로 기초번호가 부여된다.
③ 표지판이 위치한 도로는 종로이다.
④ 건물이 없는 도로에 설치된다.

해설 | 기초번호판은 도로명과 기초번호를 나타낸다.

31 등록되지 아니한 건설기계를 사용하거나 운행한 자의 벌칙은?

① 1년 이하의 징역 또는 1천만원 이하의 벌금
② 2년 이하의 징역 또는 2천만원 이하의 벌금
③ 20만원 이하의 벌금
④ 10만원 이하의 벌금

해설 | 등록되지 않은 건설기계를 사용하거나 운행한 자는 2년 이하의 징역 또는 2,000만원 이하의 벌금에 처한다.

정답   21 ③   22 ①   23 ④   24 ④   25 ①   26 ④   27 ①   28 ③   29 ④   30 ①   31 ②

32 검사소에서 검사를 받아야 할 건설기계 중 해당 건설기계가 위치한 장소에서 검사를 할 수 있는 경우가 아닌 것은?

① 자체중량이 30톤인 경우
② 도서지역에 있는 경우
③ 너비가 3미터인 경우
④ 최고속도가 시간당 25km인 경우

해설 | 출장검사를 받을 수 있는 경우
1. 도서지역에 있는 경우
2. 자체중량이 40톤을 초과하거나 축하중이 10톤을 초과하는 경우
3. 너비가 2.5미터를 초과하는 경우
4. 최고속도가 시간당 35킬로미터 미만인 경우

33 도로교통법상 반드시 서행하여야 할 장소로 지정된 곳으로 가장 적절한 것은?

① 교통정리가 행하여지고 있는 횡단보도
② 비탈길의 고갯마루 부근
③ 교통정리가 행하여지고 있는 교차로
④ 안전지대 우측

해설 | 도로교통법상 서행하여야 하는 장소
1. 교통정리를 하고 있지 아니하는 교차로
2. 도로가 구부러진 부근
3. 비탈길의 고갯마루 부근
4. 가파른 비탈길의 내리막
5. 지방경찰청장이 필요하다고 인정하여 안전표지로 지정한 곳

34 도로교통법령상 고속도로를 제외한 도로에서 왼쪽차로로 통행 가능한 것은?

① 중형 승합자동차
② 건설기계
③ 특수자동차
④ 대형 승합자동차

해설 | 왼쪽 차로는 1차로(중앙선에 근접한 차로)에 가까운 차로로 승용자동차, 승합자동차가 통행할 수 있다.

35 건설기계조종사의 적성검사기준으로 틀린 것은?

① 두 눈을 동시에 뜨고 잰 시력(교정시력 포함)이 0.7 이상이고 두 눈의 시력이 각각 0.3 이상일 것
② 55 데시벨(보청기를 사용하는 사람은 40 데시벨)의 소리를 들을 수 있을 것
③ 시각은 150도 이상일 것
④ 언어분별력이 60퍼센트 이상일 것

해설 | 적성검사 기준은 ①, ②, ③ 이외에
• 언어분별력은 80퍼센트 이상일 것
• 정신질환자 또는 뇌전증 환자가 아닐 것
• 마약·대마·향정신성의약품 또는 알코올 중독자가 아닐 것

36 유체 에너지를 이용하여 외부에 기계적인 일을 하는 유압기기는?

① 유압모터
② 근접 스위치
③ 유압탱크
④ 기동전동기

해설 | 유체에너지를 이용하여 기계적 일로 변환하는 유압기기는 유압 모터와 유압 실린더가 있다.(액추에이터라 함)

37 지게차의 작업 용도에 의한 분류에 해당하지 않는 것은?

① 로테이팅 클램프 형
② 크롤러 마스트 형
③ 하이 마스트형
④ 프리 리프트 마스트형

해설 | 지게차의 작업 용도에 의한 분류에 크롤러 마스트 형은 없다.

38 건설기계 조종사 면허를 받지 아니하고 건설기계를 조종한 자에 대한 벌칙은?

① 1년 이하의 징역 또는 1천만원 이하의 벌금
② 100만원 이하의 벌금
③ 50만원 이하의 벌금
④ 30만원 이하의 과태료

해설 | 건설기계 조종사 면허를 받지 않고 건설기계를 조종할 경우 벌칙은 1년 이하의 징역 또는 1천만원 이하의 벌금에 처한다.

39 도로교통법에 위반되는 것은?

① 밤에 교통이 빈번한 도로에서 전조등을 계속 하향하였다.
② 낮에 어두운 터널 속을 통과할 때 전조등을 켰다.
③ 소방용 방화 물통으로부터 10m 지점에 주차하였다.
④ 노면이 얼어붙은 곳에서 최고속도의 20/100을 줄인 속도로 운행하였다.

해설 | 노면이 얼어붙은 곳에서는 최고속도의 50/100으로 줄여 서행하여야 한다.

40 지게차의 작동유의 양을 점검할 때 알맞은 것은?

① 포크를 지면에 닿도록 내려놓고 작동유의 양을 점검한다.
② 포크를 중간 정도에 위치시키고 작동유의 양을 점검한다.
③ 포크를 최대로 올리고 작동유의 양을 점검한다.
④ 저속으로 주행하면서 작동유의 양을 점검한다.

해설 | 포크가 상승된 경우 실린더를 비롯한 유압계통에 작동유가 존재하므로 정확한 작동유의 양을 확인할 수 없으므로 지면에 닿게하여 유압탱크 외에는 작동유가 없도록 한다.

41 압력제어밸브 중 상시 닫혀 있다가 일정조건이 되면 열려서 작동하는 밸브가 아닌 것은?

① 리듀싱 밸브
② 릴리프 밸브
③ 언로드 밸브
④ 시퀀스 밸브

해설 | 리듀싱 밸브(감압 밸브)의 주요 특징은 평상시 밸브는 열려 있는 구조이며, 밸브 내 설정압력을 낮추면 출구쪽으로 저압으로 내보낸다.

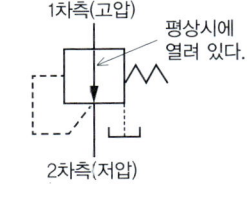

정답 32 ① 33 ② 34 ① 35 ④ 36 ① 37 ② 38 ① 39 ④ 40 ① 41 ①

42 운전 중인 기관의 에어클리너가 막혔을 때 나타나는 현상으로 맞는 것은?

① 배출가스 색은 검고, 출력은 저하한다.
② 배출가스 색은 희고, 출력은 정상이다.
③ 배출가스 색은 무색이고, 출력과는 무관하다.
④ 배출가스 색은 청백색이고, 출력은 증가 된다.

해설 | 에어클리너가 막히면 공기가 부족하여 불완전 연소가 되므로 배기색은 검고 출력은 저하된다.

43 지게차의 마스트용 체인의 최소 파단하중비는 얼마 이상이어야 하는가?

① 2   ② 3   ③ 4   ④ 5

해설 | [건설기계 안전기준에 관한 규칙] 지게차의 마스트 체인은 최소 파단하중비가 5 이상이어야 한다.

44 냉각장치에서 라디에이터의 구비 조건으로 틀린 것은?

① 공기의 흐름 저항이 클 것
② 단위 면적 당 방열량이 클 것
③ 가볍고 작으며 강도가 클 것
④ 냉각수의 흐름 저항이 적을 것

해설 | 라디에이터는 엔진의 과열을 방지하기 위해 공기로 뜨거운 냉각수를 식히는 역할을 하므로 공기의 흐름에 저항이 적어야 한다.

45 축전지를 충전기에 의해 충전 시 정전류 충전범위로 틀린 것은?

① 최소충전전류: 축전지 용량의 5%
② 표준충전전류: 축전지 용량의 10%
③ 최대충전전류: 축전지 용량의 20%
④ 최대충전전류: 축전지 용량의 50%

해설 | 정전류 충전은 일정한 전류로 충전하는 방법으로 최대충전전류의 경우 축전지 용량의 20%로 한다.

46 납산 축전지에서 셀 커넥터와 터미널의 설명으로 틀린 것은?

① 양극판이 음극판의 수보다 1장 더 적다.
② 색깔로 구분되어 있는 것은 (−)가 적색으로 되어 있다.
③ 축전지 내 각각의 셀을 직렬로 연결하기 위한 것이다.
④ 셀 커넥터는 납 합금으로 되어있다.

해설 | 양극(+)이 적색, 음극(−)은 흑색이다.

47 다음 중 지게차의 구성품이 아닌 것은?

① 리프트 실린더   ② 코일 스프링
③ 마스트   ④ 리프트 체인

해설 | 코일 스프링은 승용차에 사용하는 승차감을 향상시키는 현가장치이며, 지게차에서는 탄성으로 롤링(좌우로 흔들림)에 의해 화물의 낙하 방지를 위해 장착하지 않는다.

48 유압식 조향장치의 핸들의 조작이 무거운 원인과 가장 거리가 먼 것은?

① 유압이 낮다.
② 오일이 부족하다.
③ 유압계통 내에 공기가 혼입되었다.
④ 펌프의 회전이 빠르다.

해설 | 보기에서 핸들이 무거워지는 원인으로는 조향장치 내 오일이 부족하거나 펌프의 유압이 낮거나 유압계통에 공기가 혼입되었을 때이다.

49 지게차의 유압식 브레이크와 브레이크 페달은 어떤 원리를 이용한 것인가?

① 지렛대 원리, 애커먼 장토식 원리
② 랙크 피니언 원리, 파스칼 원리
③ 랙크 피니언 원리, 애커먼 장토식 원리
④ 파스칼 원리, 지렛대 원리

해설 | 유압식 브레이크는 파스칼의 원리를 이용하며, 브레이크 페달은 지렛대 원리를 이용한다.
• 파스칼 원리: 밀폐되어 있는 유체의 한 부분에 압력을 가하면 그 압력은 유체 안의 모든 부분에 균등하게 전달된다.
• 지렛대 원리: 지레는 막대의 한 점을 물체로 받쳐 고정시켜 놓고, 한쪽에는 물체를, 다른 한쪽에는 힘을 가하여 작은 힘으로도 큰 힘의 효과를 보는 원리이다. 즉, 발의 힘만으로 차체를 정지시킬 수 있다.

[파스칼 원리]   [지렛대 원리]

$F1 \times a = F2 \times b$

50 지게차가 최대하중을 싣고 엔진을 정지한 경우, 포크가 차중 및 하중에 의하여 내려가는 거리는 10분당 몇 mm 이하여야 하는가?
(단, 유압유의 온도가 50℃일 때)

① 200   ② 100   ③ 10   ④ 50

해설 | [건설기계 안전기준에 관한 규칙] 지게차의 유압펌프의 오일온도가 50℃인 상태에서 지게차가 최대하중을 싣고 엔진을 정지한 경우 쇠스랑이 자중 및 하중에 의하여 내려가는 거리는 10분당 100mm 이하이어야 한다.

51 포크를 상하 각도로 이동시켜 원목, 전주, 파이프 등 원통형 하물을 운반하고자 하는데 적합한 장치는?

① 사이드 시프트   ② 로드 스태빌라이저
③ 힌지드 포크   ④ 로테이팅 포크

해설 | 힌지드 포크(hinged fork)는 포크의 힌지드 부분이 상하로 움직여서 원목 및 파이프 등의 적재 작업에 적합하다.

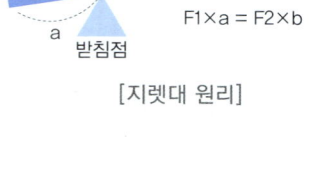

52 유압오일의 온도가 상승할 때 나타날 수 있는 결과가 아닌 것은?

① 점도 상승   ② 유압밸브의 기능 저하
③ 오일 누설 발생   ④ 펌프 효율 저하

해설 | 오일의 점도는 끈끈한 정도를 말하며 고온에서 점도가 낮으며, 저온에서 점도가 높아진다.

정답 42 ① 43 ④ 44 ① 45 ③ 46 ② 47 ② 48 ④ 49 ④ 50 ② 51 ③ 52 ①

53 지게차의 인칭조절장치에 대한 설명으로 맞는 것은?

① 디셀레이터 페달이다.
② 브레이크 드럼 내부에 있다.
③ 트랜스미션 내부에 있다.
④ 작업장치의 유압상승을 억제한다.

해설 | 인칭조절장치는 변속기 내에 설치되어 있다. 인칭페달을 밟으면 엔진 동력이 차단되고 제동이 걸려 차량을 정지된다. 이 때 엔진동력을 이용하여 빠른 유압작동으로 신속하게 화물을 상승시킬 수 있다.

54 유압 실린더에서 피스톤 행정이 끝날 때 발생하는 충격을 흡수하기 위해 설치하는 장치는?

① 쿠션 기구
② 스로틀 밸브
③ 서보 밸브
④ 압력보상 장치

해설 | 쿠션기구는 피스톤 행정이 끝날 때 발생하는 충격을 흡수하기 위해 설치한다.

55 유압장치의 장점이 아닌 것은?

① 작은 동력원으로 큰 힘을 낼 수 있다.
② 과부하 방지가 용이하다.
③ 운동방향을 쉽게 변경할 수 있다.
④ 구조가 간단하고, 고장원인의 발견이 쉽다.

해설 | 유압장치는 구조가 복잡하고, 고장원인의 발견이 어렵다.

56 유압계통에서 오일 누설 점검사항이 아닌 것은?

① 오일의 윤활성
② 실(seal)의 마모
③ 실(seal)의 파손
④ 볼트의 이완

해설 | 오일의 누설은 seal의 손상과 볼트의 이완과 관계가 있다.

57 유압회로 내의 압력이 설정압력에 도달하면 펌프에서 토출된 오일의 일부 또는 전부를 직접 탱크로 돌려보내 회로의 압력을 설정값으로 유지시키는 밸브는?

① 체크 밸브
② 감압 밸브
③ 릴리프 밸브
④ 카운터밸런스 밸브

해설 | 릴리프 밸브는 압력제어밸브로, 유압을 설정압력 이하로 일정하게 유지시켜주는 역할을 한다.

58 다음 유압기호가 나타내는 것은?

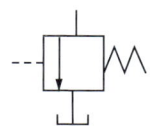

① 순차 밸브(sequence valve)
② 감압 밸브(reducing valve)
③ 릴리프 밸브(relief valve)
④ 무부하 밸브(unload valve)

해설 | 무부하 밸브의 유압기호: 회로 내 외부 파일럿 신호(유압)에 의해 밸브가 열려 회로의 유압이 무부하 밸브를 통해 오일탱크로 복귀하는 구조이다. 무부하 밸브는 회로 내 압력이 일정 압력에 이르렀을 때 압력을 떨어뜨리지 않고 송출량을 그대로 탱크에 되돌리기 위해 사용한다.

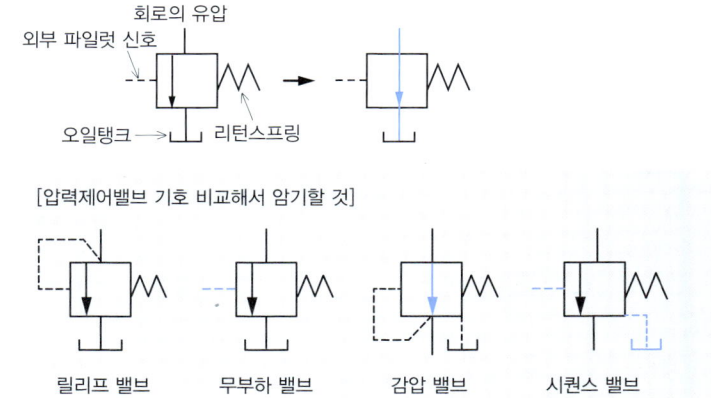

59 유압장치에서 고압 소용량, 저압 대용량 펌프를 조합운전 할 때 작동압력이 규정 압력 이상으로 상승 시 저압 대용량 펌프에서 나오는 오일을 탱크로 회송시켜 동력을 절감시켜 주는 밸브는?

① 감압밸브(reducing valve)
② 무부하 밸브(unload valve)
③ 릴리프 밸브(relief valve)
④ 시퀀스 밸브(sequence valve)

해설 | **무부하 밸브**
- 회로 내 압력이 설정값에 도달하면 펌프에서 추가적으로 발생되는 유압을 탱크로 방출시켜 펌프에 부하가 걸리지 않도록 하여 동력을 절감할 수 있도록 한다.
- 무부하 회로의 특징은 아래와 같이 고압 소용량, 저압 대용량 펌프를 조합 한다.
※ 이 문제는 난이도가 높아 자세한 설명은 생략한다.

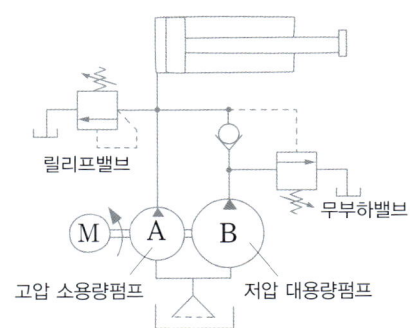

60 유압장치에서 액추에이터의 종류에 속하지 않는 것은?

① 감압밸브
② 플런저모터
③ 유압실린더
④ 유압모터

해설 | 액추에이터는 유압펌프를 통하여 송출된 에너지를 직선운동(유압실린더)과 회전운동(유압모터)으로 바꾸는 일을 하는 유압기기이다. 플런저모터는 유압모터이다.

정답 53 ③ 54 ① 55 ④ 56 ① 57 ③ 58 ④ 59 ② 60 ①